巨型框架悬挂结构混合体系的性能、理论与应用

Behaviour, theory and application of mixed system between mega-frame and suspended structure

王静峰 郭 磊 李贝贝 著

科学出版社

北京

内 容 简 介

本书围绕巨型框架悬挂结构混合体系，开展了系列科学技术研究及工程应用。主要研究内容包括：巨型框架悬挂结构混合体系的塑性抗震设计方法，概率地震易损性分析，抗连续倒塌分析，楼盖振动测试与舒适度评价，楼盖振动分析与减振技术，逆向施工技术和仿真分析，施工云监测平台等。本书首创了基于心率和脑电波的楼盖振动舒适度人工智能评价方法。

本书可作为从事大跨度结构和高层结构领域的科学研究、工程设计、施工监测的技术和管理人员的参考书，也可供高等院校土木工程和智能建造学科的教师、本科生和研究生参考。

图书在版编目（CIP）数据

巨型框架悬挂结构混合体系的性能、理论与应用 / 王静峰，郭磊，李贝贝著. —北京：科学出版社，2023.4

ISBN 978-7-03-075450-9

Ⅰ.①巨…　Ⅱ.①王…　②郭…　③李…　Ⅲ.①大型-框架结构-结构振动控制　Ⅳ.①TU323.5

中国国家版本馆 CIP 数据核字（2023）第 072565 号

责任编辑：任加林 / 责任校对：马英菊
责任印制：吕春珉 / 封面设计：耕者设计工作室

科 学 出 版 社 出版
北京东黄城根北街 16 号
邮政编码：100717
http://www.sciencep.com

北京中科印刷有限公司 印刷
科学出版社发行　　各地新华书店经销

*

2023 年 4 月第 一 版　　　开本：B5（720×1000）
2023 年 4 月第一次印刷　　印张：16 3/4
字数：322 000

定价：152.00 元

（如有印装质量问题，我社负责调换〈中科〉）

销售电话 010-62136230　编辑部电话 010-62139281（BA08）

前　言

巨型框架悬挂结构混合体系由巨型框架（主体结构）和悬挂结构（次要结构）组成，具有跨度大、通透高、造型美、传力清晰、拉杆强度充分利用等优势。我国已有 30 余项大跨度建筑和高层建筑直接或间接应用此类结构，社会和经济效益显著。然而，目前缺乏适用于巨型框架悬挂结构混合体系的系统设计理论，无标准规范可循；缺乏快速准确的楼盖振动测试及舒适度评价方法；主体与次要钢结构施工顺序、楼层混凝土浇筑顺序对体系受力转换和安全风险影响大，缺乏适合巨型框架悬挂结构混合体系的施工新技术。

作者的研究团队结合多年科学研究和工程实践，围绕巨型框架悬挂结构混合体系，开展了一系列科学研究，主要包括：①基于能量平衡的塑性抗震设计方法；②基于互连和阻尼分配（interconnection and damping assignment，IDA）的巨型框架悬挂结构混合体系概率地震易损性分析；③巨型框架悬挂结构混合体系的抗连续倒塌分析；④巨型框架悬挂结构混合体系的楼盖振动测试与舒适度评价；⑤巨型框架悬挂结构混合体系的逆向施工新技术。作者在国际上首次提出基于心率和脑电波的舒适度评价方法，为楼盖振动舒适度人工智能测试提供了新思路。本研究成果获 2022 年度中国钢结构协会科学技术奖一等奖，并应用于中国科学院量子信息与量子科技创新研究院 1 号科研楼，该工程获中国钢结构金奖。

本书大纲由王静峰拟定，其中第 1、7、8 章由郭磊执笔，第 2、3 章由李贝贝执笔，第 4～6 章由王静峰执笔。各章修改和全书统稿由王静峰完成。

本书涉及的研究工作得到了国家自然科学基金（项目编号 51178156）、教育部新世纪优秀人才支持计划（项目编号 NCET-12-0838）、合肥市重点工程建设管理局课题（项目编号 W2018JSKF0424）等支持，也得到了清华大学王元清教授，中南建筑设计院股份有限公司徐厚军教授级高工，合肥市重点工程建设管理局姚文兵、丁敬华和宋军军，安徽省建设监理有限公司丰建国教授级高工，合肥工业大学设计院（集团）有限公司王珺教授级高工等在理论和实践方面的指导；研究生张坤、黄星海、霍永伦、赵鹏、李国强、卫晓晓等参与了相关测试和计算工作；合肥工业大学浦玉学副教授为楼盖振动测试提供了技术指导。此外，本书研究成果还得到了土木工程结构与材料安徽省重点实验室、安徽省先进钢结构技术与产业化协同创新中心、合肥市重点工程建设管理局、安徽省建设监理有限公司、中建八局第四建设有限公司等机构的大力支持。希望本书对结构工程师了解巨型框架悬挂结构混合体系的设计理论与建造技术及工程应用有所帮助，并为科研人员和高校本科生、研究生学习巨型框架悬挂结构混合体系理论与技术提供参考。

著名组合结构专家钟善桐先生曾提到，"科学工作者只有不断探索，才能克服困难甚至非议，才能不停滞地前进，也才能深入了解和掌握一种新结构的内在规律"。

由于作者水平有限，本书难免存在疏漏之处，敬请专家和读者批评指正。

王静峰

2022 年 10 月

于合肥斛兵塘

目　　录

第1章 绪 论

1.1 研究背景及意义

1.1.1 大跨空间钢结构应用

大跨度空间结构是国家建筑科学技术发展水平的重要标志之一，世界各国都重视大跨空间钢结构的研究和发展，如博览会、奥运会、亚运会等大型场馆多采用大跨空间钢结构体系，各国以新型大跨空间钢结构来展示本国的建筑科学技术水平。

大跨空间钢结构在欧美发达国家起步较早，在 20 世纪 70 年代得到广泛应用并产生了许多新型结构形式，如美国新奥尔良"超级穹顶"、亚特兰大"佐治亚穹顶"和日本福冈体育馆等。

我国大跨空间钢结构起步较晚、基础弱，随着我国经济实力的增强和社会发展的需要，大跨空间钢结构近 30 年来发展迅猛。20 世纪 90 年代已建成跨度 100m以上空间钢结构，如天津体育馆和长春体育馆等。进入 20 世纪，我国在大跨空间钢结构的设计和建造技术方面取得了量和质的突破，取得了举世瞩目的成绩，建造了多个具有代表性的大跨空间钢结构，如国家大剧院（最大跨度为 212m）、国家游泳中心（最大跨度为 177m）、威海体育中心（最大跨度为 236m）、深圳宝安体育场（最大跨度为 237m），如图 1.1 所示。工程实践表明，经过几十年发展，我国大跨空间钢结构的发展水平已位于世界前列。

（a）国家大剧院

（b）国家游泳中心

图 1.1 我国典型大跨空间钢结构

（c）威海体育中心　　　　　　　　　　（d）深圳宝安体育场

图 1.1（续）

1.1.2　超高层结构应用

随着我国经济和科技的发展，城市人口急剧增加，土地供应紧张，促使城市向高空发展，拓展生存空间，因此超高层建筑逐渐盛行。作为现代城市地标，目前普遍将高度超过 100m 的建筑定义为超高层建筑。

与国外相比，我国超高层建筑的起步较晚。1976 年建成的广州白云宾馆标志着我国自行设计建造的高层建筑高度突破 100m，进入超高层建筑发展阶段。20世纪 80 年代之后，我国超高层建筑发展进入兴盛时期，陆续建成多个超高层建筑，如上海金茂大厦（高度为 420.5m）、广州国际金融中心（又名广州西塔，主楼高度为 432m）、上海环球金融中心（高度为 492m）等。随着社会经济的发展，超高层建筑不断增加，如北京中信大厦（高度为 528m）、上海中心（高度为 632m）、武汉绿地中心（高度为 606m）和深圳平安国际金融中心（高度为 648m），如图1.2 所示。超高层结构体系的创新对其安全性和经济性影响大，对开拓建筑空间布置和使用功能具有重要作用。据统计，截至 2017 年，我国共建成高度超过 200m 的超高层建筑共 697 幢，高度 200m 以上的建筑约占全世界总数的 45%。此外，超高层建筑的高度近年来也不断增加。截至 2021 年，全球已建成高度排名前 20 的超高层建筑中，我国占 11 座。

（a）北京中信大厦

（b）上海中心

（c）武汉绿地中心

（d）深圳平安国际金融中心

图 1.2　我国典型超高层建筑

1.2　巨型框架悬挂结构混合体系

1.2.1　概念与组成

悬挂结构的思想最先起源于自然界，如悬挂蜘蛛网、攀藤植物等，利用树枝或其他较硬的架构和蔓藤为载体，悬挂重量大的果实。这种支撑和蔓藤组成的悬挂体系，是自然界中最经济的受力体系，也是悬挂结构的雏形。在建筑中引入悬挂原理的构想最早可追溯到 1927 年 Lehmann[1]提出的钢桅杆悬挂楼段的建筑方案。悬挂结构体系是指建筑的楼层质量通过吊柱悬挂于顶层转换层的结构形式。悬挂结构体系主要由两个部分构成。第一部分是主体结构，即承重主构架，主要结构形式有核心筒刚梁式、巨型框架式、拱式、框架悬索式、树状构架式等[2]；承重主构架的主要作用是承担吊柱传递来的楼层重力荷载，并将其传递至基础；承重主构架提供了悬挂结构的主要抗侧能力。第二部分是次要结构，由吊柱与悬挂楼层组成；悬挂楼层通过吊柱与主体结构连接，将悬挂楼层的竖向重力荷载传递给主体结构，吊柱的受力状态一般以受拉为主，主要结构形式有型钢吊柱、高强钢束或钢绞线、预应力混凝土吊柱等。

悬挂结构作为一种新型建筑结构形式，能够在一定程度上解决建筑功能与结构之间的矛盾，实现建筑的坚固、适用、美观的高度统一。悬挂结构具有以下优点。

1）结构造型独特、美观，外立面通透，自然采光好，容易进行艺术设计，可以形成较大的使用空间，建筑平面布置灵活，满足多种建筑空间功能需求。

2）底层悬挂楼层不落地，占地面积小，能够适应不同场地的要求（如矿区、山地等）。

3）结构传力路径清晰，各构件分工明确。

4）悬挂结构的吊柱可以采用钢构件，充分利用钢材的受拉优势，避免钢柱受压失稳。

5）具有良好的减震/减振性能，能够一定程度上减小结构在地震作用、风荷载下的结构响应，提高建筑结构的安全性。

基于现有研究[3-4]，悬挂结构分类见表 1.1。

表 1.1 悬挂结构分类

主体结构类型	结构体系	主结构
悬挂刚性结构	核心筒悬挂结构	筒体+外伸悬臂梁
	巨型框架悬挂结构	巨型框架
悬挂柔性结构	拉索桅杆结构	桅杆+预应力拉索
其他	悬索式悬挂结构	巨型框架+非预应力悬索

核心筒悬挂结构的主体结构由核心筒与外伸悬臂梁组成。核心筒一般采用钢筋混凝土筒体形式或内置型钢混凝土筒体形式。根据核心筒的数量，核心筒悬挂结构又可分为核心单筒式与核心多筒式。典型的核心筒悬挂结构有南非约翰内斯堡标准银行大楼、德国慕尼黑宝马总部大楼等，如图 1.3 所示。拉索桅杆结构的

主结构是柔性的，其拉索一般是预应力形式，拉索一般直接锚固于地面或者由其他的结构体系来支承。悬索式悬挂结构的悬索为非预应力索，其悬索能够将吊件传递来的重力荷载直接传递给巨型框架柱，可以分担一部分巨型大梁所承受的楼层悬挂荷载。

（a）南非约翰内斯堡标准银行大楼　　　　　　（b）德国慕尼黑宝马总部大楼

图 1.3　典型的核心筒悬挂结构

巨型框架悬挂结构混合体系的主体结构为巨型框架。巨型框架中柱一般采用组合截面单柱或钢管混凝土格构式柱等形式，梁一般采用大跨度桁架梁，将楼层或者单层屋顶通过吊柱或斜拉索悬吊在主承重构件上，用若干吊柱或斜拉索承担并传递屋顶和楼板的重量。由于吊柱或斜拉索只承受拉应力作用，为充分发挥钢材的抗拉性能，增大结构跨度和减少钢材用量，与核心筒悬挂结构相比，巨型框架悬挂结构混合体系的巨型梁对巨型柱形成了约束，主体结构的刚架效应更加明显，结构抗侧能力更强，抗倾覆能力也更强。另外，现代建筑形式不拘泥于传统建筑的建造方式，让建筑更加富于变化，符合人们日益变化的审美要求。

巨型框架悬挂结构混合体系按照结构高度可分为单层悬挂式结构和多高层悬挂式结构。对于单层悬挂式结构建筑，梁、桁架、薄壳或屋面板等刚性构件组成的屋顶用悬挂索吊挂，锚固在中心柱上，形如吊伞；也可以锚固在两端的塔架上，形如悬桥，如 20 世纪 60 年代初我国建造的江西拖拉机制造厂齿轮车间。对于多高层悬挂式结构建筑，这种结构体系主要由井筒、吊架或者斜拉杆、吊柱和各楼板构成。各楼板的内端支承在井筒上，外端悬挂在由井筒伸出的吊柱上，也可由斜拉杆挂在井筒的顶端。

和传统钢框架相比，悬挂式结构体系能够提供更大的空间满足使用要求，可调整结构体系自身的动力参数来减小结构在水平荷载对建筑物的地震/振动响应，能够采用多个平面同时施工的方法以提高工作效率，节约工程工期，可以充分利用材料性能降低工程造价。但是，悬挂式结构体系易出现楼层刚度突变较大、结构冗余度偏小、竖向振动明显和施工困难等问题。

巨型框架悬挂结构混合体系根据悬挂方式可分为顶层悬挂式巨型框架混合体系和顶层悬挂底层支承巨型框架混合体系，如图 1.4 所示。

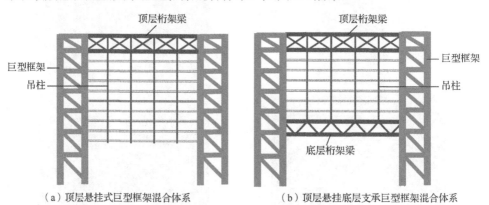

（a）顶层悬挂式巨型框架混合体系　　　　（b）顶层悬挂底层支承巨型框架混合体系

图 1.4　巨型框架悬挂结构混合体系

1.2.2　研究现状

1998 年，梁启智等[5]针对巨型框架悬挂结构体系的振动问题，建立了该结构体系动力学模型研究其动力特征，探讨了悬挂式楼段层间侧移刚度的计算方法。通过与坐承式巨型框架相比较，表明巨型框架悬挂结构体系具有良好的抗震性能。

2000 年，张耀华等[6]基于主次子结构的截断模态综合法，对巨型框架悬挂结构体系开展了动力分析，研究了该结构体系的抗震原理；针对该结构体系提出了异步驱动原理，并基于该原理提出适用于巨型框架悬挂结构体系的初步设计方法。

2002 年，王晓[7]提出了巨型框架悬挂结构的静力及动力分析方法。根据巨型框架的受力特点，推导了两种用于稳定分析的单元，第一种单元考虑了沿杆方向均匀分布轴力的效应，另一种单元考虑了开口薄壁构件的轴力效应和弯扭效应的耦合。分析了竖向地震对巨型框架整体稳定的影响，结果表明竖向地震对巨型框架悬挂结构的整体稳定影响显著。

2006 年，蓝文武[8]对巨型框架悬挂结构体系的减震半主动控制进行了研究，利用半主动控制技术，探究主动变刚度和主动变阻尼的装置对巨型框架悬挂结构体系的震动控制影响，完善了该结构体系的自适应性能。

2010 年，刘海卿等[9]将形状记忆合金（shape memory alloy，SMA）阻尼器运用于巨型框架悬挂结构中，建立了 SMA 阻尼器的力学分析模型。对设置与未设置 SMA 阻尼器的巨型框架悬挂结构进行时程分析对比。结果表明，SMA 阻尼器控制的结构体系能有效地减小主−子结构的相对和绝对位移、相对和绝对加速度响应。

2012 年，唐柏鉴等[10]基于跃廊式户型提出了悬挂式巨型钢框架住宅，研究了该住宅体系在静载、风载、地震作用下的结构性能。研究结果表明，该结构体系整体变形曲线呈剪切型，悬挂子结构可以降低主体结构在地震作用下的震动响应。时程分析和反应谱分析对比结果表明，可以采用反应谱分析方法进行该结构体系的初步设计。

2020 年，金鑫等[11]开展了 1/20 大跨度巨型框架悬挂结构模型的双振动台模拟试验，研究一致激励和行波激励对悬挂减振结构地震响应的影响。试验结果表明，大跨空间结构在地震波作用下的动力特性复杂，行波效应可能使结构的关键部发生明显的应力变化，在结构抗震时应给予重点关注。

目前国内外研究主要针对巨型框架悬挂结构体系在地震作用下的动力响应和抗震性能，而对于人致振动特性和舒适度评价研究较少，有必要针对此类结构体系的振动舒适度性能进行试验和模拟研究。

1.2.3 工程应用

目前巨型框架悬挂结构混合体系已经在跨度公共建筑和超高层建筑中得到了良好应用，如美国明尼阿波利斯的联邦储备银行、广东省博物馆新馆和武汉中心大厦等。

广东省博物馆新馆位于广州市珠江新城中心区南部，总用地面积为 41027m²，采用巨型框架顶层悬挂结构混合体系，建筑平面外轮廓尺寸为 114m×114m，共 6 层，总高度为 44.65m。设置 8 榀（纵横各 4 榀）大跨度悬臂钢桁架，采用多个工作面同时展开的施工思路，楼层结构采用正序安装，按吊柱、主梁、次梁分层吊装。吊柱在安装过程中临时作为钢柱，拆除支撑后形成悬挂结构。在悬臂桁架的端部设置 4 榀封口桁架，形成空间结构，稳定整个悬挂体系；在悬臂桁架内外下伸钢吊柱，悬吊 3 层和 4 层的楼面体系；在结构的 4 个角部设置斜拉板，如图 1.5 所示。

武汉中心大厦位于武汉王家墩，塔楼地上部分 88 层，总建筑高度为 438m，总建筑面积约为 36 万 m²。武汉中心大厦塔楼采用了逐级成型的巨型框架顶层悬挂底层支承结构混合体系，该结构体系由转换大梁、后装段、顶层加强桁架、钢管混凝土柱、次结构柱、楼面结构等组成，利用顶层环带桁架悬挂减小下部转换大梁的承载力。施工过程中需要在转换大梁下方及后装段处设置临时支撑装置作为传力机构。施工时包含两级卸载，即后装段卸载和转换大梁卸载。首先进行后装段的卸载，随后进行转换大梁卸载，更多的荷载再次传递至顶层加强桁架，从而确保转换大梁负荷在其承载力范围内，如图 1.6 所示。

图 1.5　广东省博物馆新馆

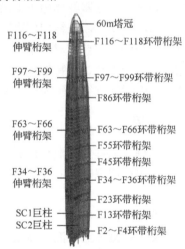

图 1.6　武汉中心大厦

1.2.4　依托工程

本书主要依托位于安徽省合肥市的中国科学院量子信息与量子科技创新研究院（简称中国科学院量子创新研究院），它是目前全球最大的量子信息实验室，如图 1.7 所示。

中国科学院量子创新研究院科研楼位于科研办公区一期范围内，由 2 栋高层及其裙房组成。两栋高层之间采用钢柱和桁架结构组成的通廊钢结构连接。科研楼总建筑面积约为 25.26 万 m^2，其中地上建筑面积为 17.56 万 m^2，地下建筑面积为 7.71 万 m^2（人防防护区面积约为 1.4 万 m^2）。建筑高度为 51.5m，最高点结构标高为 56.1m。科研楼共包含 8 个结构单元，划分为 A～H 等 8 个施工区域，如图 1.7 所示。

图 1.7 中国科学院量子创新研究院

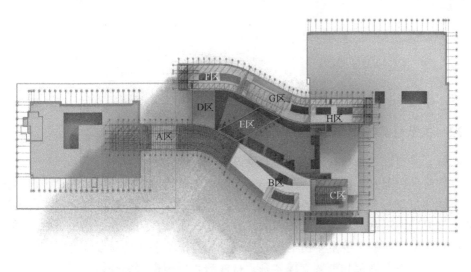

图 1.8 中国科学院量子创新研究院科研楼分区示意图

A 区钢结构的结构形式为巨型框架悬挂结构混合体系，轴线范围为：①轴线～⑱轴线，其中①～②轴为 15m 长的悬挑桁架结构，底部标高为 18.2m，顶部标高为 57.6m，共 8 层，在第 4 层和第 8 层分别设置一道桁架加强层；⑦～⑧轴为跨度 45m 的顶层悬挂底层支承跨河桁架结构，共 9 层，在底层和顶层各布置一道桁架层，各楼层之间采用截面为 H400mm×25mm×600mm×50mm 的吊柱连接。A 区钢结构框架柱采用箱形截面钢管混凝土柱，主要截面尺寸为□1600mm×800mm×60mm、□1000mm×800mm×400mm、□800mm×800mm×40mm、

□600mm×600mm×20mm 等。楼层钢梁及桁架均为 H 形截面，其中框架主梁为焊接 H 型钢，次梁为热轧 H 型钢，最大截面尺寸为 H1000mm×600mm×16mm×40mm，材质主要为 Q355B、Q355C。巨型框架悬挂结构混合体系如图 1.9 所示。

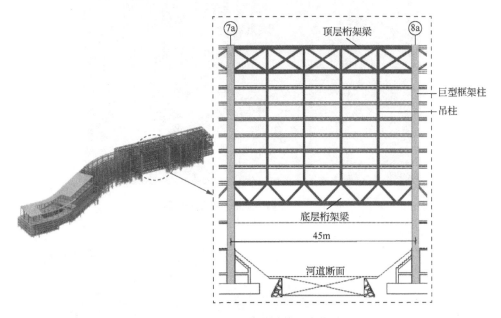

图 1.9 巨型框架悬挂结构混合体系

1.2.5 关键科学技术问题

（1）巨型框架悬挂结构混合体系抗震设计方法

目前多数国家现行抗震规范主要采用基于承载力的弹性分析方法设计，该方法不能很好地预测结构遭遇罕遇地震而进入非线性状态的侧向力分布和内力需求，仅通过柱端弯矩放大系数的局部控制思想，不能完全保证结构"强柱弱梁"整体破坏模式。基于能量平衡的塑性抗震设计方法克服了传统设计方法存在的缺陷，成功应用于框架和框架支撑体系。目前缺乏巨型框架悬挂结构混合体系的性能化抗震设计。为了实现巨型框架悬挂结构混合体系在不同地震等级下的变形损伤可预测、可控制，实现结构性能水准、地震设防水准和结构性能目标三者之间的协同，有必要针对巨型框架悬挂结构混合体系提出基于能量平衡和整体失效模式的塑性抗震设计方法。

概率地震易损性分析是评定结构地震可靠性和预测结构震害的基础，系统研究巨型框架悬挂结构混合体系地震易损性曲线，对于评定结构的地震安全性、预测结构的地震损失、制订防震减灾规划、建立全生命周期费用优化理论等均具有重要的理论意义和实用价值。因此，有必要对巨型框架悬挂结构混合体系的概率地震易损性进行分析。

结构连续倒塌是由于偶然意外荷载作用下产生结构柱局部破坏，导致结构破坏向梁、板其他部位发展，最终导致结构大范围倒塌。连续倒塌事故可能会产生比初始灾害更加重大的损失，严重威胁社会安定与居民安全，尤其对于国家重大前沿基础科学实验楼——中国科学院量子创新研究院科研楼采用的巨型框架悬挂结构混合体系。目前，国内外缺乏巨型框架顶层悬挂底层支承结构混合体系抗连续倒塌性能研究，有必要对其开展深入研究。

（2）巨型框架悬挂结构混合体系楼盖振动响应和舒适度评价

目前国内外开展楼盖振动特性研究和舒适度评价研究多集中在大跨度、大悬挑和冷弯薄壁型钢组合楼盖等结构，对于悬挂式结构、巨型框架等新型结构体系的人致振动特性和舒适度研究较少见。中国科学院量子创新研究院科研楼属于巨型框架悬挂结构混合体系，包含有大跨度结构、悬挂结构、巨型框架结构等复杂结构体系。目前关于此类混合体系的研究资料和方案匮乏，也缺乏针对此类新型结构楼盖振动舒适度评价的相关技术标准。目前，仅有广东省博物馆新馆、高雄市银行大厦和武汉中心大厦等采用巨型框架悬挂式结构体系。

此外，巨型框架悬挂结构混合体系填充子结构楼层，可能会导致结构本身的自振频率较低，由于该新型结构体系大跨度段长达 45m，可能导致结构阻尼较小、柔性较大。如果楼盖竖向自振频率较低，人步行频率和结构自振频率接近时就会引起楼盖共振，激起楼盖产生较为强烈的振动响应，从而影响科研工作和生活。因此，有必要对巨型框架悬挂结构混合体系楼盖振动响应开展相应研究，并提出评价此类结构楼盖振动舒适度的方法。

（3）巨型框架悬挂结构混合体系逆向施工技术

巨型框架悬挂结构混合体系的施工和使用阶段受力差别较大，且悬挂钢结构和楼层混凝土浇筑顺序对施工阶段结构的受力转化以及内力波动影响较大，目前已有的工程可借鉴经验较少，且一般以采用传统的自下而上的顺向施工方法为主，然而此类施工方法与结构体系实际受力有一定差别，施工的合理性和科学性仍有待研究。因此，亟须研究巨型框架悬挂结构混合体系的逆向施工技术，提出科学的施工工序，为同类结构的安全建造保驾护航。

1.3   结构抗震设计方法研究

1.3.1   规范规定的抗震设计方法

目前国内外现行抗震规范主要采用基于承载力的等效静力线弹性分析理论来获得结构的强度和变形需求，然后通过关键部位局部放大系数和充分的构造措施来确保结构"强柱弱梁"的失效模式，从而间接考虑结构的非弹性行为，设计流程如图 1.10 所示。根据我国《建筑抗震设计规范（2016 年版）》（GB 50011—2010）[12]的地震影响系数曲线可以获得结构的设计基底剪力，然后将基底剪力按照结构的一阶模态形状或其他表征结构动力特性的分布模式将剪力分配至各楼层以获得结构在小震下的侧向力作用。基于竖向和侧向力作用进行弹性分析获得结构构件和节点的强度需求，同时根据"强柱弱梁"原则和细节构造要求对其进行设计。不断进行迭代设计，检验结构的强度和层间位移角，直至满足规范要求。

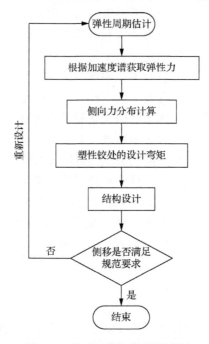

图 1.10　基于承载力的设计流程

地震震害调查显示结构经常会出现局部不利的失效模式，如图 1.11（a）～（c）所示，即结构仅在局部发生屈服，而其余层构件处于弹性或损伤较低状态，材料性能没有得到充分发挥，导致结构失效倒塌时的延性和承载力都较小。目前的规范设计方法较难保证结构在强震下形成最优的"强柱弱梁"式整体失效模式，即梁端屈服耗能，构件的强度和变形充分发挥，各楼层具有相同的侧移，如图 1.11（d）所示。

现有规范设计方法存在不足，主要表现在如下几点。①假定沿楼层高度分布的设计侧向力分布实质上是通过结构弹性分析获得的，其与弹塑性动力时程分析结果相差较大[13]，可能是造成沿楼层高度最大层间位移角分布不均匀的原因。Verde[14]和 Bondy[15]的研究结果表明，由于没有考虑结构在罕遇地震下的弹塑性响应,采用基于规范的侧向力分布设计的结构导致 1985 年墨西哥大地震时大量混凝土框架结构上部发生了倒塌。②结构构件所受的内力是基于构件之间相对刚度值按比例进行分配的,然后根据内力设计构件,且不断进行迭代设计,直至满足规范要求。然而,当结构受到罕遇地震作用时,部分构件会由于钢材屈服或混凝土开裂而进入塑性状态,结构内力将按照屈服后的刚度来分配,导致内力分配发生变化。若不考虑结构在预期非弹性状态下的侧向力分布模式,则可能无法设计出合适的构件尺寸。③试图通过柱端弯矩放大系数的方法避免柱端在强震作用下失效。Dooley 等[16]和 Kuntz 等[17]的研究表明,基于承载力设计的钢筋混凝土柱不能有效避免柱端屈服破坏,对于钢框架结构亦是如此。这主要是由于柱端受到不仅来自竖向荷载在柱端产生的弯矩,还有来自侧向力在柱端产生的弯矩。

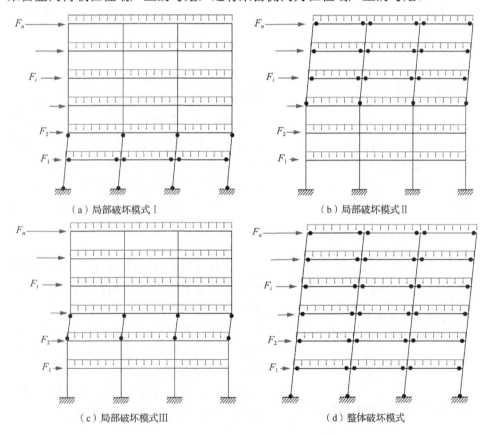

(a) 局部破坏模式Ⅰ   (b) 局部破坏模式Ⅱ

(c) 局部破坏模式Ⅲ   (d) 整体破坏模式

图 1.11　建筑结构的屈服失效机制

1.3.2　基于位移的性能化抗震设计方法

各国学者开展了基于性能的抗震设计方法研究,力图在设计过程中明确结构性能水准、地震设防水准和结构性能目标三者之间的关系，从而保证结构在不同地震水平下的变形损伤可预测、可控制。基于性能的抗震设计采用多级性能水准设计理念，可以根据业主和社会需求灵活确定结构的性能目标，可应用于规范中没有明确规定的新型结构体系，如巨型框架悬挂结构混合体系。设计过程中要求对设防水准、震害经验、结构分析、设计方法、抗震措施、结构可靠性等方面进行深入研究，从而制定多性能目标、多可靠度水准的设计指南，实现人们对结构安全度的多层次要求。

基于位移和基于能量平衡的抗震设计方法是性能化抗震设计中较为常用的两种方法。Shibata 等[18]首次提出在确定钢筋混凝土结构构件设计内力时应考虑结构的非弹性变形的概念，此后基于位移的抗震设计理念逐渐被人们接受，逐渐发展出基于位移、基于延性和直接基于位移的抗震设计方法，这主要是由于结构的变形比强度更能体现结构在地震作用下的性能，采用基于变形的抗震设计方法比传统的基于强度的抗震设计方法更加简便。自 Priestley 等提出直接基于位移的抗震设计方法设计钢筋混凝土结构后[19-20]，很多学者将其应用于不同结构体系中，实现了结构目标位移可控。直接基于位移的抗震设计方法首先要确定结构设计位移，然后通过获得结构在设计位移时的等效刚度和等效阻尼比来直接确定结构的设计内力，设计流程如图 1.12 所示。

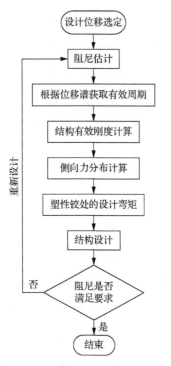

图 1.12　直接基于位移的设计流程

与传统抗震设计方法相比，直接基于位移的抗震设计方法可以确保结构在设计位移下的地震响应。Priestley[19]指出，由此方法设计的结构比传统方法更易与预设目标相吻合，且会降低结构的设计内力。然而，直接基于位移的抗震设计方法的复杂性成为其被广泛应用的瓶颈，尤其是结构阻尼需要不断迭代校核以满足设计要求。

1.3.3　基于能量的性能化抗震设计方法

地震能量的吸收、转化和耗散与结构损伤分布密不可分。因此，分析结构地震能量反应和发展能量抗震设计方法对结构的损伤分析和失效模式控制具有重要意义。1956 年，Housner[21]首先提出了基于能量的结构抗震设计理念，经过多位学者的研究[22-52]，基于能量平衡的抗震设计方法已发展成为除基于承载力和位移抗震设计方法外又一重要的抗震设计方法。基于能量平衡的抗震设计方法，即地震作用产生的侧向力在预期整体屈服机制下屈服后的位移上所做的外功等于结构的非弹性应变内能。设计过程中，同时考虑了结构的承载能力和变形能力，可以更加全面反映结构的整体抗震性能，比基于承载力和基于位移的抗震设计方法更为合理和全面。

目前多位学者采用基于能量的塑性设计方法应用于不同结构体系中。Leelataviwat 等[22]、Goel 等[28]、Dalal 等[29]、Banihashemi 等[30]、Ke 等[31]、Abdollahzadeh 等[32]采用该方法设计了不同层数的抗弯钢框架结构。Pekcan 等[33]、Heidari 等[34]采用该方法设计了钢梁为桁架式的大跨度钢框架结构。Shayanfar 等[35]、Banihashemi 等[36]、Longo 等[37]采用该方法设计了偏心普通支撑或中心普通支撑的钢框架支撑结构。Choi 等[38-39]、Sahoo 等[40]、Qiu 等[41]采用该方法设计了屈曲约束支撑或自复位型屈曲约束支撑的钢框架支撑结构。Ghosh 等[42]、Kharmale 等[43]、Gorji 等[44]、Abdollahzadeh 等[45]采用该方法设计了设置纯钢板剪力墙的钢框架-剪力墙结构。Shoeibi 等[46]采用该方法设计了钢框架一侧设置摇摆柱的结构。Liao 和 Goel[47]采用该方法设计了混凝土框架结构。KhaMPanit 等[48]和 Bai 等[49]采用该方法设计了既有或新建混凝土结构中设置屈曲约束支撑的混凝土框架支撑结构。Sahoo 等[50]采用该方法设计了既有混凝土结构中设置剪切型金属阻尼器的混凝土框架-剪切阻尼器结构。Hung 等[51]和 Chan-Anan 等[52]采用该方法设计了混凝土剪力墙间设置耗能钢连梁的剪力墙结构。

综上所述，基于能量平衡的塑性设计方法主要应用于钢框架结构、混凝土框架结构，以及在钢框架或混凝土框架中设置普通支撑、屈曲约束支撑或钢板剪力墙等耗能构件的组合结构。然而，目前缺乏采用基于能量平衡的塑性设计方法设计巨型框架悬挂结构混合体系的相关研究报道。

1.4 概率地震易损性分析研究

概率地震易损性是指评估对象在给定的地震强度作用下达到或超越某种破坏状态的条件概率。综合考虑了各种不确定因素，采用易损性曲线来反映结构损伤程度与地震动强度之间的概率关系。概率地震易损性分析可以分为判断法、经验法、基于有限元理论法和混合法。

（1）判断法

专家和工程人员根据地震灾害现场考察的经验，快速考虑影响地震易损性的各种因素，给出结构的易损性评估结果[53]。例如，1973 年美国学者 Whitman 提出预测地震后结构损伤的经验性方法（即易损性概率矩阵方法）后，50 多位专家评估了 36 栋房屋在 6 级到 12 级麦卡利烈度下的损伤估计系数和易损性[54]。该方法主要依赖专家的判断，对专业知识要求很高。但是专家间的经验和经历存在差异性和主观性，评估结果存在差异，有时相差较大。HAZUS 软件是一款包含专家的经验和判断的灾害损失估计软件，可以用于多种结构的地震易损性评估、社会经济损失估算、紧急情况灾害预警，以及灾后恢复建设[55]。

（2）经验法

科研人员基于对震后的房屋损伤情况进行现场调研到的数据，整合不同地面运动强度的结构损伤数据得到经验易损性曲线；根据震害资料数据统计回归出关于破坏概率的经验公式，用于地震易损性的评估，是评价结构地震易损性最直接的方法。如 Yamazaki 等[56]对 1995 年的日本阪神大地震后的房屋损伤观测数据进行了统计分析研究，得到了该地区建筑结构的经验易损性曲线。李思齐[57]根据我国已有的震害调查数据，采用中外不同的地震烈度标准建立了不同类型结构的离散破坏概率矩阵。由于地区之间的建筑类型、建筑年代、维护状态等存在差异，不能直接用一个地区的震害经验预测另外一个地区的震害，因而该方法适用于震害资料较丰富或者震害类似的地区，且量大面广的群体建筑物的震害预测。

（3）基于有限元理论法

该方法通过借助有限元软件建立可以考虑结构弹性性行为的分析模型，选择与场地和结构匹配的实际或人造地震动进行时程分析或静力推覆法分析结构的弹塑性变形和内力响应，最后通过全概率理论建立结构在遭受某一地震等级下发生某一损伤程度的易损性曲线。近年来，随着计算机计算性能的大幅提升和概率计算理论的成熟，该方法广泛应用于土木工程结构的易损性分析中。核电站的风险评估分析最早涉及概率地震易损性分析[58]，这主要是由于核电站结构的安全性和可靠性至关重要，概率地震易损性分析可以评估核电站结构在未来遭遇不同地震动强度时可能导致的结构损伤、经济损失和人员伤害程度。随着该方法的不断完善和发展，逐渐拓展到了建筑工程、桥梁工程和生命线工程等领域，如混凝土结构[59-63]、钢结构[64-66]、砌体结构[67-70]、木结构[71-72]、桥梁结构[73-75]和生命线系统[76-79]等。

（4）混合法

虽然基于有限元理论的易损性分析法有效促进了解析地震易损性研究，然而计算机资源耗费巨大始终制约着解析地震易损性在实际工程结构中的广泛应用。基于震后调查数据得到的经验地震易损性可信度更高，但需要以大量震害调查数据为基础。因此，在地震易损性分析中合理采用有限元模拟、真实震后和实验室数据，是推动混合法发展的关键。如 Singhal 等[79]结合已有的震害数据，对已获得的钢筋混凝土框架结构的地震易损性曲线进行了贝叶斯修正。

1.4.1　大跨度钢结构地震易损性研究

2012 年，聂桂波[80]应用结构损伤因子建议了网壳结构的性能水准，结合地震危险性分析和结构地震易损性分析，建立了网壳结构地震下失效概率曲线，分析了结构失效概率与经济损失及人员伤亡之间的关系。高广燕[81]以凯威特型单层球面网壳结构为研究对象，建议了表征单层球面网壳结构损伤程度的指标以及适合于单层球面网壳结构的性态水准划分方法，评价了三个典型的无下部支承结构网壳结构的地震易损性。范峰等[82]针对大跨度空间结构提出了敏感频率反应谱值 $S_a(f_p)$，指出 $S_a(f_p)$ 与结构水平和竖向线弹性地震响应具有较好的相关性。

2015 年，李玲芳[83]对不同跨度、矢跨比和屋面荷载的落地网壳结构进行了地震易损性分析，结果表明屋面荷载和支承体系刚度对网壳结构的地震易损性影响显著，矢跨比对网壳结构的地震易损性影响较小。

2016 年，钟杰[84]针对单层球面网壳和单层柱面网壳，从结构滞回耗能的角度出发，提出基于地震能量需求的结构损伤指标的概率地震需求模型和能力模型，获得网壳结构不同性能水准的易损性曲线；对网壳结构进行动力荷载域全过程分析，建立网壳结构在近场速度脉冲型地震动作用下的易损性曲线，并与远场地震动作用下的分析结果进行对比。舒兴平等[85]以挠跨比和地面峰值加速度分别作为结构性能和地震动强度参数，建立了某实际大跨度空间管桁架结构的易损性曲线，分析了其倒塌概率。陈奕玮等[86]建立了四种不同跨度的大跨网架结构有限元分析模型，对隔震前后的结构进行多维多点激励下增量动力分析，根据建立的易损性曲线分析了大跨网架结构隔震前后在小震、大震及超大震下的损伤超越概率。

2017 年，Nie 等[87]通过 UMAT 子程序建立了可以考虑构件在循环荷载下的累计损伤的球面和柱面单层网桥有限元分析模型，通过增量动力分析研究了单层网壳的倒塌机理以及量化了单层网壳结构在不同地震作用下发生不同损伤程度的超越概率。

2018 年，刘焕芹[88]建立了异形钢柱支撑的轮辐式张弦梁结构计算模型，建立了不同初始预应力的地震易损性曲线，研究其在合理初始预应力范围内，在给定地震动强度的前提下，初始预应力对结构地震易损性的影响。

2019 年，张英楠[89]优选了适用于网壳结构主余序列地震效应易损性研究的地震动强度参数，基于该地震动强度参数，建立了网壳结构主余震序列地震损伤快速评估模型，以及在已知和未知损伤程度下的网壳结构余震损伤快速评估模型，给出了相应的易损性曲线和易损性矩阵。曹永超[90]建立了一个单层大跨度球面网壳结构计算模型，对其进行多点地震动输入加载，研究结构在多维激励下的动力特性及地震易损性。Zhong 等[91]通过基于地震能量需求的损伤指数（damage index，DIE）和地震动峰值加速度（peak ground acceleration，PGA）对 Kiewitt-8 单层网壳进行了地震易损性分析，结果表明，DIE 与 PGA 有很强的相关性，具有较大升跨比或宽度或较大屋顶荷载的网壳更有可能在地震期间损坏或倒塌。

2020 年，黎静阳[92]分别建立了大跨度空间网架结构的抗震结构、屋盖隔震结构及基础隔震结构的有限元分析模型，从超越概率的角度分析了三种结构在不同地震作用下的地震易损性，当大跨空间网架结构采用屋盖隔震设计时，建议对下部结构进行加强。Zhang 等[93]以单层和双层网壳为研究对象，比较 11 种常见地震动强度指标的相关性和效率，优选 PGA 为最适用于余震影响网壳结构易损性的地震动强度指标，基于易损性曲线，分析了余震对网壳结构损伤的影响以及主震引起的四种不同损伤水平的受损网壳结构的余震倒塌概率分布。

1.4.2　高层结构地震易损性研究

2012 年，吕西林等[94]基于采用增量动力分析法对某复杂超限结构进行了易损性分析和抗震性能评估，得到了结构在不同地震响应超越各个极限状态的概率分布。

2013 年，周颖等[95]以超高层结构的层间位移角为结构需求参数，建议了幂函数乘积形式的地震动强度平均谱加速度 S_{12} 和 S_{123}，并从有效性的角度与地震动峰值加速度（PGA）、地震动峰值速度（peak ground velocity，PGV）、阶周期谱加速度 $S_a(T_1,5\%)$ 和双参数强度指标 S^* 进行了对比，证明了 S_{12} 和 S_{123} 指标的适用性。

2014 年，刘洋[96]对一 20 层的框架-核心筒混合结构进行单向、双向地震动作用下的增量动力和易损性分析，结果表明，双向地震动作用下各极限状态的超越概率大于单向地震动作用下各极限状态的超越概率，建议抗震性能评估时应考虑双向地震动作用对结构的影响。

2015 年，Guan 等[97]从有效性和专业性的角度，对比了 12 个地震动强度指标与超高层建筑最大响应参数（最大层间位移角、顶层最大位移和底部剪力）以及耗能参数之间的关系，表明 PGV 是长周期结构的最佳选择。

2016 年，张令心等[98]采用增量动力分析对某 50 层超高层混合结构进行了计算并建立了易损性曲线，结果表明，结构基本满足"小震不坏、中震可修、大震不倒"的抗震要求，具有良好的抗震性能。

2018 年，Zhang 等[99-100]针对超高层建筑结构提出了基于谱加速度考虑高阶振型的线性组合型和基于谱速度考虑高阶振型的组合型地震动强度指标，优选了适用于评估加速度敏感型构件地震需求的地震动强度指标。Cheng 等[101-102]以一典型的钢筋混凝土框架-核心筒高层建筑结构为对象，进行增量动力分析和地震易损性分析，结果表明，长周期地震动对高层框架-核心筒建筑结构造成的损伤破坏程度均大于普通地震动。

2019 年，徐铭阳[103]以中高层 RC 框剪结构为研究对象，从 35 组地震动强度指标中优选了适用于中高层结构的地震动强度指标 S_{aN}，进一步建立了包含地震动三要素信息的向量型地震动强度指标,与标量型相比,具有更好的拟合优度。He 和 Lu[104]以某一 729m 的超高层建筑结构为研究对象,系统分析了屈曲约束支撑和黏滞阻尼器布置对结构抗震的影响,在优选的耦合地震动强度参数和结构需求参数的基础上,建立了相应的易损性曲线。

2020 年,窦世昌[105]对 52 层钢结构进行了增量动力分析并建立了结构地震易损性曲线,结果表明,远场长周期地震动作用下的结构破坏概率大于近场长周期地震动作用下的结构破坏概率,近场长周期地震动作用下结构的破坏概率大于普通地震动作用下的结构破坏概率。

2021 年,张超[106]以某 200.5m 的框架-核心筒实际工程结构为研究对象,通过增量动力分析法对结构的抗震性能及抗倒塌性能进行评估。结果表明,远场长周期地震动可能对结构造成的危害最大,近场脉冲型地震动次之,近场无脉冲型地震动最小。吴俊陶[107]对某双塔带连体的复杂超高层结构(1 号和 2 号塔楼高度分别为 265.4m 和 274.2m)分别选取长、短周期两组地震波,通过楼板材料塑性损伤破坏极限状态指标对结构进行了易损性分析,从超越概率的角度评估了结构和楼板的损伤破坏概率。

2022 年,聂红鑫等[108]针对 45 层框架-核心筒结构,基于增量动力法计算了结构在不同强度地震动作用下超越 5 个极限状态的概率,得到了震害矩阵,评估了结构的地震安全性与使用功能性。Forcellini[109]建立了考虑土-结构相互作用的 20 层结构分析模型,通过易损性曲线发现考虑土-结构相互作用效应有助于降低结构的损伤概率以及土-结构相互作用而导致的场地放大机制。Wang 等[110]对巨型框架结构在主余序列地震动作用下进行了增量动力分析,得到了结构在不同地震等级下发生不同损伤的超越概率分布,发现填充子结构与巨型框架间设置铅芯橡胶支座有助于提高结构的抗震性能。

综上所述,概率地震易损性分析较为广泛地应用于大跨度空间钢结构和高层建筑结构,取得了丰富的科研成果,有效推动了结构性能化设计与地震风险评估。然而,目前缺乏巨型框架悬挂结构混合体系地震易损性的相关研究报道,仍处于起步阶段。巨型框架悬挂结构混合体系的地震行为和失效机理均不同于大跨度空间钢结构和高层建筑结构,相关研究成果难以直接应用于此类结构中,有必要针对巨型框架悬挂结构混合体系开展系统的地震易损性研究。

1.5 结构抗连续倒塌研究

美国规范《房屋及其他建筑最小设计荷载规范》(*ASCE 7-10 Minimum Design Loads for Buildings and Other Structures*)将连续倒塌定义为:在正常使用条件下结构由于突发事件发生局部破坏,初始局部破坏在结构构件之间不断传递,最终导致整体结构的倒塌或是发生与初始局部破坏不成比例的大范围倒塌[111]。英国规范BS 8110[112]的定义为：在意外事件中，结构局部破坏导致相邻构件失效，这种失效发生连锁反应，最终导致结构整体倒塌或发生与初始破坏原因不成比例的局部倒塌。我国《建筑结构抗倒塌设计标准》（T/CECS 392—2021）[113]定义连续性倒塌为：由初始的局部破坏，从构件到构件扩展，最终导致一部分结构倒塌或整个结构倒塌。《民用建筑防爆设计标准》（T/CECS 736—2020）[114]指出，应防止结构关键构件失效破坏引起周围构件连续破坏而导致结构整体倒塌或大面积坍塌。由此可知，连续倒塌有两个明显的特点：结构连续倒塌始于结构构件的初始破坏并不断传递，发生连锁反应；结构最终的大范围倒塌和初始破坏不成比例。

1.5.1　连续倒塌案例

1968 年，伦敦的装配式建筑罗南大楼（Ronan Point）在煤气爆炸冲击下，局部预制楼板、预制墙板失效，由于缺乏其他荷载传递路径，失效楼层上部结构发生坍塌，并相继冲击下部楼层结构构件，构件的连锁失效最终造成了该大楼的大面积倒塌，如图 1.13（a）[115]所示。后期调查表明，该大楼的预制墙板在仅 20kPa 的侧压作用下即发生失效，且大楼缺乏整体性，剩余结构体系不能在预制墙板失效后形成新的内力平衡。该事件第一次引起了工程界对结构连续倒塌的关注。

位于美国的艾尔弗雷德·P. 默拉（Alfred P. Murrah）联邦大楼为竖向刚度不均匀的底层大空间框架结构。1995 年，该大楼在恐怖分子的炸弹爆炸冲击下，底层柱子严重破坏，进而引发转换梁的破坏以及大楼上部梁、柱等构件的连锁失效，剩余结构体系无法形成新的内力平衡，大楼最终发生连续倒塌，如图 1.13（b）所示[116]。同年，韩国三丰百货店在 20s 内，5 层百货大楼层层塌陷进地下 4 层内，主要原因是建筑公司对设计随意改动，承重柱及其受力钢筋数量不足，如图 1.13（c）所示[117]。

2001 年，极端组织劫持飞机对纽约世贸中心双子塔进行了自杀式撞击，随后大楼发生火灾并相继倒塌，如图 1.13（d）所示[118]。事后研究表明，撞击导致的结构直接破坏、火灾损伤以及失效构件的坠落冲击造成了结构连续倒塌。该事件后，各种抗倒塌规范相继出台，人们对连续倒塌的研究进入高峰期。

近年来，国内建筑安全事故不断出现，城镇建筑安全事故概率增大。例如，2012 年，宁波市某 6 层砖混结构居民楼发生倒塌。事后调查发现，该居民楼并未设置防潮层，承重墙体长期处在潮湿的环境中承载力下降，最终引起了结构倒塌。2020 年，泉州市欣佳酒店发生倒塌，主要因违法违规建设、改建和加固施工导致结构坍塌，特别是房屋发生基础沉降和承重柱变形等，如图 1.14（a）[119]。2022年，长沙市居民自建房发生倒塌，该房屋的承租户对房屋有不同程度的结构改动，私自加盖、违规拆除顶梁柱等，如图 1.14（b）所示[120]。

上部结构失去支撑
发生倒塌

煤气爆炸

下部结构在冲击下
发生倒塌

（a）英国罗南大楼倒塌

（b）美国联邦大楼倒塌 （c）韩国三丰百货店倒塌

（d）纽约世贸中心双子塔倒塌

图 1.13 国外典型的连续倒塌事故

（a）泉州市欣佳酒店倒塌　　　　　　　　（b）长沙市居民自建房倒塌

图 1.14　国内典型的连续倒塌事故

1.5.2　抗连续倒塌设计规范

英国是最早考虑连续倒塌的国家。英国规范 BS 8110[112]建议：避免出现薄弱部位；采用拉结设计防止构件发生连锁失效，保持整体稳定性；结构应能承担一定水平力；对失效概率较大的构件应进行局部加强。该规范给出了结构抗连续倒塌设计流程，如图 1.15 所示。

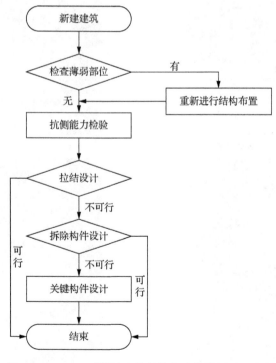

图 1.15　BS 8110[112]给出的结构抗连续倒塌设计流程

欧洲规范 Eurocode 1[121]建议：采取对倒塌不敏感的结构形式，提高整体性，降低偶然荷载造成的结构破坏程度。该规范还给出了评估结构倒塌风险流程，且基于建筑类别和结构倒塌风险划分了建筑安全等级。

美国规范 GSA 2003[122]是首部抗连续倒塌设计专业规范，提出应建立结构数值分析模型，分析拆除构件后的结构响应，并给出了拆除构件的具体分析过程。美国规范 DOD 2010[123]规范更加全面地给出了钢结构、混凝土结构、砌体结构等诸多结构体系的抗连续倒塌设计方法。

2014 年出版的《建筑结构抗倒塌设计标准》（T/CECS 392—2014）是国内首部抗倒塌设计规范，给出了概念设计、拉结构件，以及拆除构件的详细规定及方法，其抗连续倒塌设计流程如图 1.6 所示。

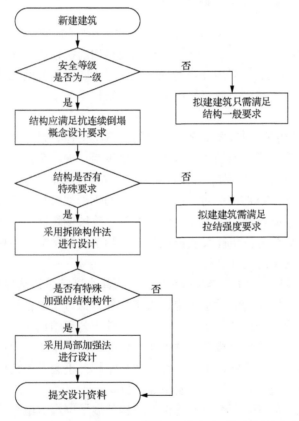

图 1.16　T/CECS 392—2014[113]给出的抗连续倒塌设计流程

各国规范抗连续倒塌设计要点总结见表 1.2。

表 1.2　各国规范抗连续倒塌设计要点

规范类型		概念设计	拉结构件法	拆除构件法	关键构件设计
英国规范	BS 8110	△	▲	△	▲
欧洲规范	Eurocode 1	△	▲	△	▲
美国规范	GSA 2003	○	○	▲	○
	DOD 2010	○	▲	▲	○
中国规范	T/CECS 392—2014	▲	▲	▲	△

注：▲表示规范有要求且有具体流程与参数，△表示规范有要求但缺乏具体流程与参数，○表示规范未提及。

1.5.3　大跨度结构抗连续倒塌研究

1993 年，Morris[124]在计算模型中考虑了轴压杆件的弹塑性受压屈曲、卸载与反向加载等特性，通过动力非线性方法对网架结构的抗连续倒塌性能进行分析。1988 年，Murtha-Smith[125]采用变换荷载路径法对大跨度空间网架结构进行连续倒塌分析，结果表明，在极限荷载作用下，网架结构中若干关键构件失效会引起连续倒塌。

2006 年，甘明等[126]建立了合肥体育场钢桁架结构有限元分析模型，利用抽柱法探讨了突变荷载下结构的动力响应。结果表明，拆除角柱、中柱后，剩余结构能够形成新的内力平衡，满足安全性要求，该结构具有较好的抗倒塌性能。2010 年，何和萍[127]利用 SAP2000 对多层平面和空间钢框架进行了非线性静力分析和动力分析，评估了此类结构平面和空间的结构抗连续倒塌能力。研究结果表明，采用非线性动力分析方法更能反映结构倒塌实际情况，结构在中柱失效工况比角柱或边柱失效工况下的延性更好。

2013 年，丁阳等[128]采用 ANSYS 建立了天津大剧院悬挂结构数值分析模型，基于能量法以及吊柱应力的大小确定了关键构件，探讨了单根吊柱和两根吊柱两种失效情况对结构倒塌性能的影响，分析了构件失效后结构变形以及失效部位周围构件的轴力、剪力等变化规律，并基于吊柱的延性、梁端转角以及剪力判断结构是否发生倒塌。结果表明，单根吊柱失效后结构并不会发生构件的连锁失效，而转角区两根吊柱失效后，结构会发生连续倒塌。

2015 年，舒赣平等[129]对空间管桁架结构开展了倒塌试验与数值模拟研究。设计了构件瞬间破坏装置，基于分级加载讨论了构件失效后结构内力与位移变化规律；基于 OpenSees 对空间管桁架结构进行了非线性动力分析。杨彦[130]采用 Midas Gen 研究了某大跨钢桁架结构倒塌性能，采用基于应力比的重要性构件分析方法选出了柱子、弦杆和腹杆共 9 个重要构件。以结构悬挑端部为控制点，基于拆除构件法分析了 9 个重要构件失效后控制点的位移变化规律，绘制了控制点位移时程曲线，并通过位移和应力比评判结构的抗连续倒塌性能。黄华等[131]开展了某体育中心（轮辐索膜结构）1∶60 缩尺模型试验，讨论了脊索、谷索失效后结构的动力响应。在试验的基础上，建立原尺索膜结构数值分析模型，基于节点位移进行结构重要性件分析，分析了一根或多根构件失效后结构应力、位移的变化规律，探讨了结构倒塌机制，提出抗倒塌措施。研究结果表明，重要构件失效后，该索膜结构有形成新内力平衡的备用荷载路径，抗连续倒塌性能良好。

2016 年，Yan 等[132]分析了 8 种中小跨度的单层网格形式的网壳结构的稳定性，探讨其渐进的破坏模式。2017 年，舒兴平等[133]采用 SAP2000 建立了管桁架结构数值分析模型，通过基于应力比的重要性构件分析方法计算了各构件重要性系数，确定了关键构件，基于拆除构件法对该结构进行了非线性动力分析。结果表明，该结构冗余度较高，具有较好的抗连续倒塌性能。朱忠义等[134]采用有限元分析方法，研究了航站楼 C 形柱的抗连续倒塌性能、航站楼整体结构的抗连续倒塌性能、C 形柱失效影响范围，以及指廊结构的抗连续倒塌性能。结果表明，C 形柱有较大的安全储备，不会因为少量的支承构件破坏导致 C 形柱整体失效，避免因 C 形柱完全失效导致结构大面积倒塌。Zhao 等[135]讨论凯威特网壳结构在单根杆件失效后的破坏模式，揭示了构件损失的抗倒塌机理，并对大跨度网壳结构连续倒塌预测的数值、试验和理论方法进行了全面的回顾。

2018 年，Tian 等[136]根据网架结构中的基本单元建立子结构模型，对子结构模型的足尺试件进行静力加载试验，并结合数值模拟对大跨度单层网架结构抗连续倒塌机理进行全面研究。2019 年，胡超[137]基于拆除构件法对某大跨度框剪结构模型进行了非线性动力分析，讨论了拆除柱子后结构内力、位移，以及速度的变化规律。结果表明，该大跨度框剪结构具有较好的抗倒塌性能。

2020 年，李梦男[138]利用应变能指标建立冗余度与连续倒塌的定量联系，确立了基于结构响应敏感性的网壳结构连续倒塌判别思路及判别方法，将其用于40m 及 70m 跨度 K6 型单层球面网壳结构，验证了该方法的可行性。2021 年，龚鹏[139]基于构件拆除法，利用 LS-DYNA 对张弦桁架剩余结构在极限荷载作用下的连续倒塌机理进行了数值分析，并提出采用抗倒塌套管构件提高张弦桁架结构的抗连续倒塌能力。

2022 年，肖魁等[140]针对上海图书馆东馆悬挂结构体系，防止由于关键构件吊柱局部破坏导致悬挂结构发生连续倒塌，开展了抗连续倒塌分析与设计，既保证了吊柱与楼面梁铰接，又保证吊柱间楼面梁遇吊柱失效时受力连续。王钢等[141]采用 ABAQUS 建立了异型空间桁架-单层网壳复合结构数值分析模型，对结构薄弱处开展抗连续倒塌分析，并提出相应加固措施，即在单层网壳分叉处上端增设交叉腹杆、在交界处设置 12mm 加劲肋及圆钢柱外围包裹设有钢筋网的混凝土层。

霍林生等[142]针对大跨空间结构在下击暴流作用下破坏规律尚不明确的问题，对下击暴流作用下不同矢跨比 K8 型单层球面网壳结构进行了连续倒塌过程模拟。结果表明，在下击暴流作用下，结构破坏最初由杆件的屈曲引起，由于网壳结构自身较强的几何非线性，破坏一旦开始，整个结构将会快速失效。

1.5.4　高层结构抗连续倒塌研究

1974 年，McGuire[143]对结构的连续倒塌进行了研究，提出应注意非预期荷载的影响，通过增强结构的整体性来提高结构的抗连续倒塌能力。1978 年，Ellingwood 等[144]给出了结构抗倒塌建议。首先，在建筑上采取增设防撞柱等必要措施，防止偶然事件造成结构损伤；其次，在概念设计及构造方面进行考虑，保证结构具有较高的冗余度；最后，对新建结构应进行抗连续倒塌能力计算，保证结构有良好的抗连续倒塌能力。

2001 年，陆新征和江见鲸[145]采用 LS-DYNA 对世贸中心双子塔进行了数值分析，提出高延性对结构抗连续倒塌有利。2008 年，Sasani[146]研究了 6 层圣地亚哥酒店钢筋混凝土结构在同时爆炸拆除第一层两个柱子后的动态响应，随后采用 SAP2000 建立了该 6 层结构有限元分析模型，探讨了填充墙对结构抗连续倒塌性能的影响。结果表明，尽管没有填充墙结构的最大竖向位移约为有填充墙结构的 2.4 倍，但仍能够抵抗结构发生连续倒塌。

2010 年，陆新征等[147]开发了可模拟复杂结构倒塌的程序，通过将数值分析结果与试验进行比较，验证了程序的有效性，进一步对高层结构在地震下的连续性倒塌破坏全过程进行了模拟。2010 年，Kim 和 Lee[148]对斜交网格筒结构在竖向荷载作用下的抗连续倒塌能力进行了研究。采用非线性静力分析和动力分析研究了变化楼层数、斜交角度和被移除构件的位置等参数对结构抗连续性倒塌能力的影响。

2013 年，Mashhadiali 等[149]对蜂窝网格结构和普通斜交网格结构进行竖向推覆分析，比较两种结构的抗连续性倒塌能力，结果发现蜂窝网格结构的抗连续性倒塌能力比普通斜交结构要好，而且通过设置屈曲约束构件可以改善结构的抗连续性倒塌的能力。2013 年，任沛琪等[150]采用线性静力拆除构件法对两栋具有不同典型结构布置形式的高层钢筋混凝土框剪结构的抗连续倒塌性能进行了分析，发现高层钢筋混凝土框剪结构的抗连续倒塌能力存在显著差异，证实了基于线性静力拆除构件设计方法对结构进行抗连续倒塌设计是安全可靠的，并且具有一定的经济性。2014 年，彭真真[151]通过框架柱和剪力墙的拆除方法对带有转换层上部高层框-剪结构的抗连续倒塌性能进行了数值分析，提出了相应的抗连续倒塌方法。

2015 年，杨名流等[152]基于拆除构件法和附加侧向偶然作用法，对北京 CBD 核心区 Z6 地块项目主塔楼低、中、高区段不同位置处的巨柱、巨撑和密撑进行抗连续倒塌分析，发现在爆炸或冲击荷载作用下，结构均未违反规范规定发生大范围的连续倒塌。2016 年，英明鉴等[153]采用考虑高温作用的高性能有限单元、高温破坏准则及生死单元技术，对极端火灾作用下典型超高层混凝土框架-核心筒结构的连续倒塌进行了系统分析，发现结构的连续倒塌是由外围柱的破坏引起的，并且该柱主要受与之相连的楼盖系统的热膨胀和破坏失效的影响，最终由于较大二阶效应而发生受弯破坏。崔铁军等[154]基于颗粒流理论构建了超高层核心筒-框架结构建筑模型，在模型底层三个特征位置进行爆破模拟，分析建筑坍塌机理，发现坐塌原因为核心筒发生破碎性破坏，倾倒原因为核心筒发生断裂性破坏。2018 年，Rahnavarda 等[155]采用非线性动力分析方法研究了高层组合钢框架结构在拆柱后的性能。研究结果表明，在抗弯框架和中心支撑框架体系中，拆除边柱更具有破坏性。对于两种不同的抗侧力体系，柱的动态响应不同，但并不显著。

2019 年，陈智远[156]针对巨型结构中的模块化子结构在不同楼层发生单柱、单簇柱失效以及首层发生双柱、双簇柱失效时开展了连续倒塌分析，分析后建议在模块子结构首层加设支撑提高结构抗连续倒塌能力。邱汉波[157]利用高大模板脚手架的实测数据，修正高支模体系有限元模型，对高支模板体系和长江航运中心超高层主体结构进行倒塌分析，模拟两种结构的倒塌过程，分析倒塌过程结构的内力、位移和能量变化，总结两种结构的倒塌模式。杨臣思[158]对高层钢结构立体停车库的连续倒塌动力效应进行了系统研究，发现剩余结构在失效柱所在跨内的横梁和节点域腹板处容易屈服形成塑性区域，并建议将底层柱的原竖向轴力设计值与放大系数的乘积作为新的竖向轴力设计值，以此提高立体停车库的抗连续倒塌性能。蒋璨等[159]基于拆除构件法，通过显式动力有限元分析，对复杂高层钢结构待拆构件的选择、构件失效的模拟方法，以及构件损伤评价标准的制定等关键技术进行了研究。

2022 年，王宁等[160]采用拆除构件法和附加侧向偶然作用法计算分析了海口双子塔-南塔结构抗连续倒塌性能。结果表明，剩余构件的应力比满足抗连续倒塌要求；在拆除构件的基础上，动力弹塑性分析表明，结构因构件拆除而产生的动力效应并不明显，剩余构件均未出现塑性行为，具有良好的冗余度和抗连续倒塌能力。姜健等[161]总结了国内外近 20 年建筑结构抗连续性倒塌研究在试验研究、数值模拟、理论分析及设计方法等方面的进展，提出了有待研究的关键科学与技术问题，为完善我国结构抗连续性倒塌设计理论提供参考。

基于上述连续倒塌研究现状可知，国内外主要针对大跨度空间结构、框架结构、剪力墙结构等进行抗连续倒塌研究，但是对巨型框架结构和悬挂结构的抗倒塌研究相对较少见，缺乏巨型框架悬挂结构混合体系的抗连续倒塌研究。因此，利用有限元分析方法对巨型框架悬挂结构混合体系进行抗连续倒塌性能分析就很有必要，分析结构在关键构件失效后内力和变形规律。

1.6　人致荷载激励下振动响应和舒适度评价研究

1931 年，Andriacchi 等[162]利用简谐振动的试验振动台，开展了行人在不同行走姿态下，以及振动台在不同振幅、不同频率等参数条件下的振动试验，系统研究了人对振动的感知程度以及振动舒适度的相关规律。

1981 年，Murray[163]研究了人行荷载激励作用下钢结构的振动响应，并提出了当结构的自振频率小于 9Hz 时，建议采用峰值加速度指标来评价人行桥、办公室等结构的舒适度。

1999 年，Chen[164]基于 ADINA 有限元技术，研究了某大型复合材料楼盖系统在人行荷载激励作用下的振动响应，着重探讨了有限元模拟方法和人行荷载激励的施加和模拟。

2003 年，宋志刚[165]从结构动力学、随机振动理论、可靠度理论出发，在既有振动舒适度评价方法和标准的基础之上，提出了一种基于烦恼率的结构振动舒适度模型。将烦恼率模型与实际工程结构结合起来建立了基于不同工程背景的舒适度理论，为振动舒适度研究的定量设计、可靠度和优化设计提供了基础。

2006 年，袁旭斌[166]在研究桥梁振动对人行走所产生荷载激励的影响以及人-桥相互作用的基础上，提出了一种考虑振动影响的同步调步行的侧向力模型，并基于步行侧向力模型，对人行桥在人行荷载作用下的振动响应进行了理论推导和数值模拟。基于步行力模型和振动理论分析，提出了人行桥的振动舒适度评价方法。

2009 年，韩合军[167]对钢-混凝土组合楼盖振动理论进行了研究，并通过三种计算方法对楼盖振动响应进行复核，得出阻尼比、自振频率和有效板重等因素对组合楼盖振动响应的影响规律，同时还开展现场楼盖振动测试，进行了楼盖振动的时域和频域分析，为类似组合楼盖的振动设计提供了参考。

2009 年，洪文林[168]采用 ANSYS 建立了武汉某体育场有限元模型，结合现场楼盖振动测试结果作对比分析，验证了有限元模型的精确性。对多种工况下楼盖振动响应开展舒适度评价，分析表明该体育馆满足舒适度要求。

2010 年，贾子文[169]针对冷弯薄壁型钢-混凝土组合楼盖试件，研究了正常使用阶段时，刚性支撑件、螺钉间距、楼盖边界约束条件等因素对该组合楼盖动力特性的影响，并通过有限元模拟和理论计算较好预测了该组合楼盖的自振频率。

2011 年，娄宇等[170]在国内外振动舒适度研究的基础上，对舒适度设计方法开展了研究。基于动力学理论推导了楼盖在人行走下所产生振动的加速度计算公式，并对计算公式所涉及阻尼比、自振频率、楼板重量等具体计算方法进行了阐述，对实际工程具有重要的参考意义。赵娜[171]基于 Midas Gen 对钢-混凝土组合楼盖在人行荷载作用下的振动响应进行了分析，着重探讨了阻尼比、人员数量、楼盖跨度、楼板厚度等因素对钢混组合楼盖振动响应的影响。研究结果表明阻尼比、楼盖刚度和质量是影响楼盖振动响应最主要的因素。通过计算分析，建议采用美国钢结构协会（American Institute of Steel Construction，AISC）标准作为该组合楼盖振动舒适度的评价标准。胡雅敏等[172]采用烦恼率模型研究了钢-混组合楼盖的振动舒适度问题，并对某高层结构楼盖进行了舒适度分析。研究表明，单纯依靠加速度指标无法全面反映楼盖振动响应对人产生的舒适度影响，建议在 AISC 标准的基础上采用烦恼率模型进行钢-混组合楼盖的舒适度验算。

2012 年，潘宁[173]对步行力模型和楼盖振动响应计算方法进行了系统研究。在归纳总结各类单人步行力模型的基础上，提出了一个简化的伪随机单人步行力模型，通过有限元模拟和试验结果验证了模型的合理性；推导出楼盖在单人行走下的振动响应的简化算法，并基于随机振动理论对人群步行力模型进行了修正。杨小丁[174]对包括长悬挑楼盖、大跨度预应力楼盖等复杂结构楼盖的音乐厅开展了振动舒适度研究，系统阐述了人致振动的计算理论，对可能影响楼盖振动响应的相关因素进行分析。研究结果指出，结构阻尼和人群密度对楼盖振动舒适度影响较大，建筑结构设计应更多考虑人群作用下的舒适性。申选召等[175]基于烦恼率模型，提出了一种考虑步行荷载随机性的舒适度评价方法，该方法解决了 CCIP-016 和 SCI P354 两种舒适度设计方法所得计算结果不一致且不具有代表性的问题，较单一指标评价楼盖振动舒适度更具有说服力。

2013 年，张晓娜[176]考虑了楼盖在人致荷载激励下发生振动时伴随的时间效应和空间效应，指出基于整个时间段所得到的加权均方根加速度法无法准确反映楼盖对人产生的舒适度问题，而采用考虑分段分周期的均方根加速度进行楼盖振动舒适度评价更加全面合理。丁军伟[177]针对钢筋桁架混凝土双向组合楼板的舒适度问题进行了研究。讨论了楼面荷载、边界约束条件等因素对楼盖动力特性的影响；基于板壳理论，采用修正刚度公式给出了该组合楼板的舒适度计算方法。

2014 年，赵建华[178]开展了 14 块钢-木组合楼板的动力试验和动力响应试验，研究了该组合楼板的自振频率和阻尼，以及在慢走、正常走、慢跑等人行荷载激励作用下的振动响应，并探讨了钢板厚度、胶合板厚度、螺钉间距等因素对组合板振动特性的影响。孟琳[179]建立了柱位点全约束单板模型、柱及桁架直腹点全约束模型、板-柱-直腹杆等多种优化模型对某框架-支撑与空间交叉桁架相融合复杂结构体系进行优化分析，提出了较为准确的有限元模型优化方法，并基于现场振动测试结果开展该复杂结构体系的舒适度评价。赵雪利[180]以组合管桁架楼盖为研究对象，利用 SAP2000 研究了该楼盖的动力特性及在单人及人群激励下的振动响应，并探讨了楼盖长宽比、楼板厚度、桁架高跨比等因素对该组合管桁架楼盖振动性能的影响。

2015 年，文德胜[181]基于所改进的四折线人行荷载模型，对某装配式钢结构建筑进行了行走及跳跃激励下的数值模拟，提出了用舒适面积率可以更加全面地评判楼盖的振动舒适度。

2016 年，柏隽尧[182]设计了单人、多人、群体分别进行行走、跑步、跳跃等 25 工况下的人行荷载振动试验，探究某大跨度预应力次梁楼盖的振动响应规律并根据国内外相关规范开展舒适度评价。研究结果表明，预应次梁楼盖在各种人致荷载激励下都能满足振动舒适度要求。

2017 年，胡卫国[183]基于有限元模拟和理论计算，讨论了 1.0～2.8Hz 频率内单人行走荷载作用下不同楼板尺寸对楼板振动舒适度产生的影响。重点分析了楼板的长宽比、楼板厚度、多跨楼板跨数等相关因素下楼板的振动响应趋势。皇幼坤[184]通过有限元模拟和现场实测，对大跨度钢网架-玻璃组合楼板的动力特性和在人行荷载作用下的振动响应进行了研究，分析了楼板的自振频率、阻尼比和振型等参数，提出了一种精细化的有限元模型用于开展舒适度评价。Shahabpoor 等[185]基于不同步行场景下，对某人行天桥开展了基于频率响应函数的连续竖向力谱模拟试验，探讨了移动行人作用下垂直振动结构的动力特性。

2018 年，门雨[186]通过开展五榀足尺比例的冷弯薄壁型钢组合楼盖的振动试验，结合 Abaqus 有限元模型分析，研究了楼板边界条件、抗剪连接件、桁架梁跨高比、混凝土厚度等因素对该组合楼板振动性能的影响；建议采用自振频率和振动强度双指标进行舒适度评价。崔聪聪[187]针对包含高架桥梁、隧道等复杂结构体系的铁路站房结构开展了现场实测和仿真分析，研究该体系在列车动力荷载作用下的振动响应规律和传播规律；基于德国规范与车站的自身特性给出了该候车厅楼板峰值加速度限值。

2019 年，曾耀广[188]研究了调谐质量阻尼器（tuned mass damper，TMD）对某大跨度悬挑结构楼盖的减振效果。通过对比增设 TMD 前后楼盖在人行荷载作用下的振动响应，表明增设 TMD 系统、增加 TMD 质量、扩大 TMD 频率和结构竖向自振频率的误差等，可以明显降低楼盖的振动响应。陈佳文[189]对预制叠合楼板的舒适性进行了研究。基于蒙特卡洛方法模拟随机人群激励下楼板的振动响应，提出了随机人群荷载作用下的楼板的振动分析方法；探讨了接缝数量、现浇层厚与预制板厚等因素对叠合楼板振动特性的影响。薛硕[190]以木桁架搁栅组合楼板为研究对象，通过附加横撑和板支撑改变基础试验楼板的结构，研究了横撑和板条撑对该组合楼板的振动传递规律和振动特性规律的影响。Gandomkar[191]基于有限元法研究了 13 块低频地板，探究压型钢板-混凝土复合结构体系在人行荷载作用下的振动响应。研究结果表明,通过改变螺杆间距等参数在一定程度上可以降低该结构在人行荷载作用下振动响应。Chen 等[192]提出了一种基于舒适度的楼层优化设计方法,采用调谐惯性质量系统来降低楼盖在人行荷载作用下的振动响应。该设计方法通过引入惯性系统,有效满足了实际质量最优地板的舒适度指标,且该方法能较好维持控制成本、附加调谐质量和楼盖舒适度之间的平衡。

2020 年,杨期柱等[193]对大跨度钢-混凝土组合空腹楼盖的动力特性和振动舒适度进行了研究。通过模态参数识别法进行参数识别,通过时程分析模拟结构在人行荷载作用下的振动响应,并探讨了跨高比、表层薄板厚度等参数对楼盖振动响应的影响。研究表明,该类空腹结构的舒适度性能满足要求。谢伟平和花雨萌[194]建立了简化层合梁模型和精细的板模型,对钢桁架-混凝土组合楼盖的动力特性进行了研究。研究结果表明,当楼板中混凝土和钢的弹性模量比、密度比满足一定条件时,存在一个分界点致使楼盖基频先降低后增加。Royvaran 等[195]通过比较 W 形构件框架中 50 层开间在人行荷载作用下的预测可接受性和观察可接受性,研究了简化方法的评估精度,并通过改进 P354 等方法来提高舒适度评估的准确性。杜浩等[196]研究了胶合木-混凝土组合楼盖在人致荷载激励作用下的振动舒适度。测试了楼盖自振频率与阻尼比等相关特征值,以及在 20 多种工况下楼盖的振动响应,分析了人行走方式、行走路径、步行频率等因素对该组合楼盖振动性能的影响。

上述楼盖振动特性和舒适度评价主要针对常规的悬挑结构、大跨度结构楼盖,以及特定形式的钢混、钢木、冷弯薄壁型钢组合楼盖等,缺乏对巨型框架悬挂结构混合体系的振动特性与舒适度研究,因此有必要对该新型结构体系楼盖振动特性和舒适度评价开展研究。

1.7 主要研究内容

基于上述研究背景,对巨型框架悬挂结构混合体系的抗震设计方法、地震易损性、抗连续倒塌性能以及人致荷载下的振动动力响应进行了系统的研究。

以巨型框架悬挂结构混合体系在设计地震作用下的整体失效模式为设计目标,基于能量平衡和整体时效模式,提出考虑结构屈服后应变强化效应的能量平衡方程,给出结构整体屈服位移的计算公式,推导避免巨型框架出现三类不利失效模式和实现整体失效模式的相关公式。设计巨型框架悬挂结构混合体系,通过反应谱、弹性时程、静力弹塑性和动力弹塑性分析,验证提出的塑性抗震设计方法的有效性。

通过概率地震需求分析和能力分析建立巨型框架悬挂结构混合体系易损性曲

线，评估结构在小震、中震和大震下发生轻微、中等、严重和倒塌破坏状态的超越概率。分析结构的增量倒塌风险，全面评估巨型框架悬挂结构混合体系的抗震侧向倒塌能力。

采用等效荷载瞬时卸载法考虑动力效应，对巨型框架悬挂结构混合体系进行拆除构件动力非线性分析。以应力响应为敏感性指标计算桁架梁上弦杆、下弦杆以及腹杆等横向构件重要性系数，分析桁架梁重要构件失效、巨型框架柱失效、吊柱失效以及多根同时失效后结构的内力与变形响应变化规律，评估结构的抗连续倒塌能力，提出巨型框架悬挂结构混合体系的抗连续倒塌建议。

对巨型框架悬挂结构混合体系的楼板振动响应进行现场测试，包括动力特性试验和人致荷载激励试验。通过共振原理测得楼盖的固有频率，了解各楼层频率分布；针对单人、多人分别进行行走、跑步、跳跃等多种工况下楼盖振动响应的现场实测。研究不同行走方向、行走频率、行走路径等因素对楼盖振动响应的影响。探讨填充墙板对该结构体系楼盖振动响应的影响。基于现有的舒适度评价方法，比较不同方法和标准的适用性和优缺点，基于动力特性试验与人致荷载激励试验的模拟和试验数据分析，合理评价巨型框架悬挂结构混合体系楼盖的振动舒适度，对该体系的舒适度评价标准给出建议。首次提出了基于心率或脑电波的舒适度评价方法，为实际工程的舒适度人工智能评价提供新思路。

建立巨型框架悬挂结构混合体系的有限元模型，进行结构模型的静力分析、模态分析与稳态分析，根据振型和频率进行共振可能性的初步判断；对建立的三维空间有限元模型进行动力加载，荷载时程模拟行人步行对结构的激励过程，进行动力时程响应分析。通过试验、模拟、计算结果对比分析，验证有限元分析的有效性与理论计算的可行性，并采用调谐质量阻尼器（TMD）对振动响应敏感的部位进行减振控制，通过数值分析评价 TMD 的减振效果。

针对中国科学院量子创新研究院科研楼的巨型框架悬挂结构混合体系，考虑不同钢构件的安装顺序、不同楼层混凝土浇筑顺序的影响，提出四种施工方案，采用 Midas Gen 软件进行仿真模拟，对比分析不同钢构件安装顺序、楼层混凝土浇筑顺序对整体结构的竖向变形和最大应力的影响规律，讨论桁架与吊柱等关键构件的变形和应力的变化规律，为类似工程的设计和应用提供科学依据。

依托中国科学院量子创新研究院科研楼，对巨型框架悬挂结构混合体系的施工监测技术进行研究。采用先进的施工云监测平台，进行施工全过程的结构安全监控，并将监测结果与模拟结果进行实时对比分析，确保工程的安全施工。

第 2 章　基于能量平衡的塑性抗震设计方法

为了实现所设计的巨型框架悬挂结构混合体系在不同地震等级下的变形损伤可预测、可控制，实现结构性能水准、地震设防水准和结构性能目标三者之间的协同，本章提出基于改进的能量平衡的塑性设计方法。基于静力和动力分析方法得到了该结构体系弹性/弹塑性层间位移角、基底剪力、楼层加速度、塑性铰发展分布规律等抗震性能指标，证实巨型框架悬挂结构混合体系塑性抗震设计方法的有效性并评估其抗震性能。

2.1　能量平衡原理

1956 年 Housner[21]提出了基于能量平衡和极限状态的抗震设计理念，通过地震输入能量与弹性应变能量之差作为结构吸收的塑性能量来设计预期屈服的构件。1960 年 Housner[197]推导了结构设计侧向力分布以避免结构在极限位移状态下由于倾覆发生的倒塌。当时该方法由于简单性和认知的有限性，仅用于分析一些简单结构，后来经过多位学者的努力和贡献，现已成为结构抗震设计的重要手段之一。

目前关于能量平衡的塑性设计方法主要采用如下三个假定。

1）多自由度结构体系在地震作用下推覆至目标位移的能力曲线，近似为理想的弹塑性单自由度体系，且侧向力做功等于结构的地震输入能。

2）多自由度结构弹塑性体系的地震输入能可用其等效的多个弹性单自由度体系的地震输入能来表征，并近似为后者的 γ_s 倍。

3）结构的非弹性应变能完全由结构的塑性屈服机制耗散。

为进一步提高基于能量平衡的塑性设计方法的准确性，并适用于巨型框架悬挂结构混合体系，本章对其进行了改进。

1）多自由度结构体系在地震作用下推覆至目标位移的能力曲线，近似为含有二阶刚度的双线性弹塑性单自由度体系，使能量计算更加准确。

2）综合考虑避免框架三类不利破坏模式下的柱端弯矩以实现预期整体失效模式，确保此类新型结构在极限状态下形成合理的破坏模式。

2.2 设 计 方 法

2.2.1 设计流程

图 2.1 给出了基于能量平衡和整体屈服机制的巨型框架悬挂结构混合体系的塑性设计流程。该设计方法仅须调整结构自振周期 1～2 次便能满足预期的性能要求，设计思路清晰且设计效率较高。

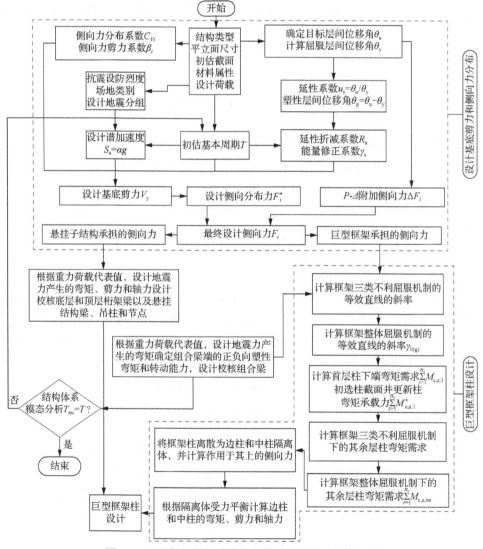

图 2.1　巨型框架悬挂结构混合体系的塑性设计流程图

设计流程主要包括：设计基底剪力和侧向力分布、悬挂结构设计、组合梁设计、巨型框架柱设计以及底层和顶层桁架梁设计。设计基底剪力和侧向力分布是基础和核心，为了提高巨型框架悬挂结构混合体系在设计地震作用下侧向力分布的准确度，提出考虑结构屈服后应变强化效应的能量平衡方程和结构整体屈服位移的计算公式。为了实现预期的整体失效模式，保证结构在设计地震作用下不出现三类不利失效模式，推导了相关计算公式。推导过程中考虑组合梁端在小震、中震和大震下的转动能力限值，实现转动性能可控。

2.2.2　巨型框架悬挂结构混合体系的整体屈服机制

图 2.2 给出了巨型框架悬挂结构混合体系在竖向重力荷载代表值和设计水平地震作用下形成的理想整体失效模式：结构的非弹性变形主要集中在各层的巨型框架梁端；罕遇地震作用下，塑性铰通常也会出现在首层柱底；顶层桁架及其填充的顶层悬挂底层支承子结构均保持弹性状态。

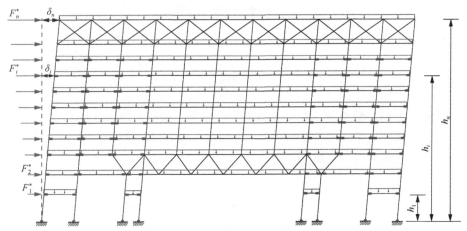

图 2.2　理想整体失效模式

2.2.3　设计基底剪力

设计基底剪力的计算是该设计方法的核心。基底剪力通过图 2.2 所示的结构在极限状态下的预期失效模式获得。因此，在完成结构设计后，不再对结构进行位移校核。

在水平地震作用下，地震输入到结构的能量 E_I 是引起结构损伤的原因，由于结构阻尼的存在，使振动体系的能量不断耗散。因此，基于能量平衡：

$$E_e + E_p = \gamma_s E_I \tag{2.1}$$

式中，E_e、E_p 和 E_I 分别表示弹性振动能、非弹性应变能和地震输入能；γ_s 为考虑阻尼耗能的输入能量修正系数。

（1）从结构静力推覆分析的角度

将巨型框架悬挂结构混合体系按图 2.2 所示的侧向荷载分布进行单调加载直至发生设计位移 δ_i，结构的基底剪力-顶点位移曲线可以简化为含二阶刚度的双线性模型，如图 2.3 所示。

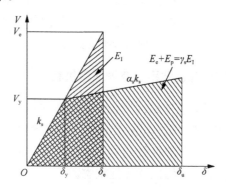

图 2.3　能量平衡示意图

根据图 2.3 中的几何关系，可得

$$\frac{1}{2}V_y\left(2\delta_u - \delta_y\right) + \frac{1}{2}\alpha_s k_s \left(\delta_u - \delta_y\right)^2 = \gamma_s\left(\frac{1}{2}V_e \delta_e\right) \qquad (2.2)$$

式中，V_y、δ_y 和 δ_i 分别表示在设计地震作用下塑性结构的设计基底剪力、屈服位移和设计位移；V_e 和 δ_e 分别表示弹性结构的基底剪力和位移；k_s 和 $\alpha_s k_s$ 分别表示结构的初始抗侧刚度和屈服后二阶刚度。

定义

$$R_u = V_e / V_y \qquad (2.3)$$

$$u_s = \delta_u / \delta_y \qquad (2.4)$$

则式（2.2）简化为

$$\gamma_s = \frac{2u_s - 1 + \alpha_s (u_s - 1)^2}{R_u^2} \qquad (2.5)$$

式中，R_u 为延性折减系数，本章采用 Newmark-Hall[198]提出的 R_u-u_s-T 关系式计算该参数，见表 2.1。

表 2.1　延性折减系数

周期 T	延性折减系数 R_u
$[0,\ T_1/10)$	1
$[T_1/10,\ T_1/4)$	$\sqrt{2u_s-1}\left(\dfrac{T_1}{4T}\right)^{2.513\lg\left(\frac{1}{\sqrt{2u_s-1}}\right)}$
$[T_1/4,\ T_1')$	$\sqrt{2u_s-1}$
$[T_1',\ T_1)$	Tu_s/T_1
$T\geqslant T_1$	u_s

注：$T_1=0.57\text{s}$；$T_1'=T_1\left(\sqrt{2u_s-1}/u_s\right)$。

（2）从结构动力振动的角度

结构的弹性振动能（E_e）可以通过等效单自由度系统获得，即

$$E_e = \frac{1}{2}M\left(\frac{T}{2\pi}\cdot\frac{V_y}{W}\cdot g\right)^2 \tag{2.6}$$

式中，W 和 M 分别表示结构总的重力荷载代表值及质量；T 为结构的自振周期；g 为重力加速度。

对于巨型框架悬挂结构混合体系，自振周期 T 在参考美国 *Minimum Design Loads for Buildings and Other Structures*（ASCE 7）的基础上，乘以 10%的放大系数以考虑悬挂结构周期延长特性，即

$$T = \eta_{sr}C_u T_a = \eta_{sr}C_u C_t h_n^x \tag{2.7}$$

式中，η_{sr} 为悬挂结构放大系数，取 1.10；h_n 为结构高度；系数 C_u、C_t 和 h_n^x 参考 ASCE 7 确定。

结构的非弹性应变能（E_p）等于地震作用产生的侧向力在结构屈服后的侧向位移上所做的功。

$$E_p = \sum_{i=1}^{n} F_i^* h_i \theta_p \tag{2.8}$$

式中，h_i 为结构第 i 层至地面的距离；θ_p 为结构的目标塑性位移角，等于设计位移角与屈服位移角的差值，即 $\theta_p=\theta_u-\theta_y$；$F_i^*$ 为地震作用在第 i 层产生的侧向力。

不同于现行规范中常用的基于弹性分析的倒三角或考虑振型的多模态侧向力分布模式，本章采用 Chao 等[13]的研究成果，分布模式来源于结构大量非线性时程分析的结果，可以考虑高阶振型的影响，更好预测结构在弹塑性状态下的响应。

$$F_i^* = C_{Vi}V_y \tag{2.9}$$

$$C_{Vi} = \left(\beta_i - \beta_{i+1}\right)\left(w_n h_n \bigg/ \sum_{j=1}^{n} w_j h_j\right)^{0.75T^{-0.2}} \tag{2.10}$$

$$\beta_i = \frac{V_i}{V_n} = \left(\sum_{j=1}^{n} w_j h_j \bigg/ w_n h_n\right)^{0.75T^{-0.2}} \tag{2.11}$$

式中，w_j 和 w_n 分别表示结构第 j 层和顶层的楼层重力荷载代表值；h_j 和 h_n 分别表示结构第 j 层和顶层至地面的距离。

同时，式（2.1）可以表达为

$$E_e + E_p = \gamma_s\left(\frac{1}{2}MS_v^2\right) = \frac{1}{2}\gamma_s M\left(\frac{T}{2\pi}S_a g\right)^2 \tag{2.12}$$

式中，S_a 为结构的谱加速度，采用现行国家标准《建筑抗震设计规范（2016 年版）》（GB 50011—2010）[12]第 5.1.5 条计算地震影响系数，再乘以重力加速度获得。

将式（2.6）代入式（2.12），结合式（2.8），得

$$\frac{V_y}{W} = \frac{-\lambda_s + \sqrt{\lambda_s^2 + 4\gamma_s S_a^2}}{2} \tag{2.13}$$

$$\lambda_s = \frac{\theta_p 8\pi^2}{T^2 g}\sum_{i=1}^{n} C_{Vi} h_i \tag{2.14}$$

巨型框架悬挂结构混合体系的整体屈服位移主要为框架的弯曲变形，如图 2.4 所示。

$$\theta_y = \delta_{fy} / h \tag{2.15}$$

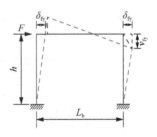

图 2.4 结构屈服位移计算示意图

当框架受侧向力作用时，将其等效为一端柱受压一端柱受拉的悬臂梁结构，柱中的应力为

$$\sigma_c = \frac{M_F c}{I_c} \tag{2.16}$$

式中，M_F 为柱顶水平侧向力 F 产生的弯矩；$I_c = 2A_c l_b^2 / 4$，A_c 为柱截面面积；

$c=L_b/2$，L_b 为钢梁跨度。柱中应变为

$$\varepsilon_c = \frac{\sigma_c}{E} = \frac{Fh^2}{EA_cL_b} \tag{2.17}$$

沿格构式钢管混凝土柱高度方向积分即可得到柱的竖向变形，转换至水平变形，再用格构式钢管混凝土柱平均应变（$\varepsilon_{c,avgy}$）的方式简化估算弯曲变形。

$$\delta_{fy} = \frac{h}{L_b}\int_0^h \varepsilon_c \mathrm{d}y = \frac{Fh^3}{EA_cL_b^2} = \varepsilon_{c,avgy}\frac{h^2}{L_b} \approx 0.42\varepsilon_{c,y}\frac{h^2}{L_b} \tag{2.18}$$

对于单层框架结构，式（2.18）中的参数 h 为单层结构的高度；而对于超过两层的结构，由于顶层柱轴向变形很小，对框架结构的弯曲变形的贡献可以忽略不计，因此 h 应取结构第 $n-1$ 层至地面的高度。

2.2.4　设计侧向力

通过式（2.13）获得基底剪力后，再按式（2.9）将基底剪力分配至各楼层上，得到结构在设计地震作用下的侧向力分布。但是上述侧向力并没有考虑结构的重力二阶效应，即 $P\text{-}\Delta$ 效应。

结构在侧移过程中，随着结构层数的增加，重力做功的比例会越来越明显。为了提高结构的设计效率，本章将重力做功等效为侧向力附加在因地震作用产生的侧向力上，构成结构的最终设计侧向力。

$$\Delta F_i = w_i\theta_u \tag{2.19}$$

$$F_i = F_i^* + \Delta F_i = C_{Vi}V + w_i\theta_u \tag{2.20}$$

2.2.5　结构设计

1. 格构式钢管混凝土柱设计

为了保证钢管混凝土框架在目标侧移下达到预期的整体屈服受力模式[图 2.5（a）]，应当避免其他不利的屈服失效模式[199-201]，如图 2.5（b）～（d）所示。Ⅰ类不利屈服机制的失效模式为第 im 层柱顶出现塑性铰，且 im 层以上楼层梁端未屈服；Ⅱ类不利屈服机制的失效模式为第 im 层柱底出现塑性铰，且 im 层以下楼层梁端未屈服；Ⅲ类不利屈服机制的失效模式为第 im 层柱底和柱顶出现塑性铰。这三类不利屈服机制主要是由于某层框架柱承载力较小而形成了薄弱层，导致其余层的结构处于弹性状态而未能充分发挥巨型框架结构的屈服耗能能力。

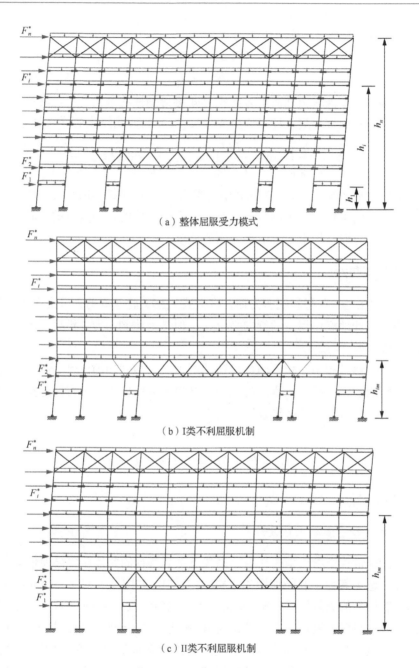

（a）整体屈服受力模式

（b）I类不利屈服机制

（c）II类不利屈服机制

图 2.5   结构的屈服失效机制

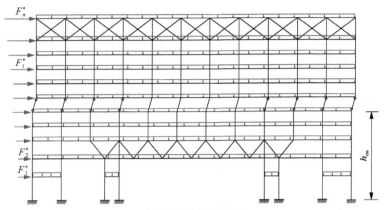

（d）Ⅲ类不利屈服机制

图 2.5（续）

（1）对于整体屈服失效机制

根据水平地震作用和重力二阶效应对框架所做的外力功与框架柱脚、梁端塑性转动产生的内力功相等原则，得

$$E_{\mathrm{F,ex}} = \alpha_{\mathrm{F}} \sum_{i=1}^{n} F_{\mathrm{F}i} h_i \theta_{\mathrm{p}} + \frac{\delta_n}{h_n} \sum_{i=1}^{n} w_{\mathrm{F}i} h_i \theta_{\mathrm{p}} \tag{2.21}$$

$$E_{\mathrm{F,in}} = \sum_{z=1}^{n_{\mathrm{c}}} M_{\mathrm{c},z,1} \theta_{\mathrm{p}} + \sum_{i=1}^{n} \sum_{j=1}^{n_{\mathrm{b}}} \left(\left| M_{\mathrm{ju},j,i}^{-} \right| + \left| M_{\mathrm{ju},j,i}^{+} \right| \right) \left(-\frac{1}{2}\theta_{\mathrm{y}} - \frac{1}{6}\theta_{\mathrm{u1}} + \theta_{\mathrm{u2}} \right)$$

$$= \sum_{z=1}^{n_{\mathrm{c}}} M_{\mathrm{c},z,1} \theta_{\mathrm{p}} + \sum_{i=1}^{n} \sum_{j=1}^{n_{\mathrm{b}}} \left(1 + \lambda_{\mathrm{ju}} \right) \left| M_{\mathrm{ju},j,i}^{-} \right| R_{\theta} \tag{2.22}$$

$$R_{\theta} = -\frac{1}{2}\theta_{\mathrm{y}} - \frac{1}{6}\theta_{\mathrm{u1}} + \theta_{\mathrm{u2}} \tag{2.23}$$

根据 $E_{\mathrm{F,in}} = E_{\mathrm{F,ex}}$ ，得

$$\alpha_{\mathrm{F}} = \frac{\theta_{\mathrm{p}} \sum\limits_{z=1}^{n_{\mathrm{c}}} M_{\mathrm{c},z,1} + R_{\theta}\left(1 + \lambda_{\mathrm{ju}}\right) \sum\limits_{i=1}^{n} \sum\limits_{j=1}^{n_{\mathrm{b}}} \left| M_{\mathrm{ju},j,i}^{-} \right|}{\theta_{\mathrm{p}} \sum\limits_{i=1}^{n} F_{\mathrm{F}i} h_i} - \frac{1}{h_n} \cdot \frac{\sum\limits_{i=1}^{n} w_{\mathrm{F}i} h_i}{\sum\limits_{i=1}^{n} F_{\mathrm{F}i} h_i} \cdot \delta_n$$

$$= \alpha_{0(\mathrm{g})} - \gamma_{0(\mathrm{g})} \delta_n \tag{2.24}$$

式中，α_{F} 为侧向力因子；$F_{\mathrm{F}i}$ 和 $w_{\mathrm{F}i}$ 分别为框架结构承担的侧向力和重力荷载代表值；δ_n 表示结构在设计地震作用下顶层处的侧移量；$M_{\mathrm{c},z,1}$ 表示第 1 层第 z 根柱底的塑性弯矩；λ_{ju} 为组合梁端的正向塑性抗弯承载力与负向塑性抗弯承载力的比值，取 0.7；$M_{\mathrm{ju},j,i}^{-}$ 和 $M_{\mathrm{ju},j,i}^{+}$ 分别为第 i 层中第 j 个组合梁的 1.25 倍负向和正向的

塑性抗弯承载力，即 $M_{\text{ju},j,i}=1.25M_{\text{bp},j,i}$，此处乘以放大系数以考虑材料的超强和应变硬化的影响；组合梁的转动量 θ_{y}、θ_{u1} 和 θ_{u2} 分别对应于结构在小震、中震和大震下的层间位移角限值，使梁端转动同步于结构侧移。关于组合梁设计将在后续章节阐述。

最终将框架在整体屈服机制下的做功行为简化为有固定斜率的等效屈服机制直线。

（2）对于第 I 类不利屈服机制

结构在第 im 层发生屈服失效时，

$$E_{\text{F,ex}} = \alpha_{\text{F}}\left(\sum_{i=1}^{im} F_{\text{F}i}h_i\theta_{\text{p}} + \sum_{i=im+1}^{n} F_{\text{F}i}h_{im}\theta_{\text{p}}\right) + \frac{\delta_{im}}{h_{im}}\sum_{i=1}^{im} w_{\text{F}i}h_i\theta_{\text{p}} + \frac{\delta_{im}}{h_{im}}\sum_{i=im+1}^{n} w_{\text{F}i}h_{im}\theta_{\text{p}} \quad (2.25)$$

$$E_{\text{F,in}} = \sum_{z=1}^{n_{\text{c}}} M_{\text{c},z,1}\theta_{\text{p}} + \sum_{z=1}^{n_{\text{c}}} M_{\text{c},z,im}\theta_{\text{p}} + \sum_{i=1}^{im-1}\sum_{j=1}^{n_{\text{b}}}\left(1+\lambda_{\text{ju}}\right)\left|M_{\text{ju},j,i}^{-}\right|R_{\theta} \quad (2.26)$$

$$\alpha_{\text{F}} = \frac{\theta_{\text{p}}\left(\displaystyle\sum_{z=1}^{n_{\text{c}}} M_{\text{c},z,1} + \sum_{z=1}^{n_{\text{c}}} M_{\text{c},z,im}\right) + R_{\theta}\left(1+\lambda_{\text{ju}}\right)\displaystyle\sum_{i=1}^{im-1}\sum_{j=1}^{n_{\text{b}}}\left|M_{\text{ju},j,i}^{-}\right|}{\theta_{\text{p}}\displaystyle\sum_{i=1}^{im} F_{\text{F}i}h_i + \theta_{\text{p}}h_{im}\displaystyle\sum_{i=im+1}^{n} F_{\text{F}i}}$$

$$-\frac{1}{h_{im}}\cdot\frac{\displaystyle\sum_{i=1}^{im} w_{\text{F}i}h_i + h_{im}\displaystyle\sum_{i=im+1}^{n} w_{\text{F}i}}{\displaystyle\sum_{i=1}^{im} F_{\text{F}i}h_i + h_{im}\displaystyle\sum_{i=im+1}^{n} F_{\text{F}i}}\cdot\delta_{im} = \alpha_{im(1)} - \gamma_{im(1)}\delta_{im} \quad (2.27)$$

式中，δ_{im} 表示结构在设计地震作用下第 im 层的侧移量。

最终可将框架在第 I 类不利屈服机制下的做功行为简化为 I 类等效不利屈服机制直线。

（3）对于第 II 类不利屈服机制

结构在第 im 层发生屈服失效时，

$$E_{\text{F,ex}} = \alpha_{\text{F}}\sum_{i=im}^{n} F_{\text{F}i}\left(h_i - h_{im-1}\right)\theta_{\text{p}} + \frac{\delta_n - \delta_{im-1}}{h_n - h_{im-1}}\sum_{i=im}^{n} w_{\text{F}i}\left(h_i - h_{im-1}\right)\theta_{\text{p}} \quad (2.28)$$

$$E_{\text{F,in}} = \sum_{z=1}^{n_{\text{c}}} M_{\text{c},z,im}\theta_{\text{p}} + \sum_{i=im}^{n}\sum_{j=1}^{n_{\text{b}}}\left(1+\lambda_{\text{ju}}\right)\left|M_{\text{ju},j,i}^{-}\right|R_{\theta} \quad (2.29)$$

$$\alpha_{\mathrm{F}} = \frac{\theta_{\mathrm{p}} \sum\limits_{z=1}^{n_c} M_{\mathrm{c},z,im} + R_{\theta}\left(1 + \lambda_{\mathrm{ju}}\right) \sum\limits_{i=im}^{n} \sum\limits_{j=1}^{n_{\mathrm{b}}} \left| M_{\mathrm{ju},j,i}^{-} \right|}{\theta_{\mathrm{p}} \sum\limits_{i=im}^{n} F_{\mathrm{F}i}\left(h_i - h_{im-1}\right)}$$

$$- \frac{1}{h_n - h_{im-1}} \cdot \frac{\sum\limits_{i=im}^{n} w_{\mathrm{F}i}\left(h_i - h_{im-1}\right)}{\sum\limits_{i=im}^{n} F_{\mathrm{F}i}\left(h_i - h_{im-1}\right)} \cdot \left(\delta_n - \delta_{im-1}\right)$$

$$= \alpha_{im(2)} - \gamma_{im(2)}\left(\delta_n - \delta_{im-1}\right) \tag{2.30}$$

最终可将框架在第 II 类不利屈服机制下的做功行为简化为 II 类等效不利屈服机制直线。

（4）对于第 III 类不利屈服机制

结构在第 im 层发生屈服失效时，

$$E_{\mathrm{F,ex}} = \alpha_{\mathrm{F}} \sum\limits_{i=im}^{n} F_{\mathrm{F}i}\left(h_{im} - h_{im-1}\right)\theta_{\mathrm{p}} + \frac{\delta_{im} - \delta_{im-1}}{h_{im} - h_{im-1}} \sum\limits_{i=im}^{n} w_{\mathrm{F}i}\left(h_{im} - h_{im-1}\right)\theta_{\mathrm{p}} \tag{2.31}$$

$$E_{\mathrm{F,in}} = 2\sum\limits_{z=1}^{n_c} M_{\mathrm{c},z,im}\theta_{\mathrm{p}} \tag{2.32}$$

$$\alpha_{\mathrm{F}} = \frac{2\sum\limits_{z=1}^{n_c} M_{\mathrm{c},z,im}}{\left(h_{im} - h_{im-1}\right)\sum\limits_{i=im}^{n} F_{\mathrm{F}i}} - \frac{1}{h_{im} - h_{im-1}} \cdot \frac{\sum\limits_{i=im}^{n} w_{\mathrm{F}i}}{\sum\limits_{i=im}^{n} F_{\mathrm{F}i}} \cdot \left(\delta_{im} - \delta_{im-1}\right)$$

$$= \alpha_{im(3)} - \gamma_{im(3)}\left(\delta_{im} - \delta_{im-1}\right) \tag{2.33}$$

最终可将框架在第 III 类不利屈服机制下的做功行为简化为 III 类等效不利屈服机制直线。

为使结构达到预期的整体屈服机制，且避免上述三类不利的局部失效模式，应满足

$$\alpha_{0(\mathrm{g})} - \gamma_{0(\mathrm{g})}\delta_n$$
$$\leqslant \min\left\{\left(\alpha_{im(1)} - \gamma_{im(1)}\delta_{im}\right), \left[\alpha_{im(2)} - \gamma_{im(2)}\left(\delta_n - \delta_{im-1}\right)\right],\right.$$
$$\left.\left[\alpha_{im(3)} - \gamma_{im(3)}\left(\delta_{im} - \delta_{im-1}\right)\right]\right\} \tag{2.34}$$

$$\gamma_{0(\mathrm{g})} = \min\left(\gamma_{im(1)}, \gamma_{im(2)}, \gamma_{im(3)}\right) \tag{2.35}$$

在小于目标位移范围内，整体屈服机制的等效直线处于三类不利屈服机制等效直线的下方且斜率最小。

根据此准则，可反算首层柱底在设计地震作用下所需的弯矩之和。例如，以整体屈服机制的等效直线小于在首层发生屈服失效时的第 III 类不利屈服机制等效直线，即

$$\alpha_{0(g)} - \gamma_{0(g)}\delta_n \leqslant \alpha_{1(3)} - \gamma_{1(3)}\left(\delta_{im} - \delta_{im-1}\right) \tag{2.36}$$

将式（2.24）和式（2.33）代入式（2.36）中，得

$$\frac{\left(2\theta_p \sum_{i=1}^{n} F_{Fi}h_i - h_1\theta_p \sum_{i=1}^{n} F_{Fi}\right)\sum_{z=1}^{n_c} M_{c,z,1} - h_1 \sum_{i=1}^{n} F_{Fi} \cdot R_\theta \left(1+\lambda_{ju}\right)\sum_{i=1}^{n}\sum_{j=1}^{n_b}\left|M_{ju,j,i}^-\right|}{h_1\theta_p \sum_{i=1}^{n} F_{Fi} \cdot \sum_{i=1}^{n} F_{Fi}h_i}$$
$$\geqslant \gamma_{1(3)}\left(\delta_{im} - \delta_{im-1}\right) - \gamma_{0(g)}\delta_n \tag{2.37}$$

简化得

$$\sum_{z=1}^{n_c} M_{c,z,1} \geqslant \frac{\left[\gamma_{1(3)}\left(\delta_{im} - \delta_{im-1}\right) - \gamma_{0(g)}\delta_n\right]\cdot \sum_{i=1}^{n} F_{Fi}h_i + \left(R_\theta / \theta_p\right)\left(1+\lambda_{ju}\right)\sum_{i=1}^{n}\sum_{j=1}^{n_b}\left|M_{ju,j,i}^-\right|}{2\dfrac{\sum_{i=1}^{n} F_{Fi}h_i}{h_1 \sum_{i=1}^{n} F_{Fi}} - 1}$$

$$\tag{2.38}$$

以柱轴压比对获得的首层柱底弯矩需求之和进行分配，初选柱截面尺寸，然后对柱进行稳定和强度验算。根据确定的首层柱截面更新首层柱底的塑性弯矩之和为 $\sum_{z=1}^{n_c} M_{c,z,1}^*$。

其余层的柱端弯矩需求之和的计算思路与首层柱一致，须避免三类不利的屈服失效模式。

$$\sum_{z=1}^{n_c} M_{c,z,im} = \max\left(\sum_{z=1}^{n_c} M_{c,z,im,(1)}, \sum_{z=1}^{n_c} M_{c,z,im,(2)}, \sum_{z=1}^{n_c} M_{c,z,im,(3)}\right) \tag{2.39}$$

① 避免第 I 类不利屈服机制。整体屈服机制的等效直线小于第 im 层发生屈服失效时的第 I 类不利屈服机制等效直线。

$$\alpha_{0(g)} - \gamma_{0(g)}\delta_n \leqslant \alpha_{im(1)} - \gamma_{im(1)}\delta_{im} \tag{2.40}$$

$$\dfrac{\theta_{\mathrm{p}}\sum\limits_{z=1}^{n_{\mathrm{c}}}M_{\mathrm{c},z,1}^{*}+\theta_{\mathrm{p}}\sum\limits_{z=1}^{n_{\mathrm{c}}}M_{\mathrm{c},z,im,(1)}+R_{\theta}\left(1+\lambda_{\mathrm{ju}}\right)\sum\limits_{i=1}^{im-1}\sum\limits_{j=1}^{n_{\mathrm{b}}}\left|M_{\mathrm{ju},j,i}^{-}\right|}{\theta_{\mathrm{p}}\sum\limits_{i=1}^{im}F_{\mathrm{F}i}h_{i}+\theta_{\mathrm{p}}h_{im}\sum\limits_{i=im+1}^{n}F_{\mathrm{F}i}}\geqslant\alpha_{0(\mathrm{g})}-\gamma_{0(\mathrm{g})}\delta_{\mathrm{n}}+\gamma_{im(1)}\delta_{im}$$

$$(2.41)$$

$$\sum_{z=1}^{n_{\mathrm{c}}}M_{\mathrm{c},z,im,(1)}\geqslant\left(\alpha_{0(\mathrm{g})}-\gamma_{0(\mathrm{g})}\delta_{\mathrm{n}}+\gamma_{im(1)}\delta_{im}\right)\left(\sum_{i=1}^{im}F_{\mathrm{F}i}h_{i}+h_{im}\sum_{i=im+1}^{n}F_{\mathrm{F}i}\right)-\sum_{z=1}^{n_{\mathrm{c}}}M_{\mathrm{c},z,1}^{*}$$

$$-\left(R_{\theta}/\theta_{\mathrm{p}}\right)\left(1+\lambda_{\mathrm{ju}}\right)\sum_{i=1}^{im-1}\sum_{j=1}^{n_{\mathrm{b}}}\left|M_{\mathrm{ju},j,i}^{-}\right| \qquad (2.42)$$

② 避免第 II 类不利屈服机制。整体屈服机制的等效直线小于第 *im* 层发生屈服失效时的第 II 类不利屈服机制等效直线。

$$\alpha_{0(\mathrm{g})}-\gamma_{0(\mathrm{g})}\delta_{n}\leqslant\alpha_{im(2)}-\gamma_{im(2)}\left(\delta_{n}-\delta_{im-1}\right) \qquad (2.43)$$

$$\dfrac{\theta_{\mathrm{p}}\sum\limits_{z=1}^{n_{\mathrm{c}}}M_{\mathrm{c},z,im,(2)}+R_{\theta}\left(1+\lambda_{\mathrm{ju}}\right)\sum\limits_{i=im}^{n}\sum\limits_{j=1}^{n_{\mathrm{b}}}\left|M_{\mathrm{ju},j,i}^{-}\right|}{\theta_{\mathrm{p}}}\geqslant\alpha_{0(\mathrm{g})}-\gamma_{0(\mathrm{g})}\delta_{n}+\gamma_{im(2)}\left(\delta_{n}-\delta_{im-1}\right)$$

$$(2.44)$$

$$\sum_{z=1}^{n_{\mathrm{c}}}M_{\mathrm{c},z,im,(2)}\geqslant\left[\left(\alpha_{0(\mathrm{g})}-\gamma_{0(\mathrm{g})}\delta_{\mathrm{n}}\right)+\gamma_{im(2)}\left(\delta_{n}-\delta_{im-1}\right)\right]\sum_{i=im}^{n}F_{\mathrm{F}i}\left(h_{i}-h_{im-1}\right)$$

$$-\left(R_{\theta}/\theta_{\mathrm{p}}\right)\left(1+\lambda_{\mathrm{ju}}\right)\sum_{i=im}^{n}\sum_{j=1}^{n_{\mathrm{b}}}\left|M_{\mathrm{ju},j,i}^{-}\right| \qquad (2.45)$$

③ 避免第 III 类不利屈服机制。整体屈服机制的等效直线小于第 *im* 层发生屈服失效时的第 III 类不利屈服机制等效直线。

$$\alpha_{0(\mathrm{g})}-\gamma_{0(\mathrm{g})}\delta_{n}\leqslant\alpha_{im(3)}-\gamma_{im(3)}\left(\delta_{im}-\delta_{im-1}\right) \qquad (2.46)$$

$$\dfrac{2\sum\limits_{z=1}^{n_{\mathrm{c}}}M_{\mathrm{c},z,im,(3)}}{\left(h_{im}-h_{im-1}\right)\sum\limits_{i=im}^{n}F_{\mathrm{F}i}}\geqslant\alpha_{0(\mathrm{g})}-\gamma_{0(\mathrm{g})}\delta_{n}+\gamma_{im(3)}\left(\delta_{im}-\delta_{im-1}\right) \qquad (2.47)$$

$$\sum_{z=1}^{n_{\mathrm{c}}}M_{\mathrm{c},z,im,(3)}\geqslant\dfrac{1}{2}\left[\left(\alpha_{0(\mathrm{g})}-\gamma_{0(\mathrm{g})}\delta_{n}\right)+\gamma_{im(3)}\left(\delta_{im}-\delta_{im-1}\right)\right]\left(h_{im}-h_{im-1}\right)\sum_{i=im}^{n}F_{\mathrm{F}i} \qquad (2.48)$$

将计算得到的框架三类不利屈服机制下各自第 *im* 层柱端弯矩需求之和代入式（2.39），可得框架各层避免不利破坏模式的柱端最优需求弯矩之和。最后根据柱轴压比将总弯矩分配至单根钢管混凝土柱端，对其进行设计校核。

对于框架结构，外柱和内柱在水平设计地震和竖向重力荷载代表值作用下所受的柱端弯矩和轴力计算简图如图 2.6 所示。弯矩正负号规定如下：使柱右侧受拉的弯矩为正；使梁下部受拉的弯矩为正。

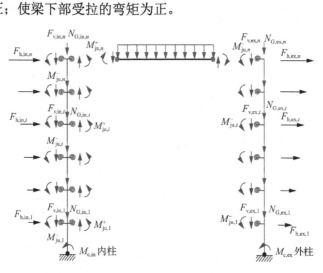

图 2.6　柱端弯矩和轴力计算简图

对于边柱，在上述荷载作用下，维持外柱荷载平衡的水平侧向力为

$$F_{\mathrm{h,ex}} = \frac{\sum_{i=1}^{n}\left|M_{\mathrm{ju},j,i}^{-}\right| + M_{\mathrm{c,ex}}}{\sum_{i=1}^{n}C_{\mathrm{V}i}h_i} \tag{2.49}$$

$$F_{\mathrm{h,ex},i} = C_{\mathrm{V}i}F_{\mathrm{h,ex}} \tag{2.50}$$

则第 im 层边柱上端所受弯矩为

$$M_{\mathrm{c,ex,up},im} = h_{im}\sum_{i=1}^{n}F_{\mathrm{h,ex},i} - M_{\mathrm{c,ex}} - \sum_{i=1}^{im-1}\left|M_{\mathrm{ju},i}^{-}\right| - \sum_{i=1}^{im-1}\left(h_{im}-h_i\right)F_{\mathrm{h,ex},i} \tag{2.51}$$

第 im 层边柱下端所受弯矩为

$$M_{\mathrm{c,ex,bo},im} = h_{im-1}\sum_{i=1}^{n}F_{\mathrm{h,ex},i} - M_{\mathrm{c,ex}} - \sum_{i=1}^{im-1}\left|M_{\mathrm{ju},i}^{-}\right| - \sum_{i=1}^{im-2}\left(h_{im-1}-h_i\right)F_{\mathrm{h,ex},i} \tag{2.52}$$

第 im 层边柱上端所受轴压为

$$N_{\mathrm{c,ex},im} = \sum_{i=im}^{n}\left[N_{\mathrm{G,ex},i} + \left(1+\lambda_{\mathrm{ju}}\right)\left|M_{\mathrm{ju},j,i}^{-}\right|/L_{\mathrm{b}}\right] \tag{2.53}$$

同理，对于中柱，在上述荷载作用下，维持中柱荷载平衡的水平侧向力为

$$F_{\text{h,in}} = \frac{\left(1+\lambda_{\text{ju}}\right)\sum\limits_{i=1}^{n}\left|M_{\text{ju},j,i}^{-}\right| + M_{\text{c,in}}}{\sum\limits_{i=1}^{n}C_{\text{V}i}h_i} \tag{2.54}$$

$$F_{\text{h,in},i} = C_{\text{V}i}F_{\text{h,in}} \tag{2.55}$$

则第 im 层中柱上端所受弯矩为

$$M_{\text{c,in,up},im} = h_{im}\sum_{i=1}^{n}F_{\text{h,in},i} - M_{\text{c,in}} - \left(1+\lambda_{\text{ju}}\right)\sum_{i=1}^{im-1}\left|M_{\text{ju},i}^{*-}\right| - \sum_{i=1}^{im-1}\left(h_{im}-h_i\right)F_{\text{h,in},i} \tag{2.56}$$

第 im 层中柱下端所受弯矩为

$$M_{\text{c,in,bo},im} = h_{im-1}\sum_{i=1}^{n}F_{\text{h,in},i} - M_{\text{c,in}} - \left(1+\lambda_{\text{ju}}\right)\sum_{i=1}^{im-1}\left|M_{\text{ju},i}^{*-}\right| - \sum_{i=1}^{im-2}\left(h_{im-1}-h_i\right)F_{\text{h,in},i} \tag{2.57}$$

第 im 层中柱上端所受轴压为

$$N_{\text{c,in},im} = \sum_{i=im}^{n}N_{\text{G,in},i} \tag{2.58}$$

　　根据上述钢管混凝土柱端所受的弯矩和轴力,按现行国家标准《钢管混凝土结构技术规范》(GB 50936—2014)[202]第 5.3 节进行压弯稳定和强度设计校核。

　　关于顶层悬挂底层支撑的填充子结构正常使用阶段,子结构柱处于受拉状态,因此仅需对填充子结构在极限状态下柱子的受力进行强度校核。

2. 组合梁设计

　　组合梁端的弯矩-转角关系曲线可以简化为三段(图 2.7)。为实现梁端转动性能可控以及结构正常使用,定义梁端的转动量 θ_y、θ_{u1} 和 θ_{u2} 分别对应于结构在小震、中震和大震下的层间位移角限值,从而梁端转动同步于结构侧移。梁端转角 θ_{u1} 对应的弯矩为塑性抗弯承载力 M_{bp},$2/3M_{\text{bp}}$ 定义为梁端的弹性弯矩,而 M_{bu} 为梁端的极限抗弯承载力。从保守设计的角度,设计组合梁时不考虑梁的极限抗弯承载力,且 $M_{\text{ju}}=M_{\text{bu}}=1.25M_{\text{bp}}$ 以考虑材料的超强和应变硬化的影响。

　　图 2.7 中,曲线与 θ 坐标轴围成的面积为节点在极限状态下消耗的能量:M_{ju} $(-\theta_y/2 - \theta_{\text{u1}}/6 + \theta_{\text{u2}})$,即式(2.23)的转动总量和。结构设计贯穿了组合梁转动的性能化控制思想。

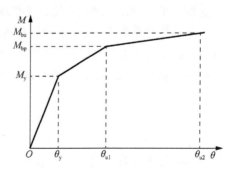

图 2.7　组合梁端弯矩-转角关系模型

结构顶层组合梁的负向塑性抗弯承载力 $M^-_{bp,n}$ 可根据工程经验估算组合梁截面尺寸，然后根据现行国家规范《钢结构设计标准》（GB 50017—2017）[203]进行计算，其余层组合梁端负弯矩则根据剪力比 β_i［式（2.11）］确定。

此外，根据结构本身的竖向重力代表值、水平设计地震作用，以及结构在极限状态下对梁端弯矩对组合梁进行校核，计算简图如图 2.8 所示。须保证组合梁受到的最大正、负弯矩均小于其本身的梁端塑性弯矩承载力。

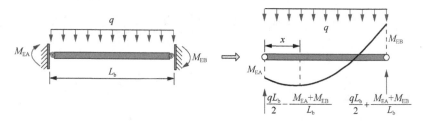

图 2.8   梁弯矩分布

如图 2.8 所示，若已知组合梁端部在均布荷载 q 作用下的梁端负弯矩 M_{EA} 和 M_{EB}，则梁上任意位置 x 处的弯矩为

$$M_x = \left(\frac{qL_b}{2} - \frac{M_{EA} + M_{EB}}{L_b} \right) x - \frac{q}{2} x^2 + M_{EA} \tag{2.59}$$

进而得到最大正弯矩的位置和对应的弯矩值分别为

$$x = \frac{L_b}{2} - \frac{M_{EA} + M_{EB}}{qL_b} \tag{2.60}$$

$$M^+_{max,b} = \frac{qL_b^2}{8} + \frac{M_{EA} - M_{EB}}{2} + \frac{\left(M_{EA} + M_{EB} \right)^2}{2} \tag{2.61}$$

均布荷载 q 由楼面重力荷载代表值等效至梁上的均布荷载。此外，组合梁还会受到水平向的设计地震作用，在梁端产生正、负弯矩，其定义为 1.25 倍的梁柱节点塑性抗弯承载力。对上述两类荷载进行叠加重组后可得组合梁的最不利弯矩，最后对其进行受弯设计校核。此外，关于底层和顶层桁架梁的设计可参考现行国家标准《钢结构设计标准》（GB 50017—2017）的规定，此处不再赘述。

2.3   设 计 实 例

为验证本章提出的基于改进的能量平衡和整体屈服机制的塑性设计方法的有效性，依托中国科学院量子创新研究院 1 号科研楼项目，给出巨型框架悬挂结构混合体系设计和动力非线性分析结果。

中国科学院量子创新研究院 1 号科研楼 A 区结构单元⑤ₐ～⑩ₐ轴线间采用巨型框架悬挂结构混合体系，其中⑦ₐ～⑧ₐ轴线间为 45m 大跨度段，如图 2.9 所示。该结构体系主要由巨型桁架柱、顶层桁架梁、底层桁架梁和填充子结构（吊柱、楼层梁等）构成，可减小填充子结构的柱截面尺寸，同时其下部可以获得较大空间，提供较灵活的空间布局。

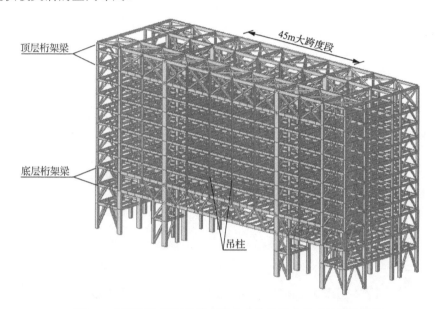

图 2.9　巨型框架顶层悬挂底层支承结构混合体系的计算模型

针对 A 区结构单元⑤ₐ～⑩ₐ轴线间巨型框架悬挂结构混合体系，选取横向跨度较大的①轴-㮲结构作为抗倒塌研究对象，结构平面图、立面图如图 2.10 所示。结构共 10 层，底层层高为 7.8m，第 2～3 层层高为 5.7m，第 4～10 层层高为 4.5m，顶层加强桁架高为 6.9m。巨型框架柱为箱形钢管混凝土柱，最大截面尺寸为 1600mm×800mm×60mm，柱内混凝土强度等级为 C40，楼层及桁架加强层钢梁均采用 H 型钢，构件截面尺寸信息见表 2.2。楼板采用钢筋桁架楼承板，楼板混凝土强度等级为 C30，第 3～4 层楼板厚度为 150mm，配置 Φ12@188 的板面钢筋和 Φ10@188 的板底钢筋，其余楼层楼板厚度为 120mm，配置 Φ12@188 的板面钢筋和 Φ8@188 的板底钢筋，如图 2.11 所示。

楼面均布恒荷载除自重外，另考虑附加荷载 1.5kN/m²，第 2 层楼面均布活荷载取 5kN/m²，其余层楼面均布活荷载取 3.5kN/m²，屋面均布活荷载取 2kN/m²。考虑填充墙自重，第 2～3 层梁上线荷载取 5.5kN/m，其余楼层取 4.5kN/m。结构所在地抗震设防烈度为 7 度（0.10g），设计地震分组为第一组，场地类别为 Ⅱ 类。

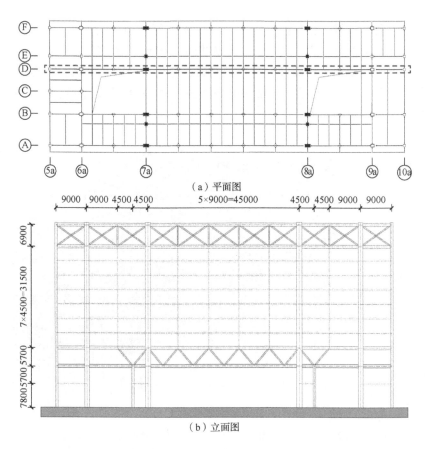

图 2.10   巨型框架悬挂结构混合体系的平面图和立面图（尺寸单位：mm）

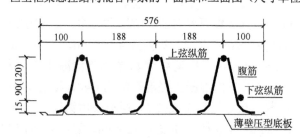

图 2.11   钢筋桁架楼承板构造（尺寸单位：mm）

根据设计基本资料，初估梁柱截面尺寸，计算楼层的恒荷载和活荷载，以 1.0 恒荷载+0.5 活荷载作为楼层的重力荷载代表值。设计结果见表 2.2 和图 2.10、图 2.11。

表 2.2　主要构件截面尺寸信息

构件类型	主要截面规格*		材质
柱	■ 1600×800×60	■ 1200×800×50	Q355B
	■ 800×800×30	□ 1000×800×40	
	□ 800×800×40	□ 600×600×20	
梁	H1000×600×18×40	H800×400×14×28	Q355B
	H1000×400×18×35	H680×300×12×20	
桁架腹杆	H400×600×30×0	H400×400×15×20	Q355B
	H400×600×20×30	H400×400×13×21	
吊柱	H400×600×30×50	H400×600×25×40	Q355B

注：■为箱形钢管混凝土截面；□为箱形钢管截面。

* 此列数值单位均为 mm。

2.4　计　算　模　型

采用结构设计分析软件 Midas Gen 建立巨型框架悬挂结构混合体系三维计算模型。计算模型中的梁柱构件采用梁单元模拟，斜向支撑采用桁架单元，钢管混凝土柱采用 Midas Gen 提供的组合材料模拟，分析模型共包含 2240 个节点、4620 个单元。

2.5　反应谱分析

2.5.1　模态分析

建筑结构抗震计算分析中所选用的振型个数可参考现行国家标准《建筑抗震设计规范（2016 年版）》（GB 50011—2010）条文说明第 5.2.2 条的规定：振型个数一般可以取振型参与质量达到总质量的 90%以上。基于上述条件，本节选取的振型数量为 10 阶，各阶振型在 X、Y、Z 方向的参与质量见表 2.3。该模型在 X 和 Y 方向的平动以及 Z 方向的扭转振型参与质量均达到总质量的 90%，符合规范设计要求。图 2.12 为结构前 10 阶振型。前 3 阶振型分别为沿 Y 方向平动、沿 X 方向平动以及沿 Z 方向的扭转，对应的基本周期分别为 1.25s、1.14s、0.93s；前 3 阶振型的振型质量参与系数均达到 75%以上。从第 4 振型开始，结构周期明显降低，说明低阶振型在结构自身运动当中占据主导地位，结构动力特性受高阶振型的影响很小。

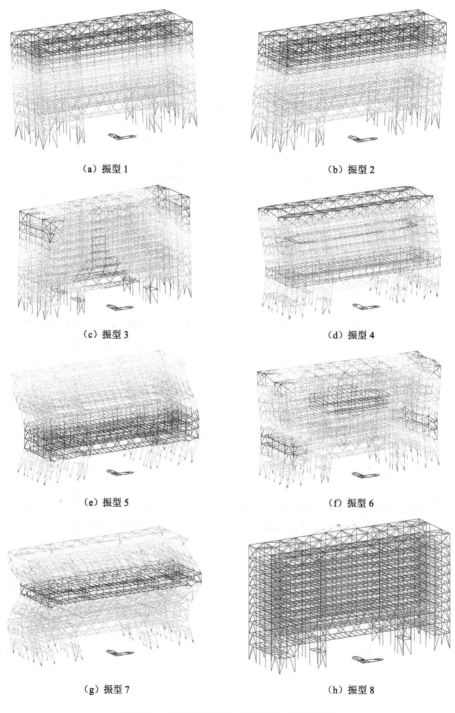

（a）振型 1　　　　　　　　　　（b）振型 2

（c）振型 3　　　　　　　　　　（d）振型 4

（e）振型 5　　　　　　　　　　（f）振型 6

（g）振型 7　　　　　　　　　　（h）振型 8

图 2.12　巨型框架悬挂结构混合体系振型

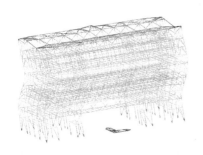

（i）振型 9

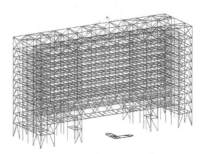

（g）振型 10

图 2.12（续）

表 2.3　振型质量参与系数与周期、频率

振型	频率/Hz	周期/s	质量参与系数/%		
			X 方向	Y 方向	Z 方向
1	0.80	1.25	0	81.51	0
2	0.88	1.14	75.05	0	0.05
3	1.07	0.93	0.04	0	80.70
4	2.50	0.40	0	12.89	0
5	2.54	0.39	21.21	0	0
6	3.15	0.32	0.01	0	14.27
7	4.73	0.21	1.96	0	0
8	4.73	0.21	0	0	0
9	4.85	0.21	0	2.95	0
10	4.88	0.20	0	0	0
累计百分比			98.27	97.35	95.02

由表 2.3 可以看出，该结构扭转为主振型 T_t 和第 1 平动周期 T_1 之比（0.74），满足规范规定的周期比限值 0.85，说明该结构抗扭转能力良好，结构竖向刚度分布均匀；另外，第 2 平动周期 T_2 和第 1 平动周期 T_1 之比为 0.91，说明该结构体系的布置在 X、Y 两个方向的结构刚度较为均匀，结构体系设计较为合理。

2.5.2　层间位移

表 2.4 为巨型框架悬挂结构混合体系在双向地震作用下层间位移结果。《建筑抗震设计规范（2016 年版）》（GB 50011—2010）规定，在某偶然偏心条件下的水平力作用下，结构某层抗侧力构件的水平位移最大值与该结构水平位移平均值的比值不应大于 1.2。X 和 Y 两个方向位移比最大值分别是 1.04 和 1.03，满足我国

现行规范要求，说明该结构平面布置较为规则，结构在水平地震作用下的扭转效应微弱；X 和 Y 两个方向层间位移角最大值分别为 1/1628、1/2106，远小于规范要求的多遇地震下弹性层间位移角限值 1/250。

表 2.4　巨型框架悬挂结构混合体系在双向地震作用下层间位移结果

楼层	X 方向层间位移/mm				Y 方向层间位移/mm			
	最大值	平均值	位移比	位移角	最大值	平均值	位移比	位移角
11F	0.083	0.081	1.02	1/67713	1.294	1.274	1.02	1/4376
10F	0.905	0.897	1.01	1/4171	1.146	1.136	1.01	1/3246
9F	1.558	1.547	1.01	1/2404	1.357	1.317	1.03	1/2733
8F	1.969	1.956	1.01	1/1877	1.495	1.485	1.01	1/2459
7F	2.181	2.167	1.01	1/1669	1.580	1.570	1.01	1/2301
6F	2.207	2.192	1.01	1/1628	1.623	1.623	1.00	1/2217
5F	1.991	1.976	1.01	1/1789	1.630	1.630	1.00	1/2189
4F	1.331	1.317	1.01	1/2672	1.643	1.643	1.00	1/2164
3F	0.402	0.388	1.04	1/11449	2.149	2.139	1.00	1/2106
2F	1.594	1.579	1.01	1/3017	1.911	1.901	1.01	1/2408
1F	1.897	1.879	1.01	1/3480	1.891	1.891	1.00	1/3343

2.5.3　层剪重比

由于结构水平地震影响系数曲线在 1.0～5.0 倍特征周期区段衰减较快，对于自振周期处于这一区段的建筑结构，根据反应谱得到的建筑结构响应可能偏小，而水平地震作用对结构自振周期处于上述区段的建筑结构影响更大。因此，出于对振型分解反应谱法的不足考虑，规范对反应谱分析时的楼层水平地震剪力大小提出了限值，以此来确保结构的安全性。根据现行国家标准《建筑抗震设计规范（2016 年版）》（GB 50011—2010），在对结构进行反应谱分析计算时，结构某一楼层的水平地震剪力应当符合

$$V_{\text{E}ki} > \lambda \sum_{j=i}^{n} G_j \qquad (2.62)$$

式中，$V_{\text{E}ki}$ 为水平地震作用下结构第 i 层的楼层剪力；λ 为地震剪力系数，按照规范要求进行取值；G_j 为第 j 层重力荷载。

根据规范要求，7 度设防烈度地区，结构自振周期小于 3.5s 时，其最小地震剪力系数为 0.016；自振周期大于 5.0s 时，其最小地震剪力系数为 0.012；自振周

期介于 3.5s 和 5.0s 之间的建筑,需要按照插入法进行取值。通过开展结构反应谱分析,楼层剪力及剪重比等分析结果见表 2.5,结构各层剪重比均大于规范设计要求的最小值,说明该结构在多遇地震作用下有足够的强度。

表 2.5　楼层剪力及剪重比

楼层	重量合计/kN	楼层剪力/kN		剪重比	
		X	Y	X	Y
11F	10930.00	843.11	916.60	0.077	0.084
10F	31172.00	2207.00	2125.10	0.071	0.068
9F	48072.00	3209.30	2961.70	0.067	0.062
8F	64972.00	3946.40	3603.70	0.061	0.055
7F	81873.00	4459.30	4115.10	0.054	0.050
6F	98773.00	4845.90	4553.60	0.049	0.046
5F	115670.00	5195.90	4955.50	0.045	0.043
4F	134330.00	5612.90	5392.90	0.042	0.040
3F	153970.00	6144.60	5867.20	0.038	0.038
2F	175560.00	6857.10	6316.40	0.039	0.036
1F	189500.00	7143.10	6493.20	0.038	0.034

2.6　弹性时程分析

2.6.1　地震动的选取

选择地震动加速度时程曲线时,需要同时满足地震动基本三要素(即频谱特性、有效峰值和持续时间)的要求。其中,地震动规范谱可以采用地震影响系数曲线表征,有效峰值按照规范要求的多遇地震下加速度最大值 $0.035g$ 进行调幅,地震动持续时间不能小于结构自振周期的 5 倍和 15s 这两者的最大值。弹性时程分析考虑了竖向地震作用,其 X、Y、Z 三个方向的地面加速度峰值按 $1:0.85:0.65$ 的比例进行调整。

根据现行国家标准《建筑抗震设计规范(2016 年版)》(GB 50011—2010)的相关规定,按建筑场地类别和设计地震分组选取两组实际强震记录和一条人工模拟的加速度时程曲线。图 2.13~图 2.15 给出了天然波 A、天然波 B 和人工波在 X、Y、Z 三个方向的加速度时程曲线,并将三组地震动的反应谱与规范谱进行比较。从图 2.13~图 2.15 中可以看出三组地震动的反应谱符合要求。基于模态分析结果,巨型框架悬挂结构混合体系的振型为 Y 方向平动，因此选取地震动输入角度为与纵轴方向夹角 90°。

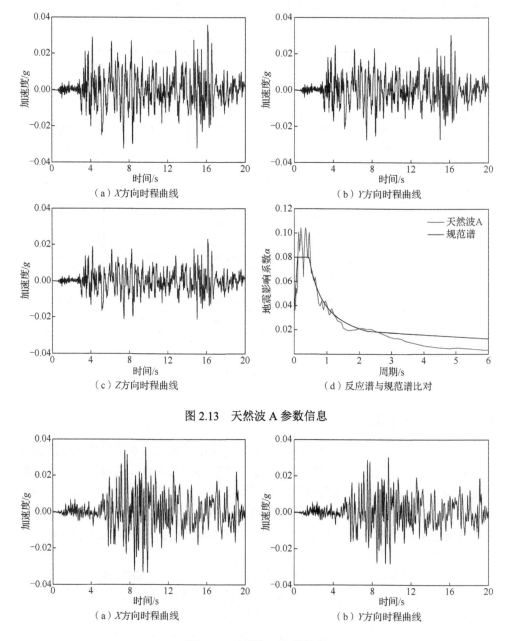

（a）X方向时程曲线

（b）Y方向时程曲线

（c）Z方向时程曲线

（d）反应谱与规范谱比对

图 2.13　天然波 A 参数信息

（a）X方向时程曲线

（b）Y方向时程曲线

图 2.14　天然波 B 参数信息

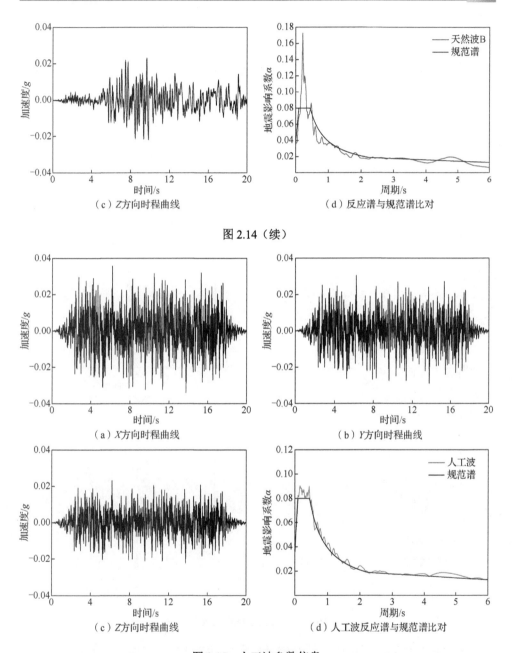

（c）Z 方向时程曲线　　　　　　　（d）反应谱与规范谱比对

图 2.14（续）

（a）X 方向时程曲线　　　　　　　（b）Y 方向时程曲线

（c）Z 方向时程曲线　　　　　　　（d）人工波反应谱与规范谱比对

图 2.15　人工波参数信息

2.6.2　基底剪力

图 2.16 为巨型框架悬挂结构混合体系水平方向在天然波 A、天然波 B 及人工波作用下的基底剪力变化曲线。

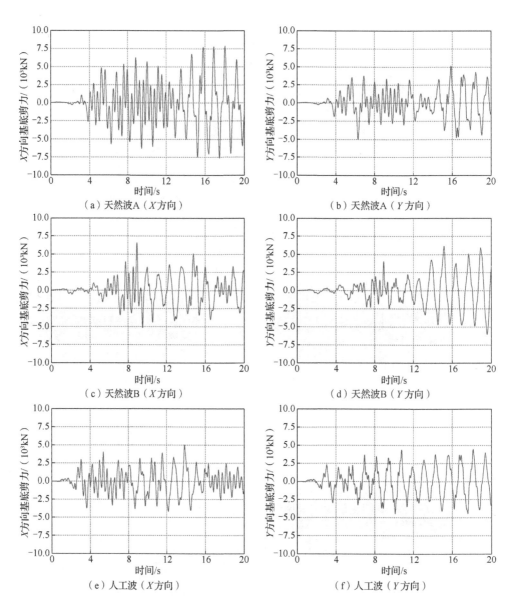

图 2.16　水平方向基底剪力变化曲线

表 2.6 分别列出了按照弹性时程分析和反应谱分析计算所得到的水平方向的
基底剪力最大值以及两者间的比例关系。按弹性时程进行分析得到的 X、Y 方向
基底剪力最大值分别为 7862.20 kN 和 6146.80 kN。通过弹性时程分析与反应谱分
析的结果进行对比可以看出以下两点。

表 2.6　时程分析基底剪力最大值

波型	基底剪力/kN				比值*/%	
	弹性时程分析		反应谱分析			
	X	Y	X	Y	X	Y
天然波 A	7862.20	5162.60			110.07	79.51
天然波 B	6600.70	6146.80	7143.10	6493.20	92.41	94.67
人工波	5000.70	4438.20			70.01	68.35

* 弹性时程分析和反应谱分析时 X 和 Y 方向的基底剪力之比。

1）仅考虑单条地震动时，在弹性时程，以及 X 和 Y 方向的基底剪力最大值与反应谱分析下得到的基底剪力之比的最小值分别为 70.01%和 68.35%，满足现行国家标准《建筑抗震设计规范（2016 年版）》（GB 50011—2010）的要求：每条时程曲线计算所得结构底部剪力不应小于振型分解反应谱法计算结果的 65%。

2）在考虑多条地震加速度时程曲线时，在弹性时程，以及 X 和 Y 方向的基底剪力的平均值与反应谱分析下的基底剪力之比分别为 90.83%和 80.84%，满足现行国家标准《建筑抗震设计规范（2016 年版）》（GB 50011—2010）的要求：多条时程曲线计算所得结构底部剪力的平均值不应小于振型分解反应谱法计算结果的 80%。

2.6.3　弹性层间位移角

图 2.17 给出了 3 组地震动作用下巨型框架悬挂结构混合体系的弹性层间位移角。各地震动下 X 方向最大层间位移角分别为 1/1695、1/2439、1/2381，Y 方向的最大层间位移角为 1/2703、1/2564、1/3571，水平方向弹性层间位移角最大值为 1/1695，远小于《建筑抗震设计规范（2016 年版）》（GB 50011—2010）中要求的弹性层间位移角限值 1/250，说明巨型框架悬挂结构混合体系在多遇地震条件下的抗震性能优良，结构设计合理安全。底层桁架梁（3F）和顶层桁架梁（11F）在 X 方向的层间位移角几乎为 0，表明该结构体系 X 方向刚度很大，上下桁架层结构有效地控制了水平方向的地震响应。

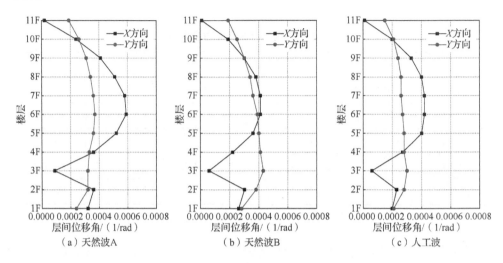

图 2.17   弹性层间位移角

2.7   静力弹塑性分析

2.7.1   水平荷载加载模式

静力弹塑性分析时，结构在地震作用下的惯性力分布可以采用某种形式的水平荷载来表示。水平荷载的加载机制与地震状态下结构的侧向位移变形密切相关，水平荷载加载机制形式的不同会使结构在地震作用下的破坏机制有明显差异，须综合考虑地震动频谱、结构动力特性，以及结构弹塑性变形等影响因素，对水平荷载进行合理的选取。最常用的水平荷载加载机制，如图 2.18 所示。

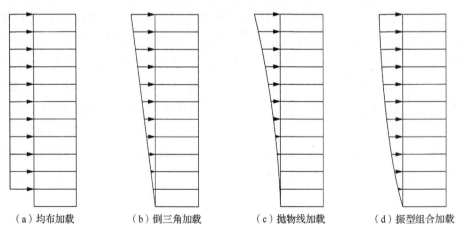

（a）均布加载   （b）倒三角加载   （c）抛物线加载   （d）振型组合加载

图 2.18   水平荷载加载机制

选用 Midas Gen 提供的振型荷载分布加载模式进行静力推覆分析,终止条件为主节点位移达到结构总高度的 2.0%,即 1.2m。

振型组合加载模式采用平方和的平方根(square root of sum of squares,SRSS)。该方法首先采用振型分解反应谱法求出结构各阶振型的反应谱值,然后采用振型组合方式求出当前结构各楼层的层间剪力值,再由层间剪力反算各层须施加的水平荷载分布值,从而进行下一步推覆分析,此模式较为切合实际。沿楼层分布的侧向荷载为

$$F_i = \sqrt{\sum_s^m \left(\sum_{j=i}^n \mu_s \omega_j \phi_{sj} A_s^2 \right)} \tag{2.63}$$

式中,F_i 为结构第 i 层层间剪力;s 为结构振型阶号;m 为需要参与振型组合的结构振型数;μ_s 为第 s 振型的振型参与系数;ω_j 为结构第 j 层的重量;ϕ_{sj} 为第 s 振型在第 j 层的相对位移;A_s 为第 s 振型的结构加速度反应谱值。

2.7.2　非线性铰特征

本章计算采用的单元为三维非线性梁柱单元。根据定义弯矩非线性特性的方法,分别为弯矩-旋转角关系模型和弯矩-曲率关系模型。根据非线性铰的位置和公式的差异又可以划分为集中铰模型和分布铰模型。在弯矩-旋转角模型中,塑性铰出现在梁柱单元的两端。在弯矩-曲率模型中,塑性铰出现在单元的中部。弯矩-旋转角梁单元是在单元的两端设置了长度为零的弯曲弹簧,其内部设置了长度为零扭转弹簧与剪切弹簧,如图 2.19 所示。弯矩-旋转角单元各成分非线性特性见表 2.7。

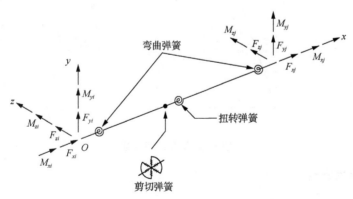

图 2.19　弯矩-旋转角单元的铰特性

表 2.7 弯矩–旋转角单元各成分非线性特性

成分	弹塑性铰特性	初始刚度	单位	铰位置
轴力（F_x）	轴力-轴向变形	EA/L	N/m	构件中心
剪力（F_y、F_z）	剪力-剪切变形	GA_s	N	
扭矩（M_x）	扭矩-旋转角	GJ/L	N·m	
弯矩（M_y、M_z）	弯矩-旋转角	$6EI/L$、$3EI/L$、$2EI/L$	N·m	构件两端

　　本章结构模型采用三维梁柱弯矩–旋转角本构单元进行模拟分析，框架柱两端设置轴力弯矩铰和剪力铰，框架梁中部设置弯矩铰。框架梁不考虑轴力作用，框架梁铰不考虑轴力-主轴弯矩-次轴弯矩（P-M-M）相关；而框架柱铰考虑 P-M-M 相关。选用美国联邦应急管理局（Federal Emergency Management Agency，FEMA）骨架曲线表征梁柱单元内力与变形的非线性关系，如图 2.20 所示。点 A 为未加载状态；$A\sim B$ 区段为弹性区段，刚度取初始刚度 K_0；点 B 为屈服强度，与截面尺寸、形状、材料强度相关；$B\sim C$ 区段为应变强化段，其刚度为初始刚度的 5%～10%，对相邻构件间的内力重分配影响较大；点 C 为构件极限承载力；$C\sim D$ 区段为构件的初始破坏状态；$D\sim E$ 区段为残留抵抗状态，一般为屈服强度的 20%；点 E 为构件极限变形状态。

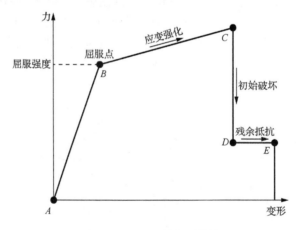

图 2.20 FEMA 铰类型特性

2.7.3 抗震性能点

（1）基底剪力-顶点位移曲线

　　采用倒三角水平侧力加载模式对巨型框架悬挂结构混合体系进行推覆分析，得到了结构的基底剪力与控制位移关系曲线，如图 2.21 所示。

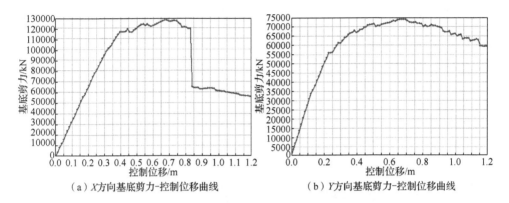

（a）X方向基底剪力-控制位移曲线　　　　（b）Y方向基底剪力-控制位移曲线

图 2.21　基底剪力与控制位移关系曲线

曲线的竖向峰值为结构基底剪力，水平峰值为结构的顶点位移。X 方向推覆分析过程的早期阶段（0.0～0.3m），结构的控制位移与基底剪力曲线呈线性增长，表明结构未发生塑性变形，处于弹性阶段；当 X 方向顶点位移达到 0.4m 时，结构的控制位移与基底剪力曲线呈现出非线性特征，开始进入塑性阶段；当 X 方向顶点位移达到 0.7m 时，基底剪力达到最大值 124502kN；此后基底剪力随顶点位移的增加而减小，当 X 方向顶点位移达到 0.85m 时，结构部分构件发生破坏，进入残余抵抗阶段。由图 2.21（b）可知，当 Y 方向顶点位移达到 0.2m 时，结构的荷载-位移曲线呈现出非线性特征，进入塑性阶段；当 Y 方向顶点位移达到 0.68m 时，基底剪力达到最大值 72280kN；随着顶点位移的增加，结构构件发生破坏，进入残余抵抗阶段。

（2）结构的能力谱-需求谱曲线

通过对巨型框架悬挂结构混合体系进行推覆分析，得到不同抗震设防烈度下结构的各个性能点的（S_a，S_d）。图 2.22（a）～（f）分别为结构在 7、8、9 度罕遇地震烈度时，相同侧向力加载模式下结构 X 和 Y 方向的能力谱-需求谱关系曲线。结构能力谱与地震需求谱的交点即为结构抗震性能点，反映了结构在预期地震荷载作用下的顶点位移和基底剪力。如果结构的能力谱与地震反应需求谱在指定的地震水准下存在交点，则表明结构满足抗震设防的要求；否则不满足抗震设防要求，需重新进行抗震设计。

由图 2.22 可知，结构 X 方向在 7 度罕遇地震烈度下的地震需求曲线和结构能力曲线相交于能力谱曲线的弹性阶段，在 8、9 度罕遇地震烈度下的地震需求曲线和结构能力曲线相交于能力谱曲线的弹塑性阶段，但此时仅少数构件进入弹塑性状态，表明该结构 X 方向的位移反应能力远大于位移需求的能力，结构在 7、8、9 度罕遇地震烈度作用下有足够的抗震设防要求。结构 Y 方向在 7 度罕遇地震烈度作用下，性能点位于能力谱曲线的弹性阶段；在 8、9 度罕遇地震烈度作用下，性能点位于能力谱曲线的弹塑性阶段，表明结构 Y 方向的抗震性能满足 8、9 度罕遇地震烈度作用下的弹塑性变形要求。

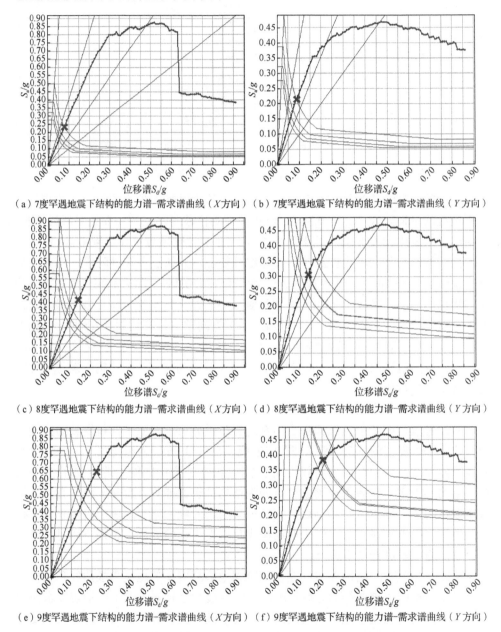

（a）7度罕遇地震下结构的能力谱-需求谱曲线（X方向） （b）7度罕遇地震下结构的能力谱-需求谱曲线（Y方向）

（c）8度罕遇地震下结构的能力谱-需求谱曲线（X方向） （d）8度罕遇地震下结构的能力谱-需求谱曲线（Y方向）

（e）9度罕遇地震下结构的能力谱-需求谱曲线（X方向） （f）9度罕遇地震下结构的能力谱-需求谱曲线（Y方向）

图 2.22 不同抗震设防烈度下结构的能力谱-需求谱曲线

2.7.4　层间位移角

图 2.23 为结构在 7、8、9 度罕遇地震烈度下结构性能点处的层间位移角曲线。 X 方向在不同地震烈度下的层间位移角最大值为 1/334、1/178、1/105，最大值均出现在第 6 层； Y 方向在不同地震烈度下的层间位移角最大值为 1/416、1/204、1/86，最大值出现在第 3 层。 X 方向位移角最大值出现在结构中间楼层，这是因为下部支承桁架层的存在，提高了下部结构刚度；支承桁架层在 Y 方向作用不明显，因而位移角最大值出现在中下楼层。层间位移角结果均小于规范限值的 1/50。

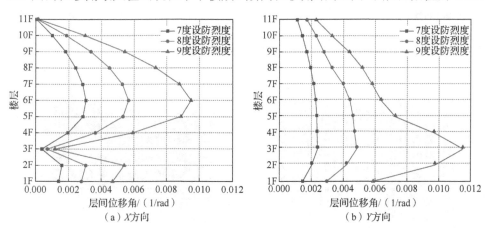

（a）X方向　　　　　　　　　　　（b）Y方向

图 2.23　在 7、8、9 度罕遇地震烈度下结构性能点处的层间位移角曲线

2.7.5　塑性铰分布

图 2.24～图 2.26 分别为 7、8、9 度罕遇地震烈度下，结构在弹塑性状态下的塑性铰分布。

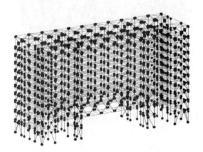
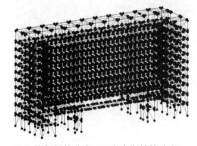

（a）框架柱和斜向支撑铰分布（X方向塑性铰分布）　　　（b）桁架梁铰分布（X方向塑性铰分布）

图 2.24　7 度罕遇地震烈度下结构在弹塑性状态下的塑性铰分布

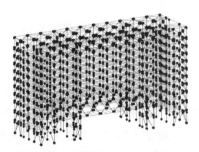 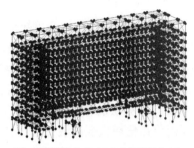

（c）框架柱和斜向支撑铰分布（Y方向塑性铰分布）　　　（d）桁架梁铰分布（Y方向塑性铰分布）

图 2.24（续）

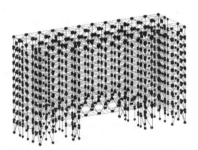 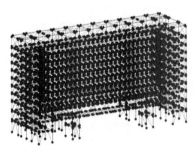

（a）框架柱和斜向支撑铰分布（X方向塑性铰分布）　　　（b）桁架梁铰分布（X方向塑性铰分布）

（c）框架柱和斜向支撑铰分布（Y方向塑性铰分布）　　　（d）桁架梁铰分布（Y方向塑性铰分布）

图 2.25　8 度罕遇地震烈度下结构在弹塑性状态下的塑性铰分布

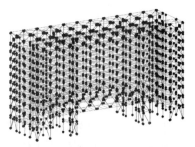

（a）框架柱和斜向支撑铰分布（X方向塑性铰分布）

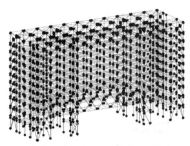

（b）桁架梁铰分布（X方向塑性铰分布）

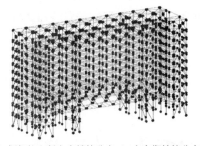

（c）框架柱和斜向支撑铰分布（Y方向塑性铰分布）

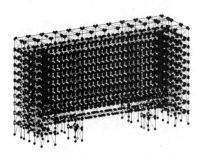

（d）桁架梁铰分布（Y方向塑性铰分布）

图 2.26　9 度罕遇地震烈度下结构在弹塑性状态下的塑性铰分布

由图 2.24 可知，7 度罕遇地震烈度下结构 X 和 Y 方向的性能点均位于能力谱曲线的弹性阶段，所以结构框架柱、桁架梁及斜向支撑在性能点处均未出现塑性铰。

由图 2.25 可知，8 度罕遇地震烈度下结构 X 方向性能点处的塑性铰出现在斜向支撑，框架柱及桁架梁均未出现塑性铰；结构 Y 方向性能点处的塑性铰出现在斜向支撑和桁架梁，且斜向支撑处的塑性铰先于桁架梁达到屈服阶段，框架柱未出现塑性铰。

由图 2.26 可知，9 度罕遇地震烈度下结构 X 方向性能点处的塑性铰出现在斜向支撑及桁架梁，且斜向支撑处的塑性铰先于桁架梁屈服，框架柱未出现塑性铰；结构 Y 方向性能点处的塑性铰先后出现在斜向支撑、桁架梁和框架柱，并且斜向支撑处的塑性铰率先屈服。

综上所述，罕遇地震作用下，结构性能点处的塑性铰分布主要出现在斜向支撑以及桁架梁两端。除了薄弱层外，框架柱基本未出现塑性铰，并且斜向支撑、桁架梁处的塑性铰先后出现，说明该结构符合"强柱弱梁"的设计要求。斜向支撑作为结构抗震的第一道防线，是地震作用下的主要抗侧和耗能构件，先于桁架梁、柱达到极限承载力，符合建筑结构中宜设置多道抗震防线的设计理念。

2.8   动力弹塑性时程分析

2.8.1   梁柱构件滞回曲线模型

动力弹塑性时程分析模型中的梁柱单元采用的本构模型与静力弹塑性分析模型一致，均采用弯矩–旋转角模型。在基本模型中根据各内力成分的相互关系，分别考虑单轴铰和多轴铰两种滞回模型。其中单轴铰中的各内力成分相互独立，而多轴铰则需要考虑轴力的影响，即 P-M-M 相关。单轴铰以及多轴铰滞回模型分别适用于模型中的梁、柱单元。本节选用随动硬化模型，其骨架曲线如图 2.27 所示。其中，D 为广义位移，P 为广义力，D_1、D_2 表示不同屈服状态下的位移，P_1、P_2 代表屈服点，表示结构加载后有两次刚度变化。当荷载减小至零时，存在残余应变，继续往反方向加载。

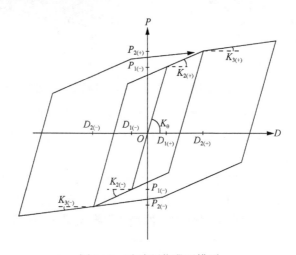

图 2.27   随动硬化滞回模型

2.8.2   地震动的选取

根据现行国家标准《建筑抗震设计规范（2016 年版）》（GB 50011—2010）的相关规定以及结构的动力特性，选取 3 条天然地震动和 3 条人工地震动进行动力时程分析，按照表 2.8 进行加速度调幅。天然地震动参数信息见表 2.9，图 2.28 及图 2.29 给出了选取的地震动加速度时程曲线及其反应谱与规范谱的比较。

表 2.8　时程分析时输入地震动加速度的最大值

地震类型	加速度最大值/（cm/s²）			
	6 度	7 度	8 度	9 度
多遇地震	18	35（55）	70（110）	140
设防地震	50	100（150）	200（300）	400
罕遇地震	123	220（310）	400（510）	620

注：7、8 度时括号内数值分别用于设计基本地震动加速度为 $0.15g$ 和 $0.30g$ 的地区。

表 2.9　地震动参数

编号	地震名称	持时/s	震级	调幅后峰值加速度/g
天然波 1	Superstition_Hills,1987	22.290	6.5	0.225
天然波 2	Loma_Prieta,1989	29.615	6.9	0.225
天然波 3	Imperial_Valley,1979	39.500	6.5	0.225

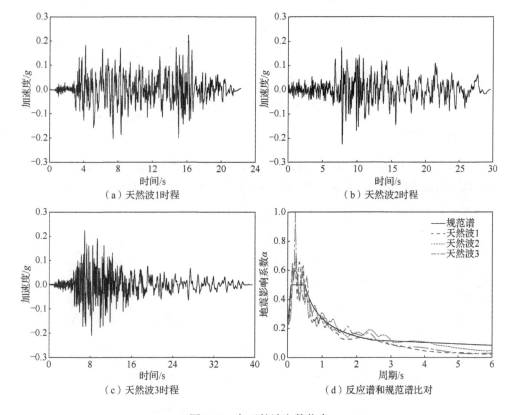

（a）天然波1时程　　（b）天然波2时程　　（c）天然波3时程　　（d）反应谱和规范谱比对

图 2.28　各天然波参数信息

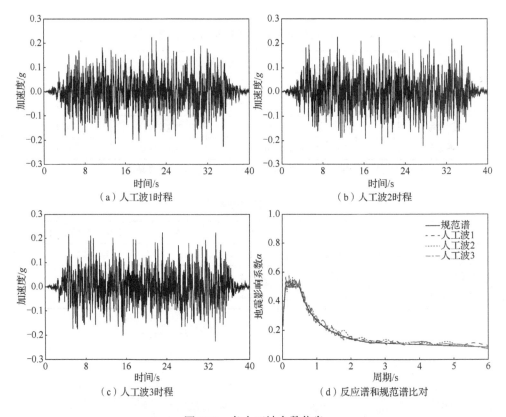

图 2.29　各人工波参数信息

2.8.3　顶层位移

从计算结果中提取结构在各地震动作用下的顶层位移时程响应，如图 2.30 所示。6 组地震动作用下，X 和 Y 方向的顶层最大位移分别为 1.04m 和 1.09m。

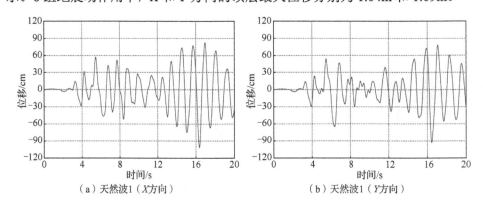

图 2.30　各地震动作用下顶层位移时程曲线

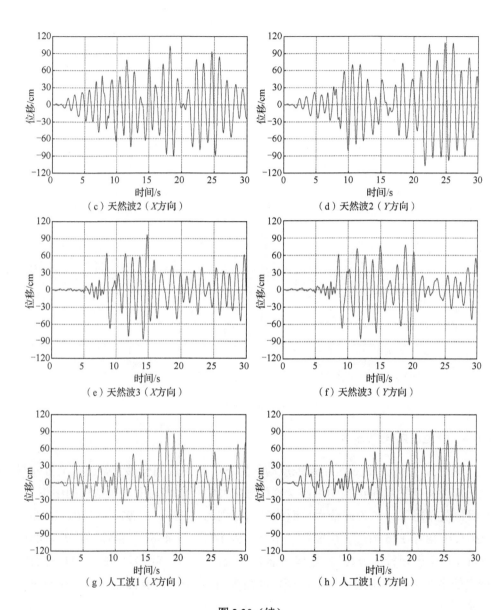

（c）天然波2（X方向）　（d）天然波2（Y方向）
（e）天然波3（X方向）　（f）天然波3（Y方向）
（g）人工波1（X方向）　（h）人工波1（Y方向）

图 2.30（续）

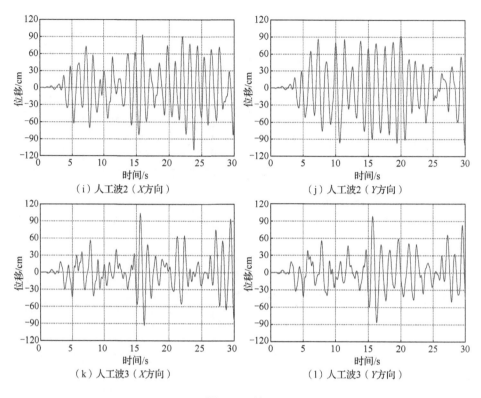

图 2.30（续）

2.8.4   弹塑性层间位移角

图 2.31 提供了在 6 组罕遇地震动作用下结构的层间位移角数值，X 方向最大层间位移角发生在结构的中部，Y 方向最大层间位移角出现在结构的中下部。6 组地震作用下，X 方向最大层间位移角分别为 1/335、1/297、1/310、1/333、1/307、1/283，Y 方向最大层间位移角分别为 1/538、1/406、1/545、1/479、1/448、1/465，远小于现行国家标准《建筑抗震设计规范（2016 年版）》（GB 50011—2010）规定的多高层钢结构的弹塑性层间位移角限值 1/50，抗震性能优良，结构设计冗余度高。

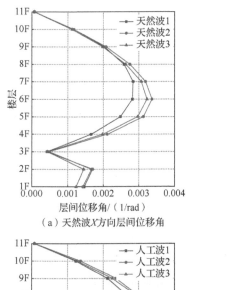

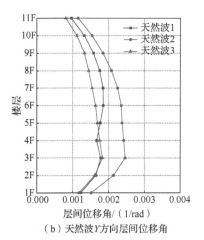

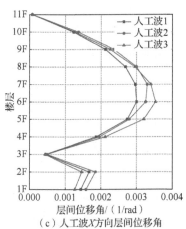

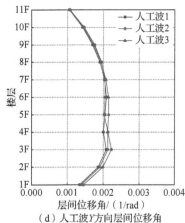

图 2.31 各地震动作用下结构的层间位移角

2.8.5 楼层加速度峰值

图 2.32 分别给出了 6 组地震动作用下的 X 和 Y 方向的楼层加速度峰值。结构 X 方向的楼层加速度峰值变化曲线呈明显 S 形，表明结构在地震动作用下底层桁架梁及顶层桁架梁 X 方向加速度峰值增大，即底层桁架梁和顶层桁架梁 X 方向的加速度响应被放大，中间楼层的振动幅度较为稳定；结构 Y 方向的楼层加速度峰值除顶层被放大外，其他楼层加速度峰值较为稳定。

图 2.33 为结构在 6 组地震动作用下加速度放大系数。巨型框架悬挂结构混合体系 X 方向的顶层桁架梁加速度被明显放大，中间楼层及底层桁架梁加速度响应放大效应不够明显，说明顶层桁架梁受地震动作用的影响较大，在整个悬挂及支承体系中起主要控制作用。结构 Y 方向的各楼层加速度放大系数均较为稳定，说明 Y 方向的地震加速度放大系数对地震动作用不敏感。

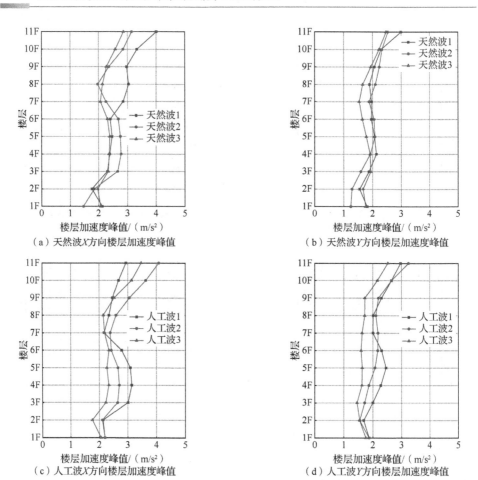

图 2.32   各地震动作用下楼层加速度峰值

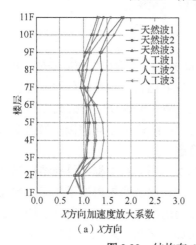

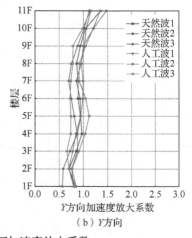

图 2.33   结构在 6 组地震动作用下加速度放大系数

2.8.6　结构楼层剪力

图 2.34 为各组地震动作用下结构的楼层剪力，X 方向最大剪力分别为 36726kN、35319kN、30506kN、35594kN、39113kN、31489kN，Y 方向最大剪力分别为 25757kN、32063kN、24863kN、27838kN、30829kN、29201kN。与上述静力弹塑性分析结果 [7 度罕遇地震烈度作用下性能点处的层剪力 29184kN（X 向）和 28365kN（Y 向）] 相比，动力弹塑性时程分析结果稍大，但仍为弹性阶段最大剪力的 5 倍左右，符合预期规律与设计规范要求。

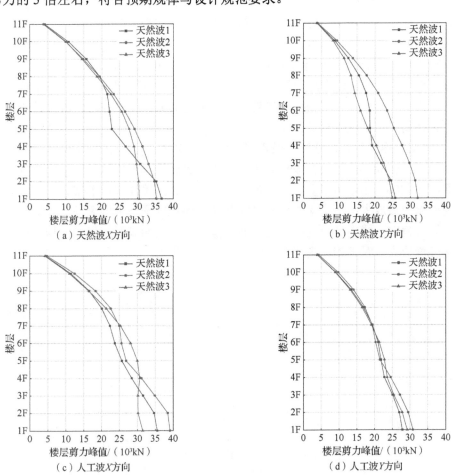

图 2.34　各地震动作用下结构楼层剪力

2.9 小   结

1）本章提出了考虑结构屈服后应变强化效应的能量平衡方程，给出了巨型框架悬挂结构混合体系整体屈服位移的计算公式，推导了避免巨型框架出现三类不利失效模式和实现整体失效模式的相关公式，推导过程中考虑了组合梁在小震、中震和大震下的转动能力限值。

2）模态和反应谱分析表明，结构周期比、位移比和层剪重比等参数符合规范要求。多遇地震作用下的弹性时程分析结果表明，水平方向弹性层间位移角最大值为 1/1695，小于规范限值。

3）静力弹塑性分析结果表明，7 度罕遇地震作用下，结构性能点位于能力谱曲线弹性阶段，结构没有出现塑性铰；8、9 度罕遇地震作用下，塑性铰主要分布在斜向支撑和桁架梁，且斜向支撑处塑性铰率先屈服；框架柱未出现塑性铰，符合"强柱弱梁"的设计要求。

4）动力弹塑性时程分析结果表明，结构在 X 和 Y 方向的顶层位移最大值为 0.104m 和 0.109m，在规范设计要求范围内；弹塑性层间位移角的最大值分别为 1/283 和 1/406，小于规范要求的限值 1/50。底层桁架梁及顶层桁架梁在 X 方向的加速度响应被放大；结构 Y 方向的楼层加速度响应除顶层被放大外，其他楼层加速度较为稳定；楼层加速度峰值变化曲线呈 S 形，表明底层桁架梁和顶层桁架梁加速度峰值大，对结构起到了明显的支承与悬挂作用。

第3章 基于 IDA 的巨型框架悬挂结构 混合体系的概率地震易损性分析

采用考虑累积损伤的纤维单元建立巨型框架悬挂结构混合体系的弹塑性时程分析模型，基于增量动力分析法获得巨型框架悬挂结构混合体系在各地震动作用下的最大层间位移角 θ_{m} 和地震动强度 S_{a} $(T_1,5\%)$ 的关系曲线。通过概率地震需求分析和能力分析建立结构非倒塌/倒塌易损性曲线，评估结构在小震、中震和大震下发生轻微、中等、严重和倒塌破坏状态的超越概率。最后分析结构增量倒塌风险，全面评估巨型框架悬挂结构混合体系的抗震侧向倒塌能力。

3.1 概率地震易损性解析函数

结构的概率地震易损性是指在给定的地震动水平下，结构达到或者超过某种极限或损伤状态的条件概率。

$$F(x) = P[D > C \mid \mathrm{IM} = x] \tag{3.1}$$

式中，IM 为地震动强度参数（intensity measure），如地震动峰值加速度（PGA）、结构基本周期下 5%阻尼的谱加速度 S_{a} $(T_1,5\%)$；$D > C$ 表示结构达到或超过某种损伤状态，其中 D 为结构的地震需求，C 为结构的抗震能力。

地震易损性从概率角度定量刻画了结构的抗震性能，从宏观角度给出了地震动强度与结构损伤状态之间的关系。因此，地震易损性函数也可视为结构抵抗某种地震破坏等级的"广义能力 R"的概率分布函数。

进行地震易损性分析时，不可避免地涉及诸多的不确定性问题。如何考虑和量化这些不确定性是当前地震易损性研究亟待解决的问题，也是易损性分析的核心问题之一。目前，不确定性分为偶然（aleatory）不确定性和认知（epistemic）不确定性两大类。偶然不确定性来源于影响因素的内在随机性，认知不确定性来源于研究人员知识缺乏而造成的误差。后续将从不同的角度将这两类不确定性考虑至易损性函数中，使本章的易损性分析结果更加合理。

3.1.1 考虑偶然不确定性的地震易损性函数

目前，多数学者通常采用对数正态函数的形式进行地震易损性分析，若仅考虑偶然不确定性，地震易损性函数分为基于地震动强度的函数和基于位移的函数。

基于地震动强度的易损性函数一般表示为

$$F_{IM}(x) = \Phi\left[\frac{\ln(x / m_{IM})}{\beta_{IM}}\right] \tag{3.2}$$

式中，$\Phi[\cdot]$为标准正态概率分布函数；m_{IM}为仅考虑偶然不确定性的地震易损性函数的中位值；β_{IM}为仅考虑偶然不确定性的地震易损性函数的对数标准差。从概率论角度，m_{IM}和β_{IM}为以某一选定的地震动强度参数IM的中位值和对数标准差。

基于位移的易损性函数一般表示为

$$F(x) = \Phi\left[\frac{\ln m_{D|IM} - \ln m_C}{\sqrt{\beta_{D|IM}^2 + \beta_C^2}}\right] \tag{3.3}$$

式中，$m_{D|IM}$和$\beta_{D|IM}$为仅考虑偶然不确定性的结构地震需求D的中位值和对数标准差；m_C和β_C为仅考虑偶然不确定性的结构抗震能力C的中位值和对数标准差。

式（3.3）实质上将地震易损性分析分解为概率地震需求分析（probabilistic seismic demand analysis，PSDA）和概率抗震能力分析（probabilistic seismic capacity analysis，PSCA）[204]。其中，PSDA主要是建立结构的地震需求D与地震动强度IM之间的关系；PSCA是建立结构的抗震能力C在不同损伤（极限）状态（damage state，DS）的分布情况。同时假定结构的地震需求D和结构能力C均服从对数正态分布。

根据以往学者研究[204]，结构的地震需求中位值$m_{D|IM}$和地震动强度参数 IM之间一般服从幂指数回归关系，即

$$m_{D|IM} = a(IM)^b \tag{3.4}$$

两边取对数得

$$\ln(m_{D|IM}) = \ln a + b\ln(IM) \tag{3.5}$$

当确定地震需求D和地震动强度IM的具体表现形式后，对结构进行n次非线性时程分析和线性拟合，可得

$$\beta_{D|IM} = \sqrt{\frac{\sum_{i=1}^{n}\left[\ln(D_i) - \ln(m_{D|IM})\right]^2}{n-2}} \tag{3.6}$$

式（3.2）多用于结构倒塌易损性分析，主要是由于倒塌为动力失稳问题，其对应的变形可视为无穷大，采用地震动强度来定义结构倒塌点更为合理；式（3.3）多用于结构非倒塌易损性分析，主要是由于结构的非倒塌破坏通常与变形相关，并且目前的建筑结构规范中均采用层间位移角限值限定结构在经历某一强度等级地震动的损伤状态。

3.1.2　考虑认知不确定性的地震易损性函数

地震易损性函数可视为广义抗力 R 的分布函数，即

$$R = r_{RU} r_{RR} m_{RR} \tag{3.7}$$

式中，r_{RR} 为偶然不确定性影响因子，服从对数正态分布，对数中位值为 0，对数标准差为 β_{RR}；r_{RU} 为认知不确定性影响因子，服从对数正态分布，对数中位值为 0，对数标准差为 β_{RU}。

式（3.7）两边取对数得

$$\ln R = \ln r_{RU} + \ln r_{RR} + \ln m_{RR} \tag{3.8}$$

当随机变量 r_{RR} 和 r_{RU} 相互独立时，

$$\beta_R = \sqrt{\beta_{RR}^2 + \beta_{RU}^2} \tag{3.9}$$

当同时考虑偶然和认知不确定性时，对于基于地震动强度的易损性函数，式（3.2）中 β_{IM} 应修正为 β_R；对于基于位移的易损性函数，式（3.3）中 $\sqrt{\beta_{D|IM}^2 + \beta_C^2}$ 应修正为 $\sqrt{\beta_{D|IM}^2 + \beta_C^2 + \beta_{RU}^2}$。

3.2　非线性时程分析模型

3.2.1　分析平台

OpenSees （open system for earthquake engineering simulation）是基于 C++语言编写的开放式计算平台，能够较高精度地分析结构、岩土等体系的静动力响应。计算平台由 Model Builder、Domain、Analysis 和 Recorder 四个模块组成，如图 3.1 所示。Model Builder 模块用于建立模型；Domain 模块用于存储各种分析信息和联系其他模块；Analysis 模块用于执行分析，将模型从 t 时刻计算至 $t+dt$ 时刻；Recorder 模块用于监视记录分析过程中模型的内力、变形响应等。

OpenSees 具有以下优势。

1）材料、单元、算法等可选类型多。

2）采用纤维截面法，计算结果准确。

3）云计算能力强，分析速度快。

4）能够继承静力计算结果并代入动力计算，实现两者的混合计算。

5）用户也可根据课题需要二次开发材料本构、单元、算法等。

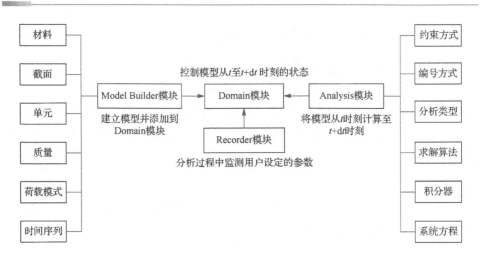

图 3.1   模块组成

3.2.2 材料本构

OpenSees 计算平台包含单轴与多轴两种材料本构关系，本章建立的巨型框架悬挂结构混合体系模型均选用单轴材料本构。

（1）钢材本构

OpenSees 常用 steel01、steel02 和 steel04 三种材料本构来模拟钢材力学性能。其中，steel02 考虑了等向应变硬化影响，能够反映包辛格效应，计算速度快，精确度高。钢材滞回本构模型如图 3.2 所示。

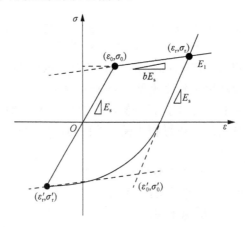

图 3.2   钢材滞回本构模型

巨型框架悬挂结构混合体系模型涉及的钢材均采用 steel02 材料本构，计算表达式[205-206]如下。

$$\sigma^* = b \cdot \varepsilon^* + \frac{(1-b)\varepsilon^*}{\left(1+\varepsilon^{*R}\right)^{1/R}} \tag{3.10}$$

$$\sigma^* = \frac{\sigma - \sigma_r}{\sigma_0 - \sigma_r} \tag{3.11}$$

$$\varepsilon^* = \frac{\varepsilon - \varepsilon_r}{\varepsilon_0 - \varepsilon_r} \tag{3.12}$$

$$b = \frac{E_1}{E_0} \tag{3.13}$$

式中，b 为应变强化率；E_0 为钢材初始弹性模量；E_1 为钢材屈服后斜率；R 为形状控制参数。考虑包辛格效应，R 表达式为

$$R = R_0 - \frac{a_1\xi}{a_2 + \xi} \tag{3.14}$$

$$\xi = \left|\frac{\varepsilon_m - \varepsilon_0}{\varepsilon_y}\right| \tag{3.15}$$

式中，R_0 为试验确定的初始值；ε_y 为钢材屈服应变；ε_m 为历史最大应变。

OpenSees 中，定义 steel02 本构模型的 tcl 语句如下：

uniaxialMaterial Steel02 $matTag　f_y E b R_0 cR_1 cR_2 a_1 a_2 a_3 a_4

其中，matTag 表示材料标号；f_y 为钢材屈服强度，本章取 345 N/mm^2；E 取 206000 N/mm^2；b 取 0.01；R_0、cR_1、cR_2 为材料由弹性向塑性过渡参数，分别取 18、0.925、0.15；a_1、a_2、a_3、a_4 为等向强化系数，分别取 0、1、0、1。

（2）混凝土材料本构

OpenSees 常用 concrete01、concrete02、concrete03 三种材料本构来模拟混凝土力学性能[207]。相较 concrete01 和 concrete03 材料本构，concrete02 材料本构考虑了受拉作用，且受拉软化段为线性，在满足计算精度的同时，计算收敛性较好，计算成本较低。concrete02 本构模型如图 3.3 所示。

本章巨型框架悬挂结构混合体系模型涉及的混凝土均采用 concrete02 材料本构，对应的 tcl 语句如下：

uniaxialMaterial concrete02 $matTag　f_{pc} ε_{pc} f_{pcu} ε_{pcu}　$lambda　f_t E_{ts}

其中，f_{pc} 为峰值压应力；ε_{pc} 为峰值压应变；f_{pcu} 为极限压应力；ε_{pcu} 为极限压应变；lambda 为破坏点处卸载刚度与初始刚度比值；f_t 为抗拉强度；E_{ts} 为受拉软化刚度。本章考虑混凝土受力状态的不同，对箱形钢管内（三向受力）的混凝土和楼板（单向受力）的混凝土分别选用不同的控制参数。

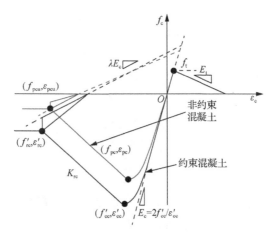

图 3.3　concrete02 本构模型

对于楼板内非约束混凝土，采用文献[208]提出的本构模型计算各控制参数，该本构模型包含上升、下降和水平三段，计算表达式为

$$
\sigma_{\mathrm{c}} =
\begin{cases}
K_{\mathrm{im}}f_{\mathrm{c}}'\left[\dfrac{2\varepsilon_{\mathrm{c}}}{0.002K_{\mathrm{im}}}-\left(\dfrac{\varepsilon_{\mathrm{c}}}{0.002K_{\mathrm{im}}}\right)^{2}\right] & \varepsilon_{\mathrm{c}}\leqslant 0.002K_{\mathrm{im}} \\[3mm]
K_{\mathrm{im}}f_{\mathrm{c}}'\left[1-Z_{\mathrm{sp}}(\varepsilon_{\mathrm{c}}-0.002K_{\mathrm{im}})\right] & 0.002K_{\mathrm{im}}<\varepsilon_{\mathrm{c}}\leqslant 0.004+0.9\rho_{\mathrm{s}}f_{\mathrm{yh}}/300 \\[3mm]
0.2K_{\mathrm{im}}f_{\mathrm{c}}' & \varepsilon_{\mathrm{c}}>0.004+0.9\rho_{\mathrm{s}}f_{\mathrm{yh}}/300
\end{cases}
$$

$$(3.16)$$

其中

$$
K_{\mathrm{im}}=1+\frac{\rho_{\mathrm{s}}f_{\mathrm{yh}}}{f_{\mathrm{c}}'} \tag{3.17}
$$

$$
Z_{\mathrm{sp}}=\frac{0.5}{\dfrac{3+0.29f_{\mathrm{c}}'}{145f_{\mathrm{c}}'-1000}+0.75\rho_{\mathrm{s}}\sqrt{\dfrac{h'}{s_{\mathrm{h}}}}-0.002K_{\mathrm{im}}} \tag{3.18}
$$

式中，K_{im} 为考虑箍筋约束作用使混凝土强度增大的系数；Z_{sp} 为应变软化段斜率；f_{c}' 为混凝土圆柱体抗压强度；f_{yh} 为箍筋屈服强度；ρ_{s} 为体积配箍率；s_{h} 为箍筋间距；h' 为从箍筋外围边缘算起的核心混凝土宽度。

楼板内的非约束混凝土，$\rho_{\mathrm{s}}=0$，取 $\varepsilon_{\mathrm{pc}}=0.002$，$\varepsilon_{\mathrm{pcu}}=0.004$，可得极限压应力 $\sigma_{\mathrm{c}}=0.2f_{\mathrm{c}}'$。混凝土强度等级为 C30，由式（3.19）和式（3.20）[209]计算混凝土极限压应力。C30 混凝土，$\alpha_{\mathrm{c1}}=0.76$，$\alpha_{\mathrm{c2}}=1$。

$$f_c' = 0.79 f_{cu,k} \tag{3.19}$$

$$f_{ck} = 0.88 \alpha_{c1} \alpha_{c2} f_{cu,k} \tag{3.20}$$

峰值拉应力取 $f_t = 0.395 f_{cu}^{0.55}$，受拉软化刚度取 $E_{ts} = E_c / 8$。

对于箱形钢管约束混凝土，采用文献[210]提出的计算表达式来描述混凝土峰值应力前的力学行为。

$$y = \begin{cases} 2x - x^2 & x \leqslant 1 \\ \dfrac{x}{\beta_0 (x-1)^\eta + x} & x > 1 \end{cases} \tag{3.21}$$

其中

$$x = \varepsilon / \varepsilon_{cc}' \tag{3.22}$$

$$y = \sigma / f_{cc}' \tag{3.23}$$

$$\begin{cases} f_{cc}' = \left[1 + \left(-0.0135 \xi_c^2 + 0.1 \xi_c \right) \cdot \left(24 / f_c' \right)^{0.45} \right] f_c' \\ \varepsilon_{cc}' = \left\{ \varepsilon_c' + \left[1330 + 760 \left(f_c' / 24 - 1 \right) \right] \xi_c^{0.2} \right\} \times 10^{-6} \\ \varepsilon_c' = 1300 + 12.5 f_c' \\ \eta = 1.6 + 1.5 / x \\ \beta_0 = \begin{cases} f_c'^{0.1} / \left(1.34 \sqrt{1 + \xi_c} \right) & (\xi_c \leqslant 3.0) \\ f_c'^{0.1} / \left[1.34 \sqrt{1 + \xi_c} \left(\xi_c - 2 \right)^2 \right] & (\xi_c > 3.0) \end{cases} \end{cases} \tag{3.24}$$

$$\xi_c = \left(f_{csy} A_s \right) / \left(f_{ck} A_c \right) \tag{3.25}$$

式中，f_{cc}' 为约束混凝土轴向峰值压应力；ε_{cc}' 为约束混凝土轴向峰值压应变；f_c' 为混凝土圆柱体轴心抗压强度；f_{csy} 为钢管屈服强度；A_s 为钢管截面面积；f_{ck} 为混凝土轴心抗压强度标准值；A_c 为混凝土截面面积。

采用文献 [211] ～ [215] 提出的计算表达式来描述混凝土峰值应力后的力学行为。

$$K_{rc} = -332.75 R f_c' + 9.6 f_c' \tag{3.26}$$

$$f_{rc}' = 0.32 R^{-0.5} f_c' \tag{3.27}$$

$$R = (d_{cs} / t_{cs}) \cdot \sqrt{f_{csy} / E_s} \cdot (f_c' / f_{csy}) \tag{3.28}$$

式中，K_{rc} 为峰值后软化刚度；f_{rc} 为残余应力。

不考虑钢管对混凝土受拉行为的约束作用，同样取峰值拉应力 $f_t = 0.395 f_{cu}^{0.55}$，受拉软化刚度 $E_{ts} = E_c / 8$。

3.2.3 纤维截面模型

纤维截面模型的原理是将截面离散成若干材料本构独立的小单元来构造截面属性。对于巨型框架悬挂结构混合体系，利用 patch quad 命令，先将各构件按材料类型与截面形状划分区域，然后再将各区域平均离散成若干小单元。

箱形钢管混凝土组合柱划分为四个钢管单元区域与一个混凝土单元区域；箱形钢管柱划分为四个钢管单元区域；吊柱和桁架腹杆为 H 型钢划分为三个钢单元区域；梁为考虑楼板刚度的组合梁，其中 H 型钢部分划分为三个钢单元区域，压型钢板混凝土板划分为一个混凝土单元区域和若干钢筋单元区域。建立后的纤维截面可利用崔济东博士编写的 OpenSees Fiber Section Viewer 程序[216]查看，如图 3.4 所示。

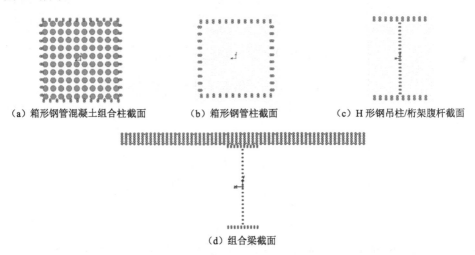

（a）箱形钢管混凝土组合柱截面　　（b）箱形钢管柱截面　　（c）H 形钢吊柱/桁架腹杆截面

（d）组合梁截面

图 3.4　纤维截面

3.2.4 几何转换

OpenSees 主要有 Linear、P-Delta 和 Corotational 三种转换方式，其中，Linear、P-Delta 均为线性转换，Corotational 为精确转换。考虑结构倒塌大变形大转角等问题，采用 Corotational 转换方式[217]。

3.2.5 单元模型

采用 dispBeamColumn 单元建立梁、柱、腹杆等各构件。与 nonlinearBeamColumn 单元相比，dispBeamColumn 单元计算收敛性较好，但需要将构件划分成两个以上才能满足精度要求[218]。因此，将柱构件划分为 3 个单元，梁构件根据次梁的位置划分为大于等于 3 个单元，斜腹杆划分为 2 个单元，如图 3.5 所示。对于

dispBeamColumn 单元，设置高斯积分点数值为 5。为提高计算效率，建立了①轴一榀巨型框架悬挂结构混合体系平面弹塑性纤维平面分析模型。

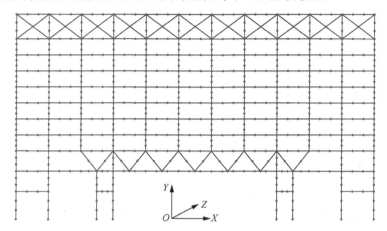

图 3.5　基于 OpenSees 的巨型框架悬挂结构混合体系计算模型

3.2.6　边界条件

对于建立的平面巨型框架悬挂结构混合体系，柱底固结，即约束柱底 X、Y 方向的平动以及 Z 方向的转动，OpenSees 中对应的 tcl 语句为

$$\text{fix } \$nodeTag\ 1\ 1\ 1$$

其中，$nodeTag 表示柱底节点编号；三个数值 1 分别代表 X、Y 方向平动和绕 Z 轴的转动约束为固结。

3.2.7　阻尼设定

在 OpenSees 动力分析时，采用 Rayleigh 阻尼来考虑结构的能量耗散。Rayleigh 阻尼是一种正交阻尼，其计算表达式为

$$\boldsymbol{C} = a_0 \boldsymbol{M} + a_1 \boldsymbol{K} \tag{3.29}$$

式中，$\boldsymbol{C}$ 为阻尼矩阵；$\boldsymbol{M}$ 为质量矩阵；$\boldsymbol{K}$ 为刚度矩阵；a_0、a_1 均为计算系数，可基于正交条件来确定，具体如下。

$$\xi_i = \frac{\boldsymbol{C}_i}{2\omega_i \boldsymbol{M}_i} \tag{3.30}$$

$$\boldsymbol{K}_i = \omega_i^2 \boldsymbol{M}_i \tag{3.31}$$

将式（3.30）、式（3.31）代入式（3.29）可得

$$\xi_i = \frac{a_0}{2\omega_i} + \frac{a_1 \omega_i}{2} \tag{3.32}$$

进而可得

$$a_0 = \frac{2\omega_1\omega_2}{\omega_1 + \omega_2}\xi \qquad (3.33)$$

$$a_1 = \frac{2}{\omega_1 + \omega_2}\xi \qquad (3.34)$$

式中，ω_1、ω_2分别指结构第一、第二阶频率。

OpenSees 中定义 Rayleigh 阻尼的 tcl 语句为

rayleigh $alphaM $betaK $betaKinit $betaKcomm

其中，$alphaM 为系数 a_0；$betaK 为系数 a_1。

3.2.8　积分算法

采用 Newmark 隐式积分算法进行巨型框架悬挂结构混合体系的倒塌动力分析，该算法基本方程为

$$u_{t+\Delta t} = u_t + \Delta t \cdot \dot{u}_t + \left(\frac{1}{2} - \beta\right)\Delta t^2 \cdot \ddot{u}_t + \beta\Delta t^2 \cdot \ddot{u}_{t+\Delta t} \qquad (3.35)$$

$$\dot{u}_{t+\Delta t} = \dot{u}_t + (1-\gamma)\Delta t \cdot \ddot{u}_t + \gamma\Delta t \cdot \ddot{u}_{t+\Delta t} \qquad (3.36)$$

本章取 $\gamma = 0.5$，$\beta = 0.25$，由稳定性条件可知，该算法是无条件稳定的。

$$\Delta t \leqslant \frac{T_i}{\pi} \cdot \frac{T_i}{\sqrt{\left(\frac{1}{2} - \gamma\right)^2 - 4\beta}} = \infty \qquad (3.37)$$

3.2.9　基于自振周期的对比验证

为验证采用 OpenSees 建立的弹塑性纤维计算模型的准确性，采用 Midas Gen 考虑组合梁刚度，建立了①轴一榀巨型框架悬挂结构混合体系计算模型，如图 3.6 所示。

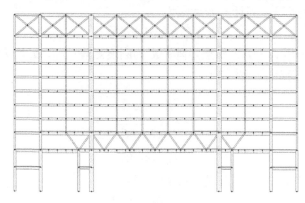

图 3.6　基于 Midas Gen 的巨型框架悬挂结构混合体系计算模型

表 3.1 给出了 OpenSees 与 Midas Gen 两种软件计算的结构自振周期对比情况。结果表明，两种数值分析模型计算的结构自振周期差值在 15% 以内，前 4 阶自振周期差值在 3% 以内，吻合程度较高，说明了 OpenSees 建立的模型的准确性。

表 3.1　自振周期对比

序号	T_{os}/s	T_m/s	差值/%
1	1.339	1.374	2.72
2	0.502	0.508	0.98
3	0.288	0.291	1.03
4	0.256	0.255	0.78
5	0.154	0.179	13.90
6	0.150	0.164	8.53

注：T_{os} 表示基于 OpenSees 计算的结构自振周期；T_m 表示基于 Midas Gen 计算的结构自振周期。

3.3　增量动力分析法

采用增量动力分析（incremental dynamic analysis，IDA）法进行巨型框架悬挂结构混合体系的概率地震易损性分析。IDA 是指采用一组合适的地震动，通过不断地对地震动强度调幅，分析结构地震全过程的动力响应，并绘制能够反映结构性能软化和硬化现象的 IDA 曲线[219]，进而评估结构在不同地震水平下超越不同损伤等级的概率分布，具体分析流程如图 3.7 所示[220]。

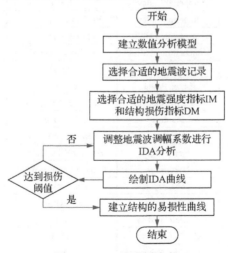

图 3.7　IDA 法分析流程

3.3.1　地震动选取

地震是一种随机运动，选取地震动时应综合考虑场地、设防烈度、震中距等多种因素的影响。此外，同一结构在不同的地震动激励下，响应可能会存在较大差别。因此，在对结构进行时程分析时，应选取足够数量的地震动来降低离散性。美国 ATC-63 报告指出，应选取至少 20 条地震动进行结构的抗倒塌计算[221]。欧洲规范 Eurocode 8[222]规定，对结构进行抗震分析的地震动数量不应少于 5 条。《建筑结构抗倒塌设计标准》（T/CECS 392—2021）指出应选取至少 20 组实际地震记录来分析结构的易损性。《建筑抗震设计规范（2016 年版）》（GB 50011—2010）还对人工地震动数量与实际地震动记录数量的比例做了规定，指出人工模拟地震动的数量不应超过总数的 1/3。

FEMA P695[223]给出了处于美国场地类别为 B、C 和 D 建筑物倒塌评估流程，基于规范一致性、强地震动记录及其数量、结构特性独立性和场地危险性独立性的选波准则，从太平洋地震工程研究中心的强震数据库[224]选取了 22 组（44 条）远场地震动记录。巨型框架悬挂结构混合体系所处场地环境（场地类别为 II 类，设计地震分组为第一组）适用于 FEMA P695 推荐的远场地震动记录，因此，从中选取 20 条地震动来对结构进行 IDA 分析，见表 3.2。

表 3.2　地震动信息

序号	NGA 编号	震级	名称	台站	分量	PGA/g
1	68	6.6	San Fernando	LA-Hollywood Stor	PEL090	0.210
2	125	6.5	Friuli, Italy	Tolmezzo	A-TMZ270	0.315
3	169	6.5	Imperial Valley	Delta	H-DLT262	0.238
4	174	6.5	Imperial Valley	EI Centro Array #11	H-E11140	0.364
5	721	6.5	Superstition Hills	El Centro Imp.Co	B-ICC090	0.258
6	725	6.5	Superstition Hills	Poe Road（temp）	B-POE360	0.300
7	752	6.9	Loma Prieta	Capitola	CAP090	0.443
8	767	6.9	Loma Prieta	Gilroy Array #3	G03000	0.555
9	829	7.0	Cape Mendocino	Rio Dell Overpass	RIO270	0.385
10	848	7.3	Landers	Coolwater	CLW-TR	0.417
11	900	7.3	Landers	Yermo Fire Station	YER270	0.245
12	953	6.7	Northridge	Beverly Hills-Mulhol	MUL009	0.416
13	960	6.7	Northridge	Canyon Country-WLC	LOS000	0.410
14	1111	6.9	Kobe, Japan	Nishi-Akashi	NIS090	0.503
15	1116	6.9	Kobe, Japan	Shin-Osaka	SHI000	0.243
16	1158	7.5	Kocaeli, Turkey	Duzce	DZC180	0.312
17	1244	7.6	Chi-Chi, Taiwan	CHY101	CHY101-E	0.353
18	1485	7.6	Chi-Chi, Taiwan	TCU045	TCU045-N	0.507
19	1602	7.1	Duzce, Turkey,	Bolu	BOL090	0.822
20	1633	7.4	MANJIL	Abbar	ABBAR-L	0.515

3.3.2　地震动调幅

等步长准则、变步长准则、Hunt & Fill 准则和"折半取中"准则[219]是目前常用的四种地震动调幅准则。等步长准则是指对 IM 指标以等步长 $\Delta\lambda$ 进行增加，直至计算达到倒塌点，可用公式 $\lambda_{i+1} = \lambda_i + \Delta\lambda$ 表示。$\Delta\lambda$ 可根据结构计算需求取值，一般情况下，取高层（>12 层）结构的 $\Delta\lambda = 0.1g$，取多层（3～12 层）结构的 $\Delta\lambda = 0.2g$。变步长准则基于计算收敛采取不固定的 $\Delta\lambda$。Hunt & Fill 准则和"折半取中"准则都是在变步长准则基础上做了一些变化。

相较于其他调幅准则，等步长准则更便于编程，适用于 OpenSees 计算分析平台。因此，本章主要采用等步长准则，取 $\Delta\lambda = 0.2g$，此外，在调幅前期增加 $0.05g$、$0.1g$ 两个计算点，待结构临近倒塌点时，适当缩小步长以便捕获较精确的倒塌点，即调幅值为 $0.05g$、$0.1g$、$0.2g$、$0.4g$ 等。

3.3.3　IM 和 DM 指标的选取

由图 3.8 可知，选择合理的地震动强度指标 IM、结构损伤指标 DM 指标是 IDA 法分析流程中的重要一环。IM、DM 指标分别为 IDA 曲线的纵横坐标，对结构的概率地震易损性评估有着重要影响。

目前，常用的 IM 指标有地震动峰值加速度（PGA）、结构基本周期下 5%阻尼的谱加速度 $S_a(T_1, 5\%)$ 等，常用的 DM 指标有层间位移、最大基底剪力、最大层间位移角 θ_{max} 等。研究表明，与以 PGA 作为 IM 指标相比，以 $S_a(T_1, 5\%)$ 作为 IM 指标的对数标准差较小[225]，离散性程度较低。以 θ_{max} 作为 DM 指标能够综合反映构件、节点的变形。因此，本章选取 $S_a(T_1, 5\%)$ 作为 IM 指标，选取 θ_{max} 作为 DM 指标来对巨型框架悬挂结构混合体系进行概率地震易损性分析。

3.3.4　倒塌准则

合理的倒塌准则是评估结构抗倒塌性能的关键。常用的倒塌评定准则有 DM 准则、IM 准则和 DM-IM 混合准则。

DM 准则定义 C_{DM} 为结构响应的极限状态点，DM $\geq C_{DM}$ 时判定结构倒塌。同理，IM 准则定义 IM $\geq C_{IM}$ 时判定结构倒塌。DM-IM 混合准则定义 DM $\geq C_{DM}$ 或 IM $\geq C_{IM}$ 时判定结构倒塌，如图 3.8 所示[223]。然而，采用 DM 准则可能会出现多个极限状态点的现象，采用 IM 准则可能会出结构响应 DM 很大时才达到极限状态点的现象。综合考虑以上两种准则的 DM-IM 混合准则在一定程度上解决了这个问题。

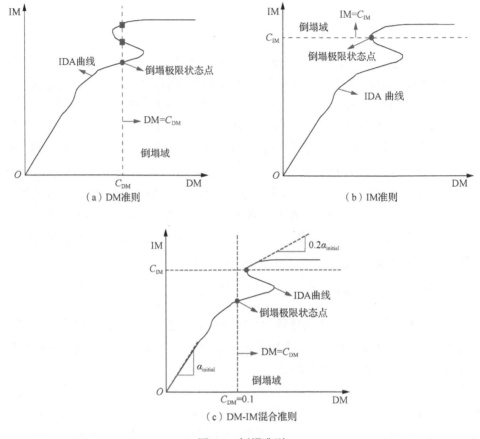

图 3.8   倒塌准则

FEMA P695[223]规定，$\theta_{\max}\geqslant 10\%$或$\alpha\leqslant 0.2\alpha_{\text{initial}}$时即认为结构发生倒塌，视为 DM-IM 混合准则，其中α_{initial}为 IDA 曲线的初始斜率，如图 3.8（c）所示。针对巨型框架悬挂结构混合体系，本章采用 FEMA P695 规定的倒塌准则来评估结构的抗倒塌性能。

3.3.5   IDA 曲线的绘制

以 15#地震动（NGA 编号为 1116 的 Kobe/SHI000 地震动）为例说明 IDA 曲线的绘制流程。图 3.9 给出了该地震动的加速度时程曲线以及阻尼比为 5%的反应谱曲线。

巨型框架悬挂结构混合体系的自振周期T_1=1.34s，通过图 3.9（b）可得$S_{\text{a}}(T_1,5\%)$=0.301g。初始计算时$S_{\text{a}}(T_1,5\%)$=0.05g，则调幅系数$\lambda=0.05/0.301\approx 0.166$，然后将加速度为$a_1=\lambda a$的地震动作为激励输入，计算结构最大层间位移角$\theta_{\max}$=0.00115，得到 IDA 曲线上的一个坐标点（0.00115，0.05）。通过不断地调幅

计算直至结构倒塌，得到一系列坐标点 $[\theta_{\max}, S_a(T_1,5\%)]$，依次连线即可绘制结构在 Kobe/SHI000 地震动激励下的 IDA 曲线，如图 3.10 所示。

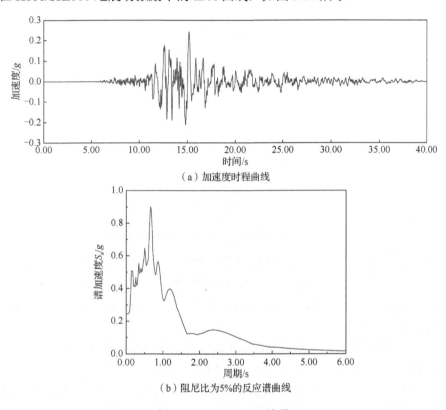

（a）加速度时程曲线

（b）阻尼比为5%的反应谱曲线

图 3.9　Kobe/SHI000 地震

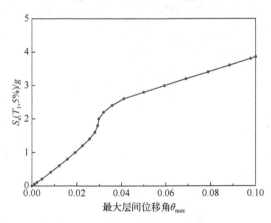

图 3.10　结构在 Kobe/SHI000 地震动激励下的 IDA 曲线

通过大量的弹塑性时程分析，可绘制结构在其余地震动激励下的 IDA 曲线，如图 3.11 所示。

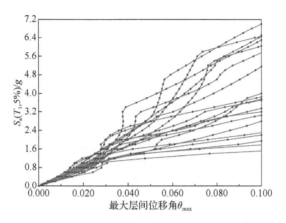

图 3.11　巨型框架悬挂结构混合体系的 IDA 曲线

由图 3.11 可知，对于建立的巨型框架悬挂结构混合体系，当最大层间位移角 $\theta_{max}<0.012$ 时，各地震动激励下的 IDA 曲线的切线斜率保持不变，结构处于弹性阶段；$\theta_{max}>0.012$ 后，IDA 曲线簇出现了离散现象，结构刚度退化，开始进入塑性阶段，最终发生倒塌。

为减小 IDA 曲线簇离散性的影响，更加清晰地展现结构在地震激励下的响应，需要对数据进行进一步的统计处理。设 DM 指标相等时，结构在不同地震激励下的 IM 指标，即最大层间位移角 θ_{max} 的中位数和对数标准差分别为 μ_{IM} 和 β_{IM}，则分别依次将坐标点（$\mu_{IM}\exp(-\beta_{IM})$，$S_a(T_1,5\%)$）、（$\mu_{IM}$，$S_a(T_1,5\%)$）、（$\mu_{IM}\exp(+\beta_{IM})$，$S_a(T_1,5\%)$）连线即可得到结构的 16%、50%、84%分位 IDA 曲线，如图 3.12 所示。

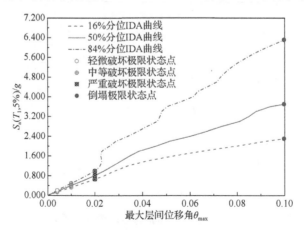

图 3.12　巨型框架悬挂结构混合体系的分位 IDA 曲线

定义结构轻微破坏、中等破坏和严重破坏三种损伤状态对应的最大层间位移角 $\theta_{\max}$ 限值分别为 0.4%、1.0% 和 2.0%，采用 FEMA P695 规定的倒塌准则，即当结构最大层间位移角 $\theta_{\max} \geqslant 10\%$ 或 IDA 曲线切线斜率 $\alpha \leqslant 0.2\alpha_{\text{initial}}$ 时，则认为结构发生了倒塌。按照上述定义的极限状态，图 3.12 给出了各损伤状态分别对应的极限状态点，表 3.3 汇总了各分位 IDA 曲线下极限状态点对应的 S_a（T_1,5%）值。

表 3.3　分位 IDA 曲线对应的极限状态点

分位 IDA 曲线	轻微破坏		中等破坏		严重破坏		倒塌	
	$\theta_{\max}$	S_a（T_1,5%）/g	$\theta_{\max}$	S_a（T_1,5%）/g	$\theta_{\max}$	S_a（T_1,5%）/g	$\theta_{\max}$	S_a（T_1,5%）/g
16%	0.004	0.153	0.01	0.359	0.02	0.713	0.10	2.454
50%	0.004	0.185	0.01	0.442	0.02	0.874	0.10	3.875
84%	0.004	0.225	0.01	0.539	0.02	1.064	0.10	6.497

由表 3.3 可以看出，有 16%、50%、84% 的地震动记录使得结构达到倒塌极限状态点时对应的 S_a（T_1,5%）分为 2.454g、3.875g 和 6.497g。

3.4　非倒塌概率地震易损性分析

3.4.1　概率地震需求分析

基于式（3.4）～式（3.6）对大量 IDA 数据进行整理以及对数线性回归，得到图 3.13 所示的函数表达式，即 $\ln \theta_{\max} = -3.888 + 0.896 \ln \left[S_a \left(T_1, 5\% \right) \right]$。

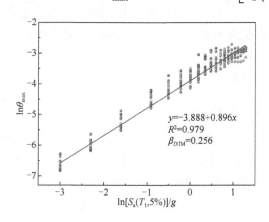

图 3.13　对数线性回归

由图 3.13 可以看出，结构的地震需求 θ_{max} 与地震动强度指标 S_a（T_1,5%）之间对数线性的拟合优度 $R^2 = 0.979$，说明两者的对数线性回归程度高。对数标准差 $\beta_{D|IM}$ =0.256，数据离散误差在可接受的范围内。

3.4.2   概率抗震能力分析

概率抗震能力分析主要涉及结构破坏状态的划分、极限状态的定义及其不确定性的考虑。破坏状态间的分界点称之为极限状态。结构概率抗震能力的不确定性主要表现为结构之间的不确定性和结构自身的不确定性两方面，通常假定极限状态服从对数正态分布。

根据不同的研究目的，对结构破坏状态的划分方法和区间划分个数也有所不同。参考现行国家标准《建筑抗震设计规范（2016 年版）》（GB 50011—2010）、《建（构）筑物地震破坏等级划分》（GB/T 24335—2009）[226]、《中国地震烈度表》（GB/T 17742—2020）[227] 以及国外研究报告 ATC-13 和 HAZUS[228]，巨型框架悬挂结构混合体系的破坏状态划分为：基本完好、轻微破坏、中等破坏、严重破坏和完全破坏。根据五个破坏状态的等级划分，结构的极限状态为：轻微破坏、中等破坏、严重破坏和倒塌。

如何确定各极限状态的限值是一个比较复杂和困难的问题。对于具有层属性的建筑类结构，一般采用层间位移角量化结构在不同地震水平下发生的破坏程度。目前国内外标准大多采用层间位移角限值指导工程结构的设计和施工。

在第 2 章设计巨型框架悬挂结构混合体系时，设定了预期的性能化目标：多遇地震下结构的层间位移角限值为 0.4%，设防地震下结构的层间位移角限值为 1.0%，罕遇地震结构下的层间位移角限值为 2.0%。为与第 2 章相呼应，本章定义非倒塌的极限状态限值为 0.4%、1.0%和 2.0%时，分别对应轻微破坏、中等破坏和严重破坏。结合 Ellingwood 和 Kinali[229] 对钢结构的研究成果，非倒塌极限状态限值的不确定性 β_c 取 0.25。

3.4.3   概率地震易损性分析

将 3.4.1 节和 3.4.2 节的分析结果代入式（3.3）中，可得结构在不同地震水平下发生不同破坏状态的易损性曲线，如图 3.14 所示。图 3.14 中的易损性曲线考虑了偶然和认知两类不确定性，其中非倒塌易损性曲线的认知不确定性主要考虑了建模不确定性，即 β_{RU} 取 0.20[230]。3.5 节将介绍倒塌易损性曲线，此处不再赘述。

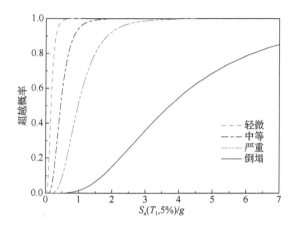

图 3.14　巨型框架悬挂结构混合体系的易损性曲线

3.5　倒塌概率地震易损性分析

依据 FEMA P695 规定的倒塌准则，图 3.15 给出了巨型框架悬挂结构混合体系在 20 条地震动激励下的倒塌点示意图。

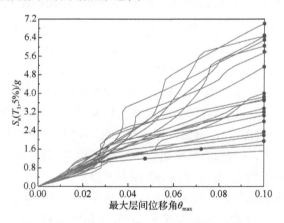

图 3.15　巨型框架悬挂结构混合体系的倒塌点

根据图 3.15 给出的倒塌点数据，通过基于频率的统计方法 [式 (3.38)] 计算在所选择的地震动记录下的结构达到倒塌点的概率。

$$P[C|\mathrm{IM}=im]=\frac{N_{x,c}}{N_x} \qquad (3.38)$$

式中，N_x 为地震动记录总数，对于本章取 20；$N_{x,c}$ 表示 $\mathrm{IM}=im$ 时，结构达到倒塌点的地震动记录个数。

对倒塌点数据进行处理，得到地震偶然不确定性对应的标准差β_{RTR}为0.520。依据参考文献[223]，取与设计相关、试验数据相关、数值模型相关的不确定性β_{DR}、β_{TD}、β_{MDL}分别为0.1、0.2、0.2，可得到综合考虑偶然与认知不确定性的总倒塌不确定性$\beta_{TOT} = \sqrt{\beta_{RTR}^2 + \beta_{DR}^2 + \beta_{TD}^2 + \beta_{MDL}^2} = 0.601$。基于式（3.2）对上述数据进行拟合，可得结构的倒塌易损性曲线，即图3.16所示的拟合曲线。

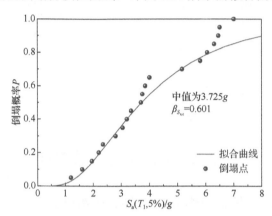

图3.16　巨型框架悬挂结构混合体系的倒塌易损性拟合曲线

将图3.16的倒塌易损性曲线绘入图3.14中。由图3.14可知，轻微、中等、严重和倒塌损伤状态的易损性曲线陡峭程度依次降低，说明结构的损伤程度加剧后，结构的延性起到了较好的抗震作用。ATC-63报告指出，可采用设计的最大地震作用来评估结构的抗震性能，且该情况下结构的倒塌概率应小于10%[221]。我国7度（0.1g）地区罕遇地震对应的地震动峰值加速度PGA换算成谱加速度S_a（T_1，5%）为0.178g。通过图3.16可知，当$S_a(T_1,5\%)=0.178g$时，结构有46.51%的概率达到轻微破坏状态，2.12%的概率达到中等破坏状态，而结构达到严重破坏甚至倒塌状态的概率几乎为0，满足ATC-63报告的要求。

为量化结构抗倒塌能力，FEMA P695提出了倒塌储备系数（collapse margin ratio，CMR）指标，计算表达式为式（3.39）。CMR值越大，结构越不易发生倒塌。

$$\text{CMR}= S_a(T_1)_{50\%}/ S_a(T_1)_{大震} \tag{3.39}$$

式中，$S_a(T_1)_{50\%}$为一组地震下，刚好有50%的地震动输入导致结构倒塌对应的谱加速度；$S_a(T_1)_{大震}$为罕遇地震对应的谱加速度，按式（3.40）计算。

$$S_a(T_1)_{大震}=\alpha(T_1)_{大震} g \tag{3.40}$$

式中，$\alpha(T_1)_{大震}$为罕遇地震对应的地震影响系数。

根据FEMA P695规定的倒塌准则，表3.4给出了20条地震动激励下结构倒塌对应的谱加速度，则结构倒塌时对应的谱加速度中位值$S_a(T_1)_{50\%}=3.875g$。

表 3.4　各地震动下结构倒塌时所对应的谱加速度 S_a

序号	NGA 编号	倒塌点对应的 S_a/g	序号	NGA 编号	倒塌点对应的 S_a/g
1	68	6.10	11	900	6.45
2	125	3.70	12	953	6.50
3	169	1.95	13	960	2.20
4	174	3.75	14	1111	4.00
5	721	2.80	15	1116	3.85
6	725	3.20	16	1158	1.40
7	752	5.20	17	1244	1.20
8	767	3.40	18	1485	3.05
9	829	7.00	19	1602	5.80
10	848	6.40	20	1633	2.35

巨型框架悬挂结构混合体系位于 II 类场地、第一组分组，罕遇地震对应的特征周期 $T_g = 0.40\text{s}$，$\alpha_{max}=0.50$。结构的自振周期 $T_1=1.36\text{s}$，位于 $[T_g, 5T_g]$ 区间内，则由现行国家标准《建筑抗震设计规范（2016 年版）》（GB 50011—2010）可知：

$$\alpha\left(T_1\right)_{大震} = \left(\frac{T_g}{T_1}\right)^{\gamma} \eta_2\alpha_{max} \tag{3.41}$$

$$\gamma = 0.9 + \frac{0.05 - \zeta}{0.3 + 6\zeta} \tag{3.42}$$

$$\eta_2 = 1 + \frac{0.05 - \zeta}{0.08 + 1.6\zeta}, \quad \eta_2 < 0.55 \text{ 时取 } 0.55 \tag{3.43}$$

将式（3.41）～式（3.43）的计算结果代入式（3.40），可得 $S_a\left(T_1\right)_{大震}=0.168g$，则巨型框架悬挂结构混合体系的倒塌储备系数 CMR= $S_a\left(T_1\right)_{50\%}/ S_a\left(T_1\right)_{大震}=23.1$。

美国 ATC-63 报告基于一系列不确定性因素给出了具有相应保证率的倒塌储备系数的方法，并指出可接受的 CMR 值在 2.7 左右。本章巨型框架悬挂结构混合体系的 CMR 值为 23.1，远大于 2.7，结构的安全储备高，具有较好的抗震侧向增量倒塌的能力。

3.6　地震增量倒塌风险评估

3.6.1　地震危险性分析

地震危险性能够反映处于某一场地的结构在某段时间内遭受某地震动的超越概率。研究表明，地震危险性可采用如下简化方法分析[231]。

$$\lambda(\text{IM}) = k_0(\text{IM})^{-k} \tag{3.44}$$

$$k = \ln\left[\frac{\lambda_{S_a}(10\%,50)}{\lambda_{S_a}(2\%,50)}\right] \Bigg/ \ln\left[\frac{S_a(2\%,50)}{S_a(10\%,50)}\right] \tag{3.45}$$

$$\ln(k_0) = \frac{\ln\left[S_a(10\%,50)\right] \times \ln\left[\lambda_{S_a}(2\%,50)\right] - \ln\left[S_a(2\%,50)\right] \times \ln\left[\lambda_{S_a}(10\%,50)\right]}{\ln\left[S_a(10\%,50)/S_a(2\%,50)\right]}$$

$$\tag{3.46}$$

式中，$\lambda_{S_a}(10\%,50)$、$\lambda_{S_a}(2\%,50)$ 分别表示 50 年内超越概率为 10%、2%的地震动年平均超越概率；$S_a(10\%,50)$、$S_a(2\%,50)$ 分别为其对应的谱加速度。对应到我国规范，可取 $\lambda_{S_a}(10\%,50)$ =1/475、$\lambda_{S_a}(2\%,50)$ =1/2475。

根据巨型框架悬挂结构混合体系的自振周期为 1.34s，所在场地在中震、大震下对应的特征周期 T_g 分别为 0.35s、0.40s，可以得到 $S_a(10\%,50)$=0.068g，$S_a(2\%,50)$=0.168g。将所得结果代入式（3.44）～式（3.46），可得 $\lambda(\text{IM}) = 1.522\times10^{-5}(\text{IM})^{-1.841}$，地震危险性曲线如图 3.17 所示。

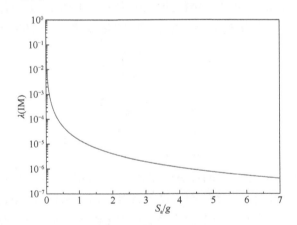

图 3.17　地震危险性曲线

3.6.2　结构的年倒塌率

结构的年倒塌率 λ_c 综合考虑了结构倒塌易损性和地震危险性，可以更合理地评估结构的抗倒塌性能[232-233]，计算表达式为

$$\lambda_c = \int P(C|\text{IM}) \cdot \left|\frac{\text{d}\lambda(\text{IM})}{\text{d}(\text{IM})}\right| \text{d}(\text{IM}) \tag{3.47}$$

进一步对式（3.47）进行积分化简可得

$$\lambda_c = \nu(\hat{S}_{a,c}) \exp\left[0.5k^2\beta_{\text{TOT}}^2\right] \tag{3.48}$$

式中，$\hat{S}_{a,c}$ 表示结构抗倒塌能力中位值；β_{TOT} 为倒塌总不确定性。

基于式（3.47）和式（3.48），可得巨型框架悬挂结构混合体系的年倒塌率 λ_c 为 7.41×10^{-7}。

假定地震发生服从泊松过程，则 n 年内结构发生倒塌的概率 λ_{cn} 为

$$\lambda_{cn} = 1 - (1 - \lambda_c)^n \qquad (3.49)$$

利用式（3.49）可获得图 3.18 所示的 n 年内结构发生倒塌的概率曲线。

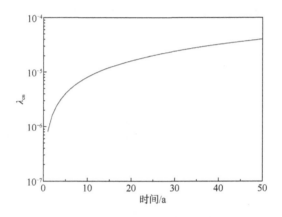

图 3.18　n 年内结构发生倒塌的概率

对于可接受的结构倒塌概率，各国规范尚没有具体说明。FEMA P750 建议 50 年内结构发生倒塌的概率不应大于 1%[234]，本章参考此建议，取 1% 为 50 年可接受的结构倒塌概率。通过图 3.18 可知，巨型框架悬挂结构混合体系 50 年内的倒塌概率为 3.71×10^{-5}，远小于 1%，表明结构发生倒塌的风险低。

3.7　小　　结

1）结构在多遇、设防以及罕遇地震下，各楼层的最大层间位移角均未超过规范限值。桁架梁的最大层间位移角较小，顶层、底层桁架梁之间的子结构楼层以及第 2 层的最大层间位移角出现了局部凸出现象。第 6、7 层为结构的薄弱层，且随着地震强度增加，趋势越发显著。对于两个桁架梁之间的子结构楼层，越靠近桁架梁，层间位移角越小，薄弱现象越不明显；越远离桁架梁，层间位移角越大，薄弱现象越显著。

2）当最大层间位移角 $\theta_{max} < 0.012$ 时，各地震激励下的 IDA 曲线的切线斜率保持不变，结构处于弹性阶段；$\theta_{max} > 0.012$ 后，IDA 曲线簇出现了离散现象。有 16%、

50%、84%的地震动记录使结构达到倒塌极限状态点时对应的 $S_a(T_1,5\%)$分别为2.454g、3.875g、6.497g。

3）巨型框架悬挂结构混合体系的倒塌储备系数 CMR 为 23.1，远大于 ATC-63 报告建议的 CMR 值[221]，结构的安全储备高。

4）罕遇地震下，结构有 54.2%的概率达到轻微破坏状态，2.6%的概率达到中等破坏状态，而结构达到严重破坏甚至倒塌状态的概率几乎为 0。

5）结构的年倒塌率为 $7.41×10^{-7}$，50 年内的倒塌概率为 $3.71×10^{-5}$，发生倒塌的风险低。

第4章　巨型框架悬挂结构混合体系的
抗连续倒塌分析

连续倒塌事故可能会产生比初始灾害更加重大的损失，严重威胁社会安定与人员安全。目前缺乏巨型框架悬挂结构混合体系的抗连续倒塌性能研究，因此，本书采用等效荷载瞬时卸载法考虑动力效应，对巨型框架悬挂结构混合体系进行拆除构件动力非线性分析，以应力响应为敏感性指标计算桁架层上弦杆、下弦杆，以及腹杆等横向构件重要性系数，分析桁架层重要构件失效、巨型框架柱失效、吊柱失效，以及多根同时失效后结构的内力与变形响应变化规律；评估结构的抗连续倒塌能力；提出巨型框架悬挂结构混合体系的抗连续倒塌建议。

4.1　抗连续倒塌分析基本理论

4.1.1　拆除构件法

本章选用拆除构件法评估巨型框架悬挂结构混合体系的抗连续倒塌性能。拆除构件法不考虑构件失效的具体因素，直接拆除失效构件，分析剩余结构的内力、变形变化规律，研究结构的倒塌机制，从而评估结构的抗倒塌性能，可操作性较强。

对于拆除构件法，常用以下 3 种分析方法：①仅适用于小型简单结构的静力线性法，分析结果较为粗略；②对结构逐级增加荷载的静力非线性法，可操作性高但分析结果保守；③适用性广的动力非线性分析法，分析结果精确但计算成本大。图 4.1 给出了 3 种常用方法拆除构件分析流程。对于静力线性法，只适用于塑形变形较小的结构，计算成本较高且结果可能不精确，因此不推荐使用。

本章采用计算结果较为精确的动力非线性法进行巨型框架悬挂结构混合体系的连续倒塌分析。如何考虑动力效应是动力非线性法的关键，常用的有瞬时刚度退化法和等效荷载瞬时卸载法。

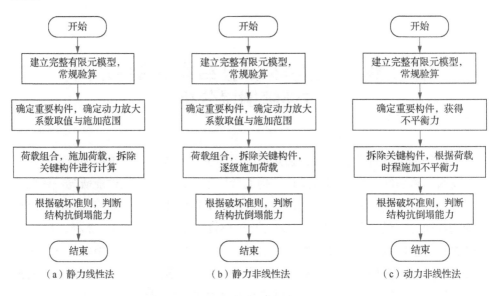

（a）静力线性法　　　　　（b）静力非线性法　　　　　（c）动力非线性法

图 4.1　分析流程

瞬时刚度退化法指的是拆除构件的刚度在极短时间内迅速减小，如图 4.2 所示，但由此也造成分析模型结构刚度矩阵的改变，从而使数值计算不易收敛。该方法动力方程为

$$m\ddot{u} + c\dot{u} + k(t)u = \sum F \tag{4.1}$$

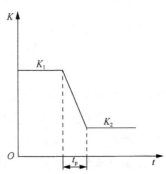

图 4.2　刚度时程曲线

对于等效荷载瞬时卸载法，先采用静力分析计算待拆构件的内力，然后在分析模型中删除待拆构件并将其内力值反向加载，最后在极短时间内卸载反向等效静力值。该方法的动力方程为式（4.2）。等效荷载瞬时卸载法如图 4.3 所示，其中 $t_p \leqslant 0.1t$，t 为剩余结构基本周期。

$$m\ddot{u} + c\dot{u} + ku = F(t) \tag{4.2}$$

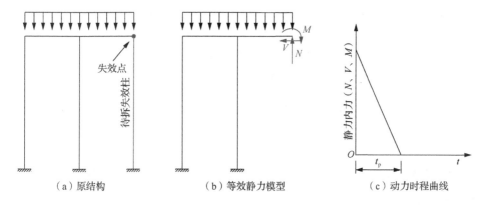

（a）原结构　　　　　　（b）等效静力模型　　　　　（c）动力时程曲线

图 4.3　等效荷载瞬时卸载法

4.1.2　构件重要性分析方法

对于常规框架结构，容易确定拆除对象，如美国 GSA 2003 规范指出，框架结构底层柱为拆除对象[122]，DOD 2010 规范指出，所有楼层柱均为拆除对象[123]。但对于空间结构等体系比较复杂的结构，则需要通过科学定量的方法来计算各构件的重要性系数，进而确定拆除分析对象。

文献[235]提出采用关键指数评估构件重要性程度，计算公式为

$$Z=a_1Y_1+a_2Y_2+\cdots+a_iY_i\ (Z=0\sim10) \tag{4.3}$$

式中，Z 为关键指数；Y_i 为影响关键系数的因素，可由专家评估给出具体数值；a_i 为权重。构件的重要程度与 Z 值成正比。该方法简单易操作，但缺乏一定的客观性。

文献[236]从能量的角度来评估构件重要性程度，并基于能量流网络（图 4.4）分析，给出了杆件重要系数 γ^e 计算公式。

$$U^e = W_{\text{ext}}^e + W_i^e + W_j^e \tag{4.4}$$

$$\gamma^e = U^{(e)}/U \tag{4.5}$$

式中，U^e 为杆件应变能；W_{ext}^e 和 W_i^e、W_j^e 分别为非节点力和节点力做功；$U^{(e)}$ 为构件 e 拆除后结构应变能；U 为结构总应变能；γ^e 为杆件 e 重要系数。该方法能够定量分析重要构件，但计算较为复杂。

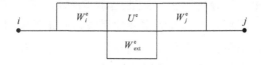

图 4.4　杆件的能量流动

文献[237]基于构件强度来评估构件重要性程度，并给出了杆件移除指标 RI_i

的计算公式，即

$$RI_i = \frac{\sum\limits_{j=1,j\neq i}^{n} SR_j}{n-1} \tag{4.6}$$

式中，SR_j 表示杆件 j 的最大应力比，可用下式计算：

$$SR_j = \frac{\sigma_{j,\max}}{f} \tag{4.7}$$

文献[238]基于构件刚度来评估构件重要性程度，并给出了杆件重要系数 α_i^N 的计算公式，即

$$\alpha_i^N = N_i + Q_i + M_i \tag{4.8}$$

式中，N_i、Q_i 和 M_i 分别表示杆端施加平衡力后，杆件中点的轴力、剪力和弯矩。对于桁架结构，可不考虑剪力与弯矩，只考虑轴力的影响，即式（4.9）。该方法实施起来较为复杂。

$$\alpha_i^N = N_i \tag{4.9}$$

文献[239]、[240]基于文献[241]、[242]对敏感性研究的基础上，以杆件的应力响应为敏感性指标，给出了杆件重要性系数 α_j 的计算公式。

$$\alpha_j = \sum_{i=1,i\neq j}^{n} \frac{|S_{ij}|}{n-1} \tag{4.10}$$

$$S_{ij} = \frac{\gamma - \gamma'}{\gamma} \tag{4.11}$$

式中，γ 和 γ' 分别表示杆件 j 拆除前、后杆件 i 的应力；S_{ij} 表示拆除杆件 j 后，杆件 i 的敏感性指标；n 为杆件总数。构件的重要程度与 α_j 成正比。这种基于敏感性的重要构件分析方法可操作性较强。

除了以杆件应力作为敏感性指标，还有以结构节点位移、结构极限承载力等其他响应为敏感性指标的重要性分析方法。文献[130]分别以杆件应力、节点位移和结构极限承载力为敏感性指标计算平面桁架的构件重要性系数。结果表明，以杆件应力为敏感性指标计算较为方便，且更适用于平面桁架结构。

综合以上构件重要性分析方法，对于巨型框架悬挂结构混合体系桁架层构件，以杆件应力为敏感性指标计算构件的重要性系数，确定拆除对象；对于巨型框架柱，以底层柱为拆除对象；对于吊柱，选择大跨度段顶层吊柱、大跨度段底层吊柱、非大跨度段顶层吊柱和非大跨度段底层吊柱为拆除对象。

4.1.3　荷载组合

由图 4.1 可知，不论是静力分析还是动力分析，选择合理的荷载组合都是拆除构件法分析流程中的重要步骤。目前，各国规范都对连续倒塌的荷载组合进行了说明。

欧洲规范 Eurocode 1[120]建议的荷载组合如下：

$$P = D + kA + 0.5L \tag{4.12}$$

$$P = D + kA + 0.5W + 0.3L \tag{4.13}$$

$$P = D + kA + 0.2S \tag{4.14}$$

式中，D 为恒荷载标准值；kA 为偶然荷载，取 34kN/m^2；L 为活荷载标准值；W 为风荷载标准值；S 为雪荷载标准值。式（4.13）和式（4.14）分别对应考虑风荷载和考虑雪荷载的情况。

美国规范 GSA 2003 建议的荷载组合如下：

$$P = 2(D + 0.25L) \tag{4.15}$$

$$P = D + 0.25L \tag{4.16}$$

式（4.15）和式（4.16）分别对应静力分析和动力分析情况。

美国规范 DOD 2010[123]建议的荷载组合如下：

$$P = 2(0.9或1.2)D + (0.5L或0.2S) + 0.2W \tag{4.17}$$

$$P = (0.9或1.2)D + (0.5L或0.2S) + 0.2W \tag{4.18}$$

式（4.17）和式（4.18）分别对应静力分析和动力分析情况。

我国《建筑结构抗倒塌设计标准》（T/CECS 392—2021）建议的荷载组合如下：

$$S_\text{V} = S_\text{V1} + S_\text{V2} + S_\text{V3} \tag{4.19}$$

$$\begin{cases} S_\text{V1} = A_\text{d}\left(S_\text{Gk} + \psi_\text{q}S_\text{QK} 或 \gamma_\text{S}S_\text{Sk}\right) \\ S_\text{V2} = S_\text{Gk} + \psi_\text{q}S_\text{Qk} \\ S_\text{V3} = S_\text{Gk} + \psi_\text{q}S_\text{Qk} 或 \gamma_\text{S}S_\text{Sk} \end{cases} \tag{4.20}$$

$$S_\text{V} = S_\text{VS} + S_\text{VD} \tag{4.21}$$

$$S_\text{VS} = \gamma_\text{G}S_\text{Gk} + \gamma_\text{Q}S_\text{Qk} 或 \gamma_\text{S}S_\text{Sk} \tag{4.22}$$

式中，S_Gk、S_Qk、S_Sk 分别为永久荷载、活荷载、雪荷载的标准值效应；A_d 为动力放大系数；ψ_q、γ_S 分别为活荷载、雪荷载分项系数。式（4.19）和式（4.20）为静力分析时采用的荷载组合。式（4.21）和式（4.22）为动力分析时采用的荷载组合。

对于巨型框架悬挂结构混合体系,建筑最高点标高为 56.10m,受风荷载影响较小。综合上述规范的要求,不考虑风荷载的影响,采用 GSA 2003 建议的荷载组合 $P=D+0.25L$ 对巨型框架悬挂结构混合体系进行动力非线性分析。

4.1.4 倒塌破坏准则

图 4.1 给出的分析流程也说明了选取合理的破坏准则是分析结构抗倒塌性能的重要一环。目前常用的有以下几种破坏准则:①构件应力或者内力超过了材料强度极限从而导致构件失效的强度破坏准则;②节点位移、单元转角等超过了限值从而导致构件失效的变形破坏准则;③结构破坏面积超过限值的面积破坏准则。

对于巨型框架悬挂结构混合体系,综合参考上述各国规范对破坏准则的具体要求,基于构件层次从变形准则和强度准则两个方面综合评估结构的抗连续倒塌性能。对于桁架,竖向变形大于跨度的 1/400 时,认为其发生破坏;对于与失效构件相连的梁构件,失效节点处的挠度大于梁跨度的 1/20 时,认为其发生破坏;对于受拉吊柱,延性系数 $\mu>10$ 时,认为其发生破坏;对于受压吊柱和巨型框架柱,受压轴力 $N>N_{\mathrm{u}}$ 时,认为其发生破坏。其中,N_{u} 表示受压稳定极限承载力。拆除构件后,出现上述任一破坏情况就认为结构发生了连续倒塌。

另外,对于同轴线的吊柱,顶层吊柱的轴向拉力最大,底层吊柱的轴向压力最大,因此本章只选取这两处吊柱进行破坏评判。

结构底层巨型框架柱为格构式钢管混凝土柱,其受压稳定承载力 N_{u} 可依据现行国家标准《钢管混凝土结构技术规范》(GB 50936—2014)[202]的规定计算:

$$N_{\mathrm{u}} = \varphi N_0 \tag{4.23}$$

其中

$$\varphi = \frac{1}{2\bar{\lambda}_{\mathrm{sc}}^2}\left\{\bar{\lambda}_{\mathrm{sc}}^2 + \left(1+0.25\bar{\lambda}_{\mathrm{sc}}\right) - \sqrt{\left[\bar{\lambda}_{\mathrm{sc}}^2 + \left(1+0.25\bar{\lambda}_{\mathrm{sc}}\right)\right]^2 - 4\bar{\lambda}_{\mathrm{sc}}^2}\right\} \tag{4.24}$$

$$N_0 = A_{\mathrm{sc}} f_{\mathrm{sc}} \tag{4.25}$$

$$\bar{\lambda}_{\mathrm{sc}} = \frac{\lambda_{\mathrm{sc}}}{\pi}\sqrt{\frac{f_{\mathrm{sc}}}{E_{\mathrm{sc}}}} \approx 0.01\lambda_{\mathrm{sc}}\left(0.001f_y + 0.781\right) \tag{4.26}$$

$$E_{\mathrm{sc}} = 1.3k_{\mathrm{E}} f_{\mathrm{sc}} \tag{4.27}$$

$$f_{\mathrm{sc}} = \left(1.212 + B\theta + C\theta^2\right)f_{\mathrm{c}} \tag{4.28}$$

$$\theta = \alpha_{\mathrm{sc}}\frac{f}{f_{\mathrm{c}}} \tag{4.29}$$

$$\alpha_{sc} = \frac{A_s}{A_c} \tag{4.30}$$

式中，φ 为稳定系数；A_{sc} 为钢管和混凝土截面面积之和；$\bar{\lambda}_{sc}$ 为构件正则长细比；λ_{sc} 为构件长细比；k_E 为钢管混凝土轴压弹性模量换算系数；θ 为套箍系数；B、C 为截面形状对套箍系数的影响系数；f、f_c 分别为钢材、混凝土的抗压强度设计值；A_s、A_c 分别为钢管和混凝土截面面积。

4.2 抗连续倒塌分析流程

1）选取失效构件。

2）对完整结构进行静力分析，提取待拆除构件的静力内力 F_0。

3）在 OpenSees 模型的静力分析 tcl 语句后，利用 Remove 命令拆除构件，fix 命令"锁住"多余节点，并通过定义荷载路径时程来完成等效荷载 F_0 的反向加载与瞬时卸载，实现静、动力的混合计算。其中，一般取卸载时间 $t_p \leqslant 0.1T$，T 为剩余结构基本周期。巨型框架悬挂结构混合体系的自振周期为 1.34s，本节对所有分析工况均取 $t_p=0.03s<0.1T$，满足卸载时间的要求。

4）通过 Recorder 命令提取节点变形、构件内力等，绘制时程曲线，评估结构抗连续倒塌性能。

选取初始状态下变形较大的桁架跨中位置处节点和失效构件的端部节点为变形控制点，主要通过控制点的变形来考察结构的变形情况。通过吊柱与巨型框架柱的轴力来考察结构的内力重分布情况。另外，对于同轴线的吊柱，顶层吊柱的轴向拉力最大，底层吊柱的轴向压力最大。因此，本章只选取这两处吊柱进行破坏评判。

巨型框架悬挂结构混合体系的桁架跨度为 45m，变形容许值为 112.5mm；与失效构件相连的梁构件端部变形容许值为其跨度的 1/20；受拉吊柱由延性系数 $\mu \leqslant 10$ 可得其轴向变形容许值为 58mm；底层吊柱 SC4-1（SC4-4）、SC4-3（SC4-6）的受压极限承载力 N_u 为 17371kN，SC4-2（SC4-4）的受压极限承载力 N_u 为 14098 kN；巨型框架柱 KZ1-1（KZ1-4）、KZ1-2（KZ1-5）、KZ1-3（KZ1-6）的受压极限承载力 N_u 分别为 85628kN、34307kN 和 59884kN。

模型构件编号如图 4.5 所示，其中 TC 表示顶层桁架弦杆，TW 表示顶层桁架腹杆，BC 表示底层桁架弦杆，BW 表示底层桁架腹杆，KZ 表示巨型框架柱，SC 表示吊柱。

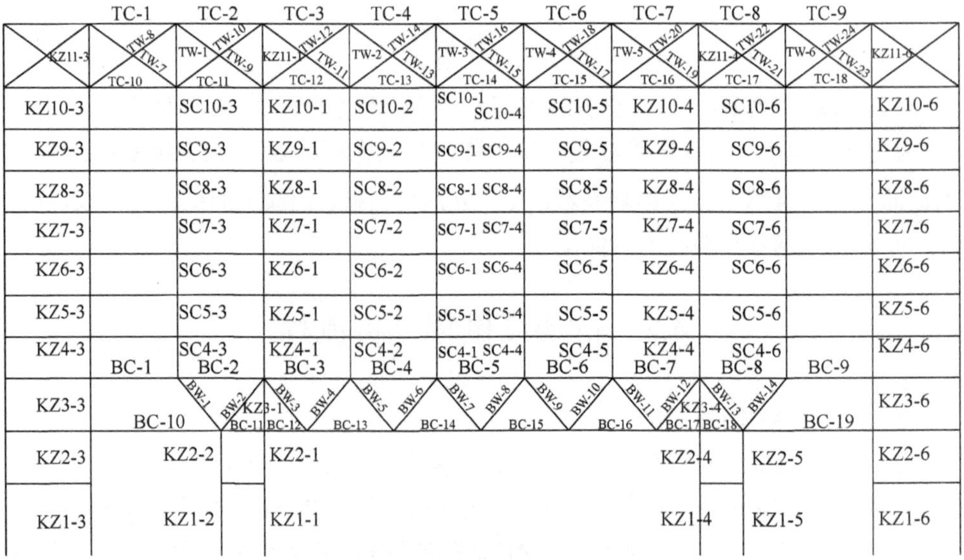

	TC-1	TC-2	TC-3	TC-4	TC-5	TC-6	TC-7	TC-8	TC-9	
KZ11-3	TW-8/TW-7 TC-10	TW-10/TW-9 TC-11	KZ11-1 TW-12/TW-11 TC-12	TW-14/TW-13 TC-13	TW-16/TW-15 TC-14	TW-18/TW-17 TC-15	TW-20/TW-19 TC-16	TW-22/TW-21 KZ11-? TC-17	TW-24/TW-23 TC-18	KZ11-6
KZ10-3	SC10-3	KZ10-1	SC10-2	SC10-1 SC10-4	SC10-5	KZ10-4	SC10-6		KZ10-6
KZ9-3	SC9-3	KZ9-1	SC9-2	SC9-1 SC9-4	SC9-5	KZ9-4	SC9-6		KZ9-6
KZ8-3	SC8-3	KZ8-1	SC8-2	SC8-1 SC8-4	SC8-5	KZ8-4	SC8-6		KZ8-6
KZ7-3	SC7-3	KZ7-1	SC7-2	SC7-1 SC7-4	SC7-5	KZ7-4	SC7-6		KZ7-6
KZ6-3	SC6-3	KZ6-1	SC6-2	SC6-1 SC6-4	SC6-5	KZ6-4	SC6-6		KZ6-6
KZ5-3	SC5-3	KZ5-1	SC5-2	SC5-1 SC5-4	SC5-5	KZ5-4	SC5-6		KZ5-6
KZ4-3	SC4-3	KZ4-1	SC4-2	SC4-1 SC4-4	SC4-5	KZ4-4	SC4-6		KZ4-6
BC-1	BC-2	BC-3	BC-4	BC-5	BC-6	BC-7	BC-8	BC-9	
KZ3-3	BW-1/BW-2/BW-3/BW-4/BW-5/BW-6/BW-7/BW-8/BW-9/BW-10/BW-11/BW-12/BW-13/BW-14								KZ3-6
BC-10	BC-11 BC-12	BC-13	BC-14	BC-15	BC-16	BC-17 BC-18	KZ3-4	BC-19	
KZ2-3	KZ2-2	KZ2-1				KZ2-4	KZ2-5	KZ2-6	
KZ1-3	KZ1-2	KZ1-1				KZ1-4	KZ1-5	KZ1-6	

图 4.5　模型构件编号

4.3　非线性有限元分析模型的建立与验证

采用 OpenSees 选取一榀巨型框架悬挂结构混合体系平面结构进行非线性时程分析。构件单元类型和材料本构的选取与 3.2 节内容一致，不再赘述。

利用谢甫哲[243]开展的平面钢框架连续倒塌动力试验，通过对比 OpenSees 数值计算与动力试验得到的失效点位移和测点应变来验证本章所采用分析方法的可靠性。该文献所设计的试验框架为 1∶10 缩尺模型，梁柱节点以及柱脚均为固接，拆除构件对象为底层中柱。试验模型尺寸信息以及应变测点 B1、B3 的位置如图 4.6 所示。

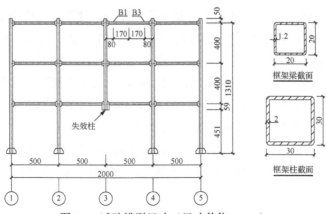

图 4.6　试验模型尺寸（尺寸单位：mm）

试验采用高速摄像机和 CRAS 采集系统记录数据，试验加载工况见表 4.1，加载示意图如图 4.7 所示。

表 4.1 试验加载工况

加载工况	G_1/N	G_2/N	G_3/N
S1-2	1134.8	1134.8	1134.8
S3-1	452.8	452.8	452.8

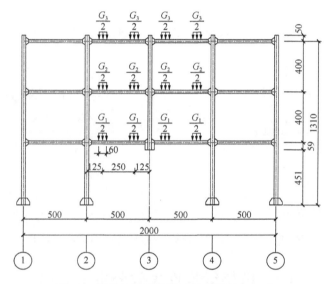

图 4.7 试验加载示意图（尺寸单位：mm）

图 4.8 给出了 OpenSees 数值计算与动力试验的位移结果对比，对于加载工况 S1-2，OpenSees 与 CRAS 记录的最大位移分别为 10.8 mm 和 9.2mm；对于加载工况 S3-1，OpenSees、高速摄像机和 CRAS 记录的最大位移均为 3.9mm，两种工况下数值计算与动力试验得到的失效点处最大位移以及位移振荡衰减趋势均吻合程度较高，但位移振荡周期略有差异，可能是由于构件尺寸有公差、计算软件的假定，以及分析模型中没有考虑拆除中柱后结构产生损伤导致的刚度退化、周期变大等问题造成的。图 4.9 给出了 OpenSees 数值计算与动力试验得到的应变结果对比，两种工况下数值计算与动力试验得到的测点应变振荡衰减趋势吻合程度较高，但数值计算值略小于试验值，可能是由于试验测点位置附近"吊篮加载装置"的局部压应力造成的。

综合上述自振周期验证以及动力试验验证，表明基于 OpenSees 建立的纤维弹塑性分析模型以及分析方法的可靠性，为巨型框架悬挂结构混合体系抗倒塌分析奠定了科学基础。

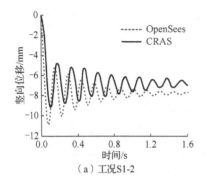
（a）工况S1-2

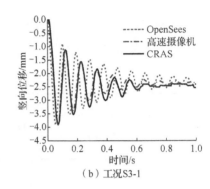
（b）工况S3-1

图 4.8　OpenSees 数值计算与动力试验得到的位移对比

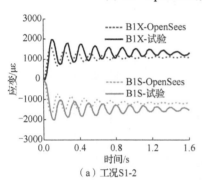
（a）工况S1-2

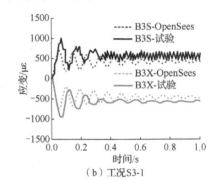
（b）工况S3-1

图 4.9　OpenSees 数值计算与动力试验得到的应变对比

4.4　桁架梁构件失效分析与对比

4.4.1　构件重要性分析

　　由于巨型框架悬挂结构混合体系的底层桁架、顶层桁架杆件较多，对每个构件都进行拆除分析工作量大，需先进行构件重要性分析，确定拆除对象。文献[130]研究表明，采用基于应力的敏感性分析适用于平面桁架结构，基于式（4.10）和式（4.11），以应力响应为敏感性指标计算桁架层杆件的重要性系数。此外，由于结构具有对称性，本节仅取一半的桁架构件进行重要性分析，并将重要性系数计算结果汇总于表 4.2。

　　由表 4.2 可知，桁架层构件的重要性系数均较小，说明结构设计较为合理。总体来看，相较于顶层桁架，底层桁架的重要性程度更高。对于顶层桁架杆件，重要性程度由高到低依次为上弦杆、下弦杆、斜腹杆、竖腹杆，其中跨中位置弦杆的重要性系数较大，大跨度段且靠近巨型框架柱位置的斜腹杆重要性系数较大。对于底层桁架杆件，重要性程度由高到低依次为斜腹杆、下弦杆、上弦杆，其中大跨度段约 1/3 跨位置处以及最外侧的斜腹杆重要性系数较大，跨中位置处的弦杆重要性系数较大。

表 4.2　桁架层构件的重要性系数计算结果

位置	类别	编号	重要性系数	位置	类别	编号	重要性系数
顶层桁架	顶层桁架上弦杆	TC-1	0.017	顶层桁架	顶层桁架斜腹杆	TW-15	0.003
		TC-2	0.052			TW-16	0.004
		TC-3	0.010	底层桁架	底层桁架上弦杆	BC-1	0.017
		TC-4	0.167			BC-2	0.106
		TC-5	0.185			BC-3	0.080
	顶层桁架下弦杆	TC-10	0.030			BC-4	0.130
		TC-11	0.068			BC-5	0.155
		TC-12	0.053		底层桁架下弦杆	BC-10	0.019
		TC-13	0.108			BC-11	0.114
		TC-14	0.139			BC-12	0.205
	顶层桁架竖腹杆	TW-1	0.021			BC-13	0.103
		TW-2	0.032			BC-14	0.233
		TW-3	0.045		底层桁架斜腹杆	BW-1	0.262
	顶层桁架斜腹杆	TW-7	0.006			BW-2	0.007
		TW-8	0.021			BW-3	0.159
		TW-9	0.033			BW-4	0.327
		TW-10	0.058			BW-5	0.231
		TW-12	0.102			BW-6	0.169
		TW-13	0.074			BW-7	0.018
		TW-14	0.056				

　　基于上述分析，依据构件的类别，拆除重要性系数较大的构件 TC-5、BC-14、BW-1 和 BW-4 对结构进行动力非线性分析，评估巨型框架悬挂结构混合体系在桁架层构件失效后的抗连续倒塌性能，失效工况如图 4.10 所示。选取初始状态下变形较大的桁架跨中位置处的节点和失效构件的端部节点为变形控制点。图 4.10 中的数字为变形控制点的编号。

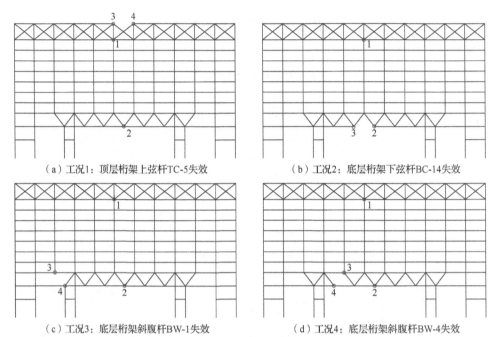

（a）工况1：顶层桁架上弦杆TC-5失效　　　　（b）工况2：底层桁架下弦杆BC-14失效

（c）工况3：底层桁架斜腹杆BW-1失效　　　　（d）工况4：底层桁架斜腹杆BW-4失效

图4.10　桁架层构件失效工况

4.4.2　顶层桁架梁上弦杆 TC-5 失效

TC-5 失效后，控制点 1～4 的竖向位移振荡趋势相似，均在短时间内迅速增加并于第 0.18s 达到峰值位移，分别为 29.6mm、30.8mm、28.6mm 和 28.6mm，随后在阻尼的作用下衰减趋于稳定，如图 4.11 所示。控制点处的位移均未超过容许值，满足变形准则要求。

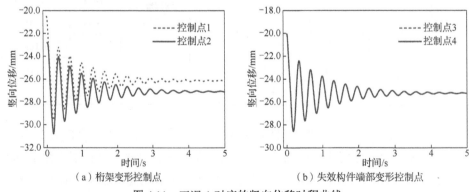

（a）桁架变形控制点　　　　　　　　（b）失效构件端部变形控制点

图4.11　工况 1 对应的竖向位移时程曲线

TC-5 失效后吊柱的内力重分布情况如图 4.12 所示。可以看出，相互对称的吊柱轴力时程曲线完全重合。TC-5 正下方的顶层吊柱 SC10-1 和 SC10-4 的轴向拉力急剧降低，均由 1448.0kN 降至 608.8kN，衰减稳定后的轴向拉力为 856.1kN，降幅显著；SC10-2 和 SC10-5 的轴向拉力迅速由 913.9kN 减小至 742.3kN，但波动稳定后与失效前相差不大；SC10-3 和 SC10-6 的轴向拉力略有增加。底层吊柱 SC4-1 和 SC4-4 的轴向压力迅速增至 1360.2kN，为失效前 683.6kN 的 1.99 倍，增幅显著；其余底层吊柱的轴向压力虽然在前期有较大波动，但稳定后的轴力均与失效前相差不大。表明在失效构件 TC-5 节间区域，顶层桁架的悬挂作用大幅削弱，荷载更多地经吊柱向下传递至底层桁架使其支承作用增强，而其余区域所受影响不大。表 4.3 和表 4.4 分别给出了受拉吊柱变形与受压吊柱轴力情况。TC-5 失效后，吊柱不会发生破坏。

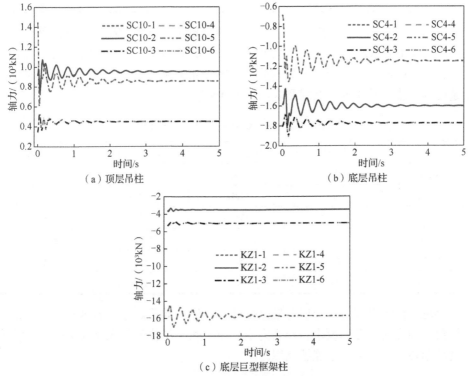

图 4.12　工况 1 对应的轴力时程曲线

表 4.3　TC-5 失效后受拉吊柱的破坏评判

编号	最大变形/mm	变形容许值/mm	破坏情况
SC10-1	0.6	58	未破坏
SC10-2	0.4	58	未破坏
SC10-3	0.2	58	未破坏
SC10-4	0.6	58	未破坏
SC10-5	0.4	58	未破坏
SC10-6	0.2	58	未破坏

表 4.4　TC-5 失效后受压吊柱的破坏评判

编号	最大轴力/kN	稳定轴力/kN	轴力容许值/kN	破坏情况
SC4-1	1360.2	1148.8	14098	未破坏
SC4-2	1793.4	1599.2	17371	未破坏
SC4-3	1909.1	1774.0	14098	未破坏
SC4-4	1360.2	1148.8	14098	未破坏
SC4-5	1793.4	1599.2	17371	未破坏
SC4-6	1909.1	1774.0	14098	未破坏

由图 4.12（c）可以看出，相互对称的巨型框架柱轴力时程曲线完全重合。稳定后，KZ1-1 和 KZ1-4 的轴向压力略有增加，其余巨型框架柱的轴向压力基本不变，表明 TC-5 失效对巨型框架柱的内力重分布影响不大。巨型框架柱的轴力均未超过容许值，满足强度准则要求，见表 4.5。

表 4.5　TC-5 失效后巨型框架柱的破坏评判

编号	最大轴力/kN	稳定轴力/kN	轴力容许值/kN	破坏情况
KZ1-1	17010.5	15713.6	85628	未破坏
KZ1-2	3680.7	3501.4	34307	未破坏
KZ1-3	5333.7	5025.5	59884	未破坏
KZ1-4	17010.5	15713.6	85628	未破坏
KZ1-5	3680.7	3501.4	34307	未破坏
KZ1-6	5333.7	5025.5	59884	未破坏

上述分析结果表明，顶层桁架上弦杆 TC-5 失效后，结构的竖向位移未超过容许值，满足变形准则要求；经内力重分布后剩余结构能形成新的平衡，且满足强度准则要求，不会发生连续倒塌。

4.4.3　底层桁架梁下弦杆 BC-14 失效

图 4.13 给出了控制点处的位移时称曲线，可以看出 BC-14 失效后，控制点 1、2 和 3 的竖向位移均在短时间内迅速增加，峰值分别为 25.2mm、31.9mm 和 22.9mm，均小于容许值，满足变形准则要求。

由图 4.14（a）、（b）可以看出，相互对称的吊柱轴力时程曲线基本重合。BC-14 正上方的顶层吊柱 SC10-1 和 SC10-4 的轴向拉力迅速增加，其余顶层吊柱的轴向拉力波动较小，且内力重分布后的轴力值与 BC-14 失效前基本相等；底层吊柱 SC4-1 和 SC4-4 的轴力大幅降低，其余底层吊柱的轴力稳定后与 BC-14 失效前相差不大。表明在失效构件 BC-14 节间区域，底层桁架的支承作用大幅减弱，荷载经吊柱传递至顶层桁架使得其悬挂作用增强，其余区域所受影响不明显。表 4.6 和表 4.7 分别给出了受拉吊柱变形与受压吊柱轴力情况，BC-14 失效后，吊柱不会发生破坏。

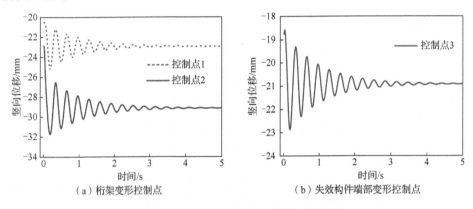

（a）桁架变形控制点　　　　　　　（b）失效构件端部变形控制点

图 4.13　工况 2 对应的竖向位移时程曲线

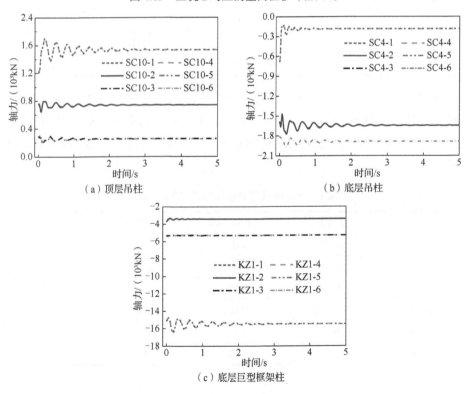

（a）顶层吊柱　　　　　　　　　　（b）底层吊柱

（c）底层巨型框架柱

图 4.14　工况 2 对应的轴力时程曲线

表 4.6　BC-14 失效后受拉吊柱的破坏评判

编号	最大变形/mm	变形容许值/mm	破坏情况
SC10-1	0.8	58	未破坏
SC10-2	0.3	58	未破坏
SC10-3	0.2	58	未破坏
SC10-4	0.8	58	未破坏
SC10-5	0.3	58	未破坏
SC10-6	0.2	58	未破坏

表 4.7　BC-14 失效后受压吊柱的破坏评判

编号	最大轴力/kN	稳定轴力/kN	轴力容许值/kN	破坏情况
SC4-1	683.5	184.3	14098	未破坏
SC4-2	1772.3	1645.0	17371	未破坏
SC4-3	1957.3	1886.6	14098	未破坏
SC4-4	683.5	185.5	14098	未破坏
SC4-5	1772.7	1644.8	17371	未破坏
SC4-6	1957.4	1886.6	14098	未破坏

　　BC-14 失效后，相互对称的巨型框架柱轴力时程曲线基本重合。KZ1-1 和 KZ1-4 的轴向压力略有增加，其余巨型框架柱的轴向压力基本不变，如图 4.14（c）所示，BC-14 失效对巨型框架柱的影响不大。巨型框架柱的轴力均未超过容许值，见表 4.8。

表 4.8　BC-14 失效后巨型框架柱的破坏评判

编号	最大轴力/kN	稳定轴力/kN	轴力容许值/kN	破坏情况
KZ1-1	16463.0	15485.3	85628	未破坏
KZ1-2	3681.7	3408.3	34307	未破坏
KZ1-3	5405.1	5289.2	59884	未破坏
KZ1-4	16465.8	15485.1	85628	未破坏
KZ1-5	3681.7	3408.1	34307	未破坏
KZ1-6	5405.4	5289.3	59884	未破坏

上述分析结果表明，底层桁架下弦杆 BC-14 失效后，剩余结构满足变形准则与强度准则要求，不会发生连续倒塌。

4.4.4　底层桁架梁斜腹杆 BW-1 失效

由图 4.15 可看出，斜腹杆 BW-1 失效对顶层、底层桁架的变形略有增加，控制点 1 和 2 的峰值位移分别为 22.0mm 和 24.6mm；失效构件端部控制点 3 失去了底层桁架的支承作用，竖向位移由 3.6mm 激增至 13.9mm，波动衰减后竖向位移依然达 10.5mm，控制点 4 没有了上部结构传来的荷载，竖向位移由 2.0mm 降为 0.9mm。各控制点处的竖向位移均未超过容许值，满足变形准则要求。

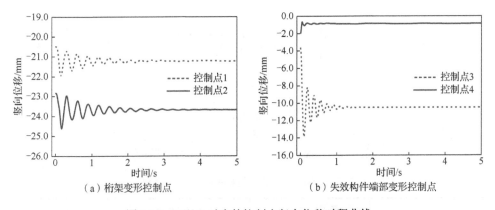

（a）桁架变形控制点　　　　　　　（b）失效构件端部变形控制点

图 4.15　工况 3 对应的控制点竖向位移时程曲线

由图 4.16（a）、（b）可知，顶层吊柱 SC10-3 的轴向拉力大幅增加，峰值达 2570.5kN，为失效前 345.3kN 的 7.4 倍，振荡衰减后的轴力值为 1750.3kN，依然为失效前的 5.1 倍，其余顶层吊柱的轴向拉力稳定后较 BW-1 失效前变化不明显；SC4-3 失去了底层桁架的支承作用，发生了由受压到受拉状态的内力转换，其余底层吊柱的轴向压力稳定后较失效前变化不大。表明底层桁架斜腹杆 BW-1 失效后，与其相连的吊柱承担的荷载将全部传递至顶层桁架，由顶层悬挂底层支承状态变为全部悬挂的状态，其余区域所受影响不大。表 4.9 和表 4.10 分别给出了受拉吊柱的变形与受压吊柱的轴力情况，BW-1 失效后，吊柱不会发生破坏。

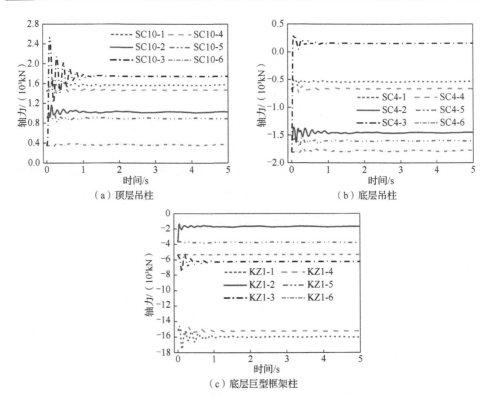

图 4.16 工况 3 对应的巨型框架柱轴力时程曲线

表 4.9 BW-1 失效后受拉吊柱的破坏评判

编号	最大变形/mm	变形容许值/mm	破坏情况
SC10-1	0.6	58	未破坏
SC10-2	0.4	58	未破坏
SC10-3	1.0	58	未破坏
SC10-4	0.6	58	未破坏
SC10-5	0.3	58	未破坏
SC10-6	0.2	58	未破坏

表 4.10 BW-1 失效后受压吊柱的破坏评判

编号	最大轴力/kN	稳定轴力/kN	轴力容许值/kN	破坏情况
SC4-1	683.6	543.2	14098	未破坏
SC4-2	1658.1	1458.6	17371	未破坏
SC4-4	740.8	664.1	14098	未破坏
SC4-5	1708.4	1601.3	17371	未破坏
SC4-6	1818.4	1782.6	14098	未破坏

巨型框架柱 KZ1-2 没有了之前由 BW-1 传递来的荷载，轴向压力由 3680.7kN 大幅降至 1707.9kN，KZ1-1 和 KZ1-3 的轴力略有提高，其余巨型框架柱的轴力基本不变，如图 4.16（c）所示。巨型框架柱的轴力均未超过容许值，见表 4.11。

表 4.11　BW-1 失效后巨型框架柱的破坏评判

编号	最大轴力/kN	稳定轴力/kN	轴力容许值/kN	破坏情况
KZ1-1	17553.1	15959.8	85628	未破坏
KZ1-2	3680.7	1707.9	34307	未破坏
KZ1-3	7520.9	6231.5	59884	未破坏
KZ1-4	15718.5	15215.1	85628	未破坏
KZ1-5	3845.4	3750.2	34307	未破坏
KZ1-6	5361.7	5311.3	59884	未破坏

上述分析表明，底层桁架梁斜腹杆 BW-1 失效后，剩余结构满足变形准则与强度准则要求，不会发生连续倒塌。

4.4.5　底层桁架梁斜腹杆 BW-4 失效

斜腹杆 BW-4 失效后，顶层、底层桁架梁的变形均有所增加，控制点 1 和 2 的峰值位移分别为 27.6mm 和 30.2mm；失效构件端部控制点 3 的竖向位移由 14.3mm 增至 25.1mm，控制点 4 的竖向位移略有减小，如图 4.17 所示。控制点处的位移均未超过容许值，满足变形准则要求。

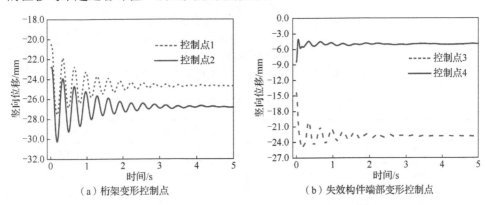

（a）桁架变形控制点　　　　　　（b）失效构件端部变形控制点

图 4.17　工况 4 对应的控制点竖向位移时程曲线

由图 4.18（a）、（b）可看出，斜腹杆 BW-4 失效后，左半部分顶层吊柱 SC10-1、SC10-2 和 SC10-3 的轴向拉力均有较大的提高，峰值分别为 1986.8kN、3302.2kN 和 768.1kN；右半部分顶层吊柱的轴向拉力在稳定后较失效前变化不大。左半部分底层吊柱 SC4-1、SC4-2 和 SC4-3 的轴向压力均减小，SC4-2 甚至由受压状态转换为受拉状态；右半部分底层吊柱的轴向压力较失效前变化不大。表明 BW-4 失效后，结构左半部分吊柱承担的荷载将更多地向顶层桁架转移，底层桁架的支承作用受到削弱，右半部分所受影响不大。受拉吊柱的变形与受压吊柱的轴力均未超过容许值，分别见表 4.12 和表 4.13。

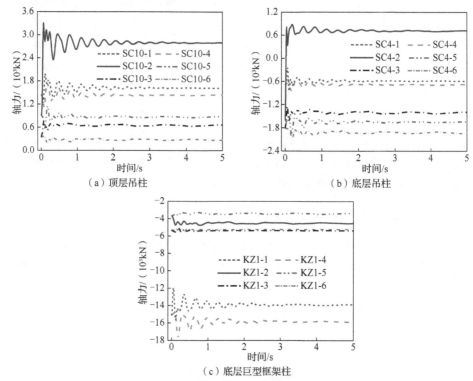

图 4.18　工况 4 对应的巨型框架柱轴力时程曲线

表 4.12　BW-4 失效后受拉吊柱的破坏评判

编号	最大变形值/mm	变形容许值/mm	破坏情况
SC10-1	0.8	58	未破坏
SC10-2	1.1	58	未破坏
SC10-3	0.3	58	未破坏
SC10-4	0.7	58	未破坏
SC10-5	0.4	58	未破坏
SC10-6	0.2	58	未破坏

表 4.13　BW-4 失效后受压吊柱的破坏评判

编号	最大轴力/kN	稳定轴力/kN	轴力容许值/kN	破坏情况
SC4-1	847.6	586.5	14098	未破坏
SC4-3	1808.0	1410.2	14098	未破坏
SC4-4	849.6	685.6	14098	未破坏
SC4-5	1987.5	1652.9	17371	未破坏
SC4-6	2074.6	1918.5	14098	未破坏

　　巨型框架柱 KZ1-1 和 KZ1-4 的轴力均在前期有着较大的波动,但稳定后 KZ1-1 的轴力较失效前略有减小,KZ1-4 的轴力较失效前略有增加,巨型框架柱 KZ1-2 的轴力略有增加,其余巨型框架柱的轴力基本不变,如图 4.18(c)所示。巨型框架柱的轴力均未超过容许值,见表 4.14。

表 4.14　BW-4 失效后巨型框架柱的破坏评判

编号	最大轴力/kN	稳定轴力/kN	轴力容许值/kN	破坏情况
KZ1-1	15708.5	13958.2	85628	未破坏
KZ1-2	4741.5	4491.3	34307	未破坏
KZ1-3	5599.3	5382.6	59884	未破坏
KZ1-4	17784.9	15836.1	85628	未破坏
KZ1-5	3672.6	3432.7	34307	未破坏
KZ1-6	5425.8	5255.9	59884	未破坏

　　上述分析结果表明,斜腹杆 BW-4 失效后,结构不会发生连续倒塌。

　　对比上述 4 个桁架层构件失效工况,从变形角度,构件失效后,顶层、底层桁架的变形均有所增大;从内力角度,顶层桁架梁杆件失效后,荷载将更多地向底层桁架传递,子结构受到的悬挂作用有所削弱,底层桁架的支承作用有所增强;底层桁架杆件失效后,荷载将更多地向顶层桁架传递,子结构受到的支承作用有所削弱,顶层桁架的悬挂作用有所增强,其中 BW-4 失效后内力重分布的范围最广,反映了 BW-4 重要程度较高,与构件重要性分析结果一致。在 4 种工况下,剩余结构在内力重分布后都能够形成新的平衡,且满足变形准则和强度准则的要求,不会发生连续倒塌。

4.5　巨型框架柱失效分析与对比

本节选取初始状态下变形较大的桁架跨中位置处的节点以及失效巨型框架柱的上方节点为变形控制点，以底层巨型框架柱 KZ1-1 和 KZ1-2 为拆除对象评估巨型框架悬挂结构混合体系的抗连续倒塌性能，如图 4.19 所示。

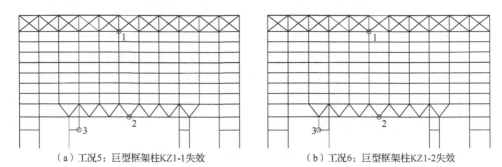

　　（a）工况5：巨型框架柱KZ1-1失效　　　　　　（b）工况6：巨型框架柱KZ1-2失效

图 4.19　巨型框架柱失效工况示意图

4.5.1　巨型框架柱 KZ1-1 失效

由图 4.20 可知，巨型框架柱 KZ1-1 失效后，顶层、底层桁架梁的变形均大幅增加，控制点 1 峰值位移为 50.7mm，是失效前 20.5mm 的 2.5 倍；控制点 2 峰值位移为 52.6mm，是失效前 22.8mm 的 2.3 倍；失效巨型框架柱 KZ1-1 上方端部控制点 3 的竖向位移峰值为 27.4mm。各控制点处的竖向位移均未超过容许值，满足变形准则要求。

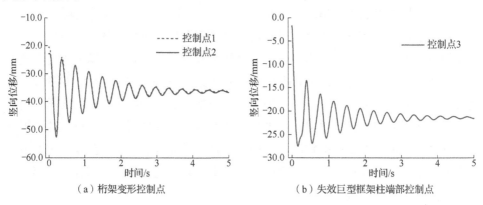

　　（a）桁架变形控制点　　　　　　　　　　（b）失效巨型框架柱端部控制点

图 4.20　工况 5 对应的竖向位移时程曲线

由图 4.21（a）、（b）可以看出，顶层吊柱 SC10-1 和 SC10-2 的轴向拉力在构件失效时大幅下降，随后又猛然增加；SC10-3 则由受拉变为受压状态，轴向压力峰值达 1588.6kN；其余顶层吊柱的轴向拉力在前期波动较大，但稳定后较 KZ1-1 失效前变化不大；底层吊柱 SC4-1 和 SC4-2 的轴向压力均略有减小，但在构件失效时波动较大，由受压变为受拉状态；SC4-3 的轴向压力大幅增加，峰值达 4121.5kN，其余底层吊柱的轴向压力稳定后较 KZ1-1 失效前变化不大。表明 KZ1-1 失效后，结构左半部分大跨度段吊柱承担的荷载将更多地向顶层桁架转移，底层桁架梁的支承作用受到削弱，非大跨度段吊柱承担的荷载将全部传递至底层桁架，顶层桁架梁完全丧失了对子结构的悬挂作用，而右半部分的吊柱所受影响不大。表 4.15 和表 4.16 分别给出了受拉吊柱变形与受压吊柱轴力情况，KZ1-1 失效后，吊柱不会发生破坏。

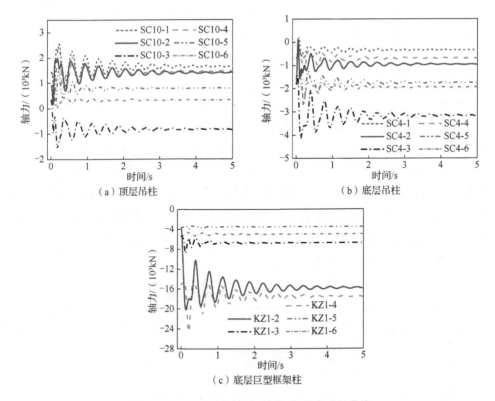

图 4.21　工况 5 对应的巨型框架柱轴力时程曲线

表 4.15　KZ1-1 失效后受拉吊柱的破坏评判

编号	最大变形/mm	变形容许值/mm	破坏情况
SC10-1	1.0	58	未破坏
SC10-2	0.6	58	未破坏
SC10-4	1.0	58	未破坏
SC10-5	0.5	58	未破坏
SC10-6	0.2	58	未破坏

表 4.16　KZ1-1 失效后受压吊柱的破坏评判

编号	最大轴力/kN	稳定轴力/kN	轴力容许值/kN	破坏情况
SC4-1	704.4	347.6	14098	未破坏
SC4-2	1586.1	960.5	17371	未破坏
SC4-3	4121.6	3170.1	14098	未破坏
SC4-4	1218.7	691.7	14098	未破坏
SC4-5	2719.0	1751.2	17371	未破坏
SC4-6	2474.6	1945.9	14098	未破坏

图 4.21（c）给出了底层巨型框架柱的内力重分布情况，试件 KZ1-2、KZ1-3 和 KZ1-4 的轴力在短时间内迅速增加至 20161.2kN、8797.2kN 和 24479.7kN，分别为失效前轴力的 5.5 倍、1.3 倍和 1.6 倍；其余巨型框架柱的轴力基本不变，表明在拆除 KZ1-1 后，其承担的荷载转移至周围巨型框架柱，远离 KZ1-1 的巨型框架柱所受影响不大。巨型框架柱的轴力均未超过容许值，满足强度准则要求，见表 4.17。上述分析结果表明，巨型框架柱 KZ1-1 失效后，剩余结构满足变形准则与强度准则要求，不会发生连续倒塌。

表 4.17　KZ1-1 失效后巨型框架柱的轴力情况

编号	最大轴力/kN	稳定轴力/kN	轴力容许值/kN	破坏情况
KZ1-2	20161.2	15785.5	34307	未破坏
KZ1-3	8797.2	6754.1	59884	未破坏
KZ1-4	24479.7	17516.1	85628	未破坏
KZ1-5	3957.4	3519.9	34307	未破坏
KZ1-6	5434.0	5021.3	59884	未破坏

4.5.2　巨型框架柱 KZ1-2 失效

巨型框架柱 KZ1-2 失效对顶层、底层桁架梁的变形影响很小，控制点 1 和 2 的峰值位移分别为 20.9mm 和 23.2mm，与失效前相差不大；KZ1-2 上方端部控制点的竖向位移短时间内由 1.2mm 增至 5.7mm，如图 4.22 所示。各控制点处的竖向位移均未超过容许值，满足变形准则要求。

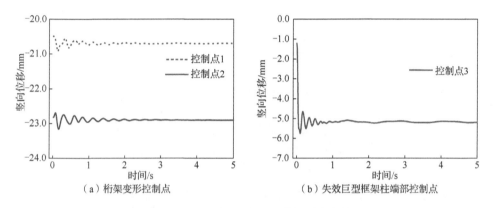

（a）桁架变形控制点　　　　　　　　（b）失效巨型框架柱端部控制点

图 4.22　工况 6 对应的竖向位移时程曲线

由图 4.23（a）、（b）可知，KZ1-2 失效后，顶层吊柱 SC10-3 的轴向拉力大幅增至 1142.7kN，约为失效前 345.3kN 的 3.3 倍；SC10-2 的轴向拉力略有降低，其余顶层吊柱的轴向拉力稳定后较 KZ1-2 失效前变化不大；底层吊柱 SC4-3 的轴向压力迅速降至 882.1kN，降幅达 51.2%；SC4-2 的轴线压力略有增加，其余底层吊柱的轴向压力稳定后较失效前变化不大。表明 KZ1-2 失效对 SC4-3 所在轴的吊柱内力重分布影响非常大，这是由于荷载经吊柱 SC4-1 传至 BW-1 后，失去了直接向下传递的路径，因此顶层桁架梁的悬挂作用大幅增加，底层桁架梁的支承作用受到削弱。表 4.18 和表 4.19 分别给出了受拉吊柱变形与受压吊柱轴力情况，KZ1-2 失效后，吊柱不会发生破坏。

由图 4.23（c）可知，KZ1-1 的轴力大幅增加，其余巨型框架柱的轴力变化较小，表明 KZ1-2 失效后，原先承担的荷载传递给了相邻柱 KZ1-1。两巨型框架柱的最大轴力均未超过容许值，满足强度准则要求，见表 4.20。上述分析结果表明，巨型框架柱 KZ1-2 失效后，结构不会发生连续倒塌。

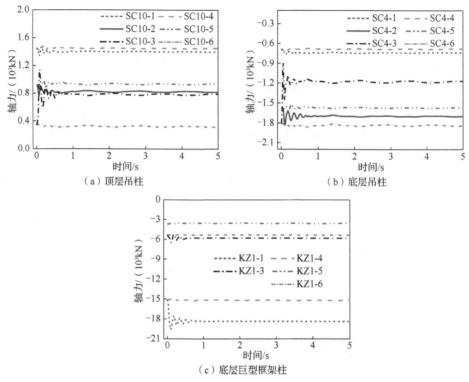

图 4.23　工况 6 对应的巨型框架柱轴力时程曲线

表 4.18　KZ1-2 失效后受拉吊柱的破坏评判

编号	最大变形/mm	变形容许值/mm	破坏情况
SC10-1	0.6	58	未破坏
SC10-2	0.3	58	未破坏
SC10-3	0.5	58	未破坏
SC10-4	0.6	58	未破坏
SC10-5	0.3	58	未破坏
SC10-6	0.2	58	未破坏

表 4.19　KZ1-2 失效后受压吊柱的破坏评判

编号	最大轴力/kN	稳定轴力/kN	轴力容许值/kN	破坏情况
SC4-1	762.3	737.6	14098	未破坏
SC4-2	1830.3	1696.7	17371	未破坏
SC4-3	1808.0	1179.5	14098	未破坏
SC4-4	707.2	681.8	14098	未破坏
SC4-5	1622.8	1571.3	17371	未破坏
SC4-6	1865.2	1835.9	14098	未破坏

表 4.20　KZ1-2 失效后巨型框架柱的轴力情况

编号	最大轴力/kN	稳定轴力/kN	轴力容许值/kN	破坏情况
KZ1-1	19591.5	18355.8	85628	未破坏
KZ1-3	6487.7	5790.6	59884	未破坏
KZ1-4	15419.9	15188.7	85628	未破坏
KZ1-5	3672.6	3577.4	34307	未破坏
KZ1-6	5379.4	5334.8	59884	未破坏

对比上述 2 个巨型框架柱失效工况，从变形角度，巨型框架柱 KZ1-1 失效后，顶层、底层桁架有较大的变形，KZ1-2 失效后，顶层、底层桁架梁的变形几乎可以忽略；从内力角度，巨型框架柱 KZ1-1 失效后，结构内力重分布的范围比 KZ1-2 失效更广，表明 KZ1-1 失效对结构的影响比 KZ1-2 失效更为显著。2 种工况下，剩余结构在内力重分布后都能够形成新的平衡，且满足变形准则和强度准则的要求，不会发生连续倒塌。

4.6　吊柱失效分析与对比

本节选取底层和顶层吊柱为拆除对象，取初始状态下变形较大的桁架跨中位置处的节点以及失效吊柱上、下端部节点为变形控制点，共设置 6 个工况来分析结构的抗连续倒塌性能，如图 4.24 所示。

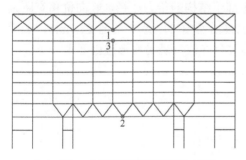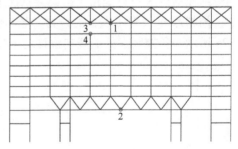

（a）工况7：大跨度段顶层吊柱SC10-1失效　　　　（b）工况8：大跨度段顶层吊柱SC10-2失效

图 4.24　吊柱失效工况示意图

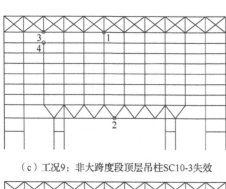

（c）工况9：非大跨度段顶层吊柱SC10-3失效

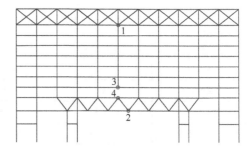

（d）工况10：大跨度段底层吊柱SC4-1失效

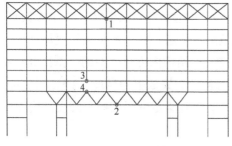

（e）工况11：大跨度段底层吊柱SC4-2失效

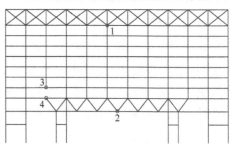

（f）工况12：非大跨度段底层吊柱SC4-3失效

图 4.24（续）

4.6.1　大跨度段顶层吊柱 SC10-1 失效

顶层吊柱 SC10-1 失效后，顶层桁架梁的变形略有降低，控制点 1 的竖向位移减至 18.5mm，底层桁架梁控制点 2 的竖向位移峰值为 25.6mm；失效吊柱 SC10-1 的端部控制点 3 不再是顶层桁架梁悬挂下部子结构的传力路径，竖向位移有所减小；控制点 4 没有了向上的拉力，竖向位移迅速由 21.1mm 增至 27.7mm，如图 4.25 所示。各控制点处的竖向位移均未超过容许值，满足变形准则要求。

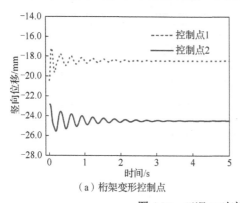

（a）桁架变形控制点

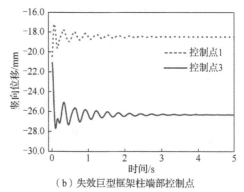

（b）失效巨型框架柱端部控制点

图 4.25　工况 7 对应的竖向位移时程曲线

　　由图 4.26 可看出，SC10-1 失效后，吊柱 SC9-1 由受拉转换为受压状态，SC4-1 的轴向压力迅速增加，峰值轴力达 2179.9kN，为失效前 683.6kN 的 3.2 倍；SC10-1 相邻一侧的顶层吊柱 SC10-2、SC10-4 的轴向拉力大幅增加，底层吊柱 SC4-2、SC4-4 的轴向压力有所降低；其余吊柱的轴力变化较小。表明 SC10-1 失效后，对于其同轴线的吊柱，荷载将全部传递至底层桁架，对于其相邻一侧的吊柱，荷载将更多地传递至顶层桁架，使得其悬挂作用增强，其余吊柱的内力重分布现象不明显。表 4.21 和表 4.22 分别给出了受拉吊柱变形与受压吊柱轴力情况，SC10-1 失效后，吊柱不会发生破坏。

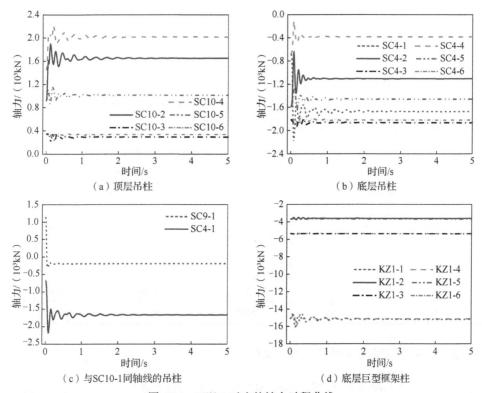

图 4.26　工况 7 对应的轴力时程曲线

表 4.21　SC10-1 失效后受拉吊柱的破坏评判

编号	最大变形/mm	变形容许值/mm	破坏情况
SC10-2	0.6	58	未破坏
SC10-3	0.2	58	未破坏
SC10-4	0.9	58	未破坏
SC10-5	0.4	58	未破坏
SC10-6	0.2	58	未破坏

表 4.22　SC10-1 失效后受压吊柱的破坏评判

编号	最大轴力/kN	稳定轴力/kN	轴力容许值/kN	破坏情况
SC4-1	2179.9	1669.1	14098	未破坏
SC4-2	1586.1	1104.8	17371	未破坏
SC4-3	1936.1	1864.3	14098	未破坏
SC4-4	683.6	381.6	14098	未破坏
SC4-5	1641.2	1456.8	17371	未破坏
SC4-6	1892.8	1818.5	14098	未破坏

巨型框架柱 KZ1-1、KZ1-4 的轴力在前期有所波动，内力重分布完成后的轴力值与失效前相差不大，其余巨型框架柱的轴力基本不变，如图 4.26（d）所示。表明 SC10-1 失效对巨型框架柱的影响不大。巨型框架柱的轴力均未超过容许值，满足强度准则要求，见表 4.23。分析结果表明，顶层吊柱 SC10-1 失效后，剩余结构满足变形准则与强度准则要求，不会发生连续倒塌。

表 4.23　SC10-1 失效后巨型框架柱的破坏评判

编号	最大轴力/kN	稳定轴力/kN	轴力容许值/kN	破坏情况
KZ1-1	16095.1	15179.7	85628	未破坏
KZ1-2	3727.8	3592.9	34307	未破坏
KZ1-3	5433.0	5356.2	59884	未破坏
KZ1-4	16014.6	15133.2	85628	未破坏
KZ1-5	3758.0	3661.7	34307	未破坏
KZ1-6	5394.5	5338.4	59884	未破坏

4.6.2　大跨度段顶层吊柱 SC10-2 失效

由图 4.27 和图 4.28 可知，吊柱 SC10-2 失效后的规律与工况 7 类似。控制点 1 和 3 的竖向位移略有减小，控制点 2 和 4 的竖向位移略有增加，但均未超过容许值，满足变形准则要求。对于 SC10-2 同轴线的吊柱，荷载将全部传递至底层桁架，对于 SC10-2 相邻一侧的吊柱，荷载将更多地传递至顶层桁架，其余吊柱的内力重分布现象不明显。SC10-2 失效对巨型框架柱的影响不大。受拉吊柱变形、受压吊柱，以及巨型框架柱轴力均未超过容许值，分别见表 4.24～表 4.26。分析结果表明，SC10-2 失效后结构不会发生连续倒塌。

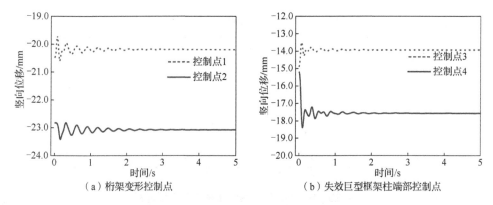

（a）桁架变形控制点　　　　　　　　　（b）失效巨型框架柱端部控制点

图 4.27　工况 8 对应的竖向位移时程曲线

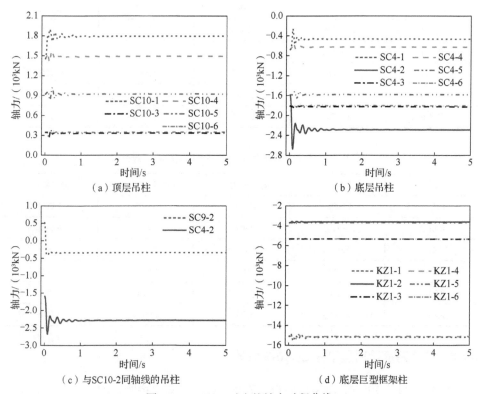

（a）顶层吊柱　　　　　　　　　　　　（b）底层吊柱

（c）与 SC10-2 同轴线的吊柱　　　　　　（d）底层巨型框架柱

图 4.28　工况 8 对应的轴力时程曲线

表 4.24　SC10-2 失效后受拉吊柱的破坏评判

编号	最大变形/mm	变形容许值/mm	破坏情况
SC10-1	0.8	58	未破坏
SC10-3	0.2	58	未破坏
SC10-4	0.6	58	未破坏
SC10-5	0.3	58	未破坏
SC10-6	0.2	58	未破坏

表 4.25　SC10-2 失效后受压吊柱的破坏评判

编号	最大轴力/kN	稳定轴力/kN	轴力容许值/kN	破坏情况
SC4-1	683.6	466.5	14098	未破坏
SC4-2	2673.2	2288.9	17371	未破坏
SC4-3	1861.5	1825.7	14098	未破坏
SC4-4	683.6	627.8	14098	未破坏
SC4-5	1676.1	1581.4	17371	未破坏
SC4-6	1837.6	1805.1	14098	未破坏

表 4.26　SC10-2 失效后巨型框架柱的破坏评判

编号	最大轴力/kN	稳定轴力/kN	轴力容许值/kN	破坏情况
KZ1-1	15569.9	15185.7	85628	未破坏
KZ1-2	3680.7	3604.4	34307	未破坏
KZ1-3	5365.4	5337.4	59884	未破坏
KZ1-4	15517.6	15124.4	85628	未破坏
KZ1-5	3730.2	3679.3	34307	未破坏
KZ1-6	5357.6	5331.7	59884	未破坏

4.6.3　非大跨度段顶层吊柱 SC10-3 失效

由图 4.29 可知，SC10-3 失效后，顶层、底层桁架梁控制点的竖向位移几乎没有变化，控制点 3 的位移略有减小，控制点 4 处没有了向上的拉力，位移由 5.8mm 增至 7.4mm。各控制点处的竖向位移均未超过容许值，满足变形准则要求。

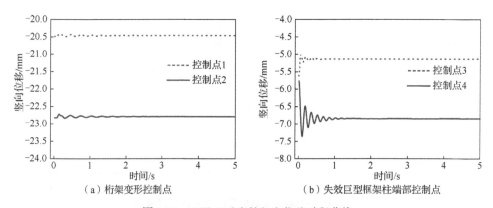

（a）桁架变形控制点　　　　　　　　（b）失效巨型框架柱端部控制点

图 4.29　工况 9 对应的竖向位移时程曲线

由图 4.30 可知，SC10-3 失效后，其同轴线的吊柱轴力将全部受压，荷载将全部传递至底层桁架，其余吊柱的轴力基本不变。SC10-3 失效对巨型框架柱的内力重分布影响很小。受拉吊柱变形、受压吊柱，以及巨型框架柱轴力均未超过容许值，分别见表 4.27～表 4.29。分析结果表明，SC10-3 失效后结构会发生连续倒塌。

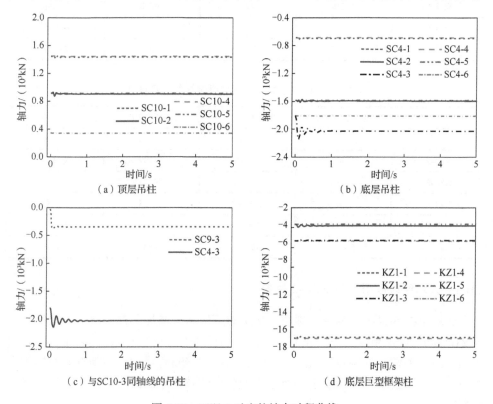

（a）顶层吊柱　　　　　　　　　　　（b）底层吊柱

（c）与SC10-3同轴线的吊柱　　　　　　（d）底层巨型框架柱

图 4.30　工况 9 对应的轴力时程曲线

表 4.27　SC10-3 失效后受拉吊柱的破坏评判

编号	最大变形/mm	变形容许值/mm	破坏情况
SC10-1	0.6	58	未破坏
SC10-2	0.3	58	未破坏
SC10-4	0.6	58	未破坏
SC10-5	0.3	58	未破坏
SC10-6	0.2	58	未破坏

表 4.28　SC10-3 失效后受压吊柱的破坏评判

编号	最大轴力/kN	稳定轴力/kN	轴力容许值/kN	破坏情况
SC4-1	708.2	691.3	14098	未破坏
SC4-2	1614.7	1591.7	17371	未破坏
SC4-3	2149.9	2030.4	14098	未破坏
SC4-4	693.1	685.3	14098	未破坏
SC4-5	1593.5	1585.8	17371	未破坏
SC4-6	1815.2	1811.2	14098	未破坏

表 4.29　SC10-3 失效后巨型框架柱的破坏评判

编号	最大轴力/kN	稳定轴力/kN	轴力容许值/kN	破坏情况
KZ1-1	15167.8	15041.5	85628	未破坏
KZ1-2	3960.2	3820.6	34307	未破坏
KZ1-3	5395.1	5287.8	59884	未破坏
KZ1-4	15168.7	15136.7	85628	未破坏
KZ1-5	3675.2	3666.3	34307	未破坏
KZ1-6	5340.9	5334.6	59884	未破坏

4.6.4　大跨度段底层吊柱 SC4-1 失效

底层吊柱 SC4-1 失效后，顶层桁架梁的变形略有增加，控制点 1 的峰值位移为 21.7mm，底层桁架的变形略有降低，控制点 2 的竖向位移减至 22.0mm；失效吊柱 SC4-1 的端部控制点 3 失去了下部支承，位移略有增加，控制点 4 的位移均有所减小，如图 4.31 所示。各控制点处的竖向位移均未超过容许值，满足变形准则要求。

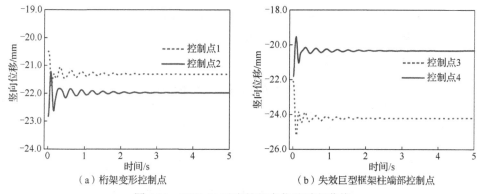

（a）桁架变形控制点　　　　　　　（b）失效巨型框架柱端部控制点

图 4.31　工况 10 对应的竖向位移时程曲线

由图 4.32 可知，SC4-1 失效后，同轴线的上方吊柱将全部受拉；SC4-1 相邻一侧的底层吊柱 SC4-2 和 SC4-4 的轴向压力大幅增加，顶层 SC10-2 和 SC10-4 的轴向拉力减小；其余吊柱的轴力基本不变。表明 SC4-1 失效后，对于其同轴线的吊柱，荷载将全部传递至顶层桁架梁；对于其相邻一侧的吊柱，荷载将更多地传递至底层桁架；其余吊柱的内力重分布现象不明显。巨型框架柱的轴力变化较小，

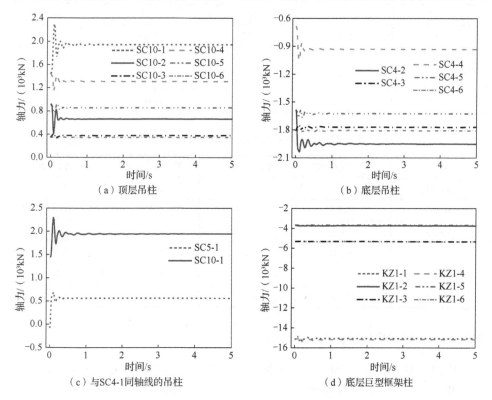

（a）顶层吊柱　　　　　　　　　　（b）底层吊柱

（c）与SC4-1同轴线的吊柱　　　　　（d）底层巨型框架柱

图 4.32　工况 10 对应的轴力时程曲线

表明 SC4-1 失效对巨型框架柱影响不大。受拉吊柱变形、受压吊柱,以及巨型框架柱轴力均未超过容许值,分别见表 4.30~表 4.32。分析结果表明,顶层吊柱 SC4-1 失效后,结构不会发生连续倒塌。

表 4.30　SC4-1 失效后受拉吊柱的破坏评判

编号	最大变形/mm	变形容许值/mm	破坏情况
SC10-1	0.9	58	未破坏
SC10-2	0.3	58	未破坏
SC10-3	0.2	58	未破坏
SC10-4	0.6	58	未破坏
SC10-5	0.3	58	未破坏
SC10-6	0.2	58	未破坏

表 4.31　SC4-1 失效后受压吊柱的破坏评判

编号	最大轴力/kN	稳定轴力/kN	轴力容许值/kN	破坏情况
SC4-2	2035.9	1949.8	17371	未破坏
SC4-3	1810.3	1772.0	14098	未破坏
SC4-4	1048.4	933.1	14098	未破坏
SC4-5	1671.8	1625.5	17371	未破坏
SC4-6	1824.5	1808.3	14098	未破坏

表 4.32　SC4-1 失效后巨型框架柱的破坏评判

编号	最大轴力/kN	稳定轴力/kN	轴力容许值/kN	破坏情况
KZ1-1	15430.2	15070.1	85628	未破坏
KZ1-2	3743.8	3725.8	34307	未破坏
KZ1-3	5345.9	5328.7	59884	未破坏
KZ1-4	15420.9	15165.3	85628	未破坏
KZ1-5	3694.2	3668.5	34307	未破坏
KZ1-6	5342.6	5327.0	59884	未破坏

4.6.5　大跨度段底层吊柱 SC4-2 失效

由图 4.33 和图 4.34 可看出,吊柱 SC4-2 失效后的规律与工况 10 类似,控制点 1 和 3 的竖向位移略有增加,控制点 2 和 4 的竖向位移略有降低,但均未超过容许值,满足变形准则要求。对于 SC4-2 同轴线的吊柱,荷载将全部传递至顶层桁架；对于 SC4-2 相邻一侧的吊柱，荷载将更多地传递至底层桁架；其余吊柱的轴力在稳定后较 SC4-2 失效前相差不大。SC4-2 失效对巨型框架柱的内力重分布影响很小。受拉吊柱变形、受压吊柱，以及巨型框架柱轴力均未超过容许值，分别见表 4.33～表 4.35，结构不会发生连续倒塌。分析结果表明，SC4-2 失效后结构不会发生连续倒塌。

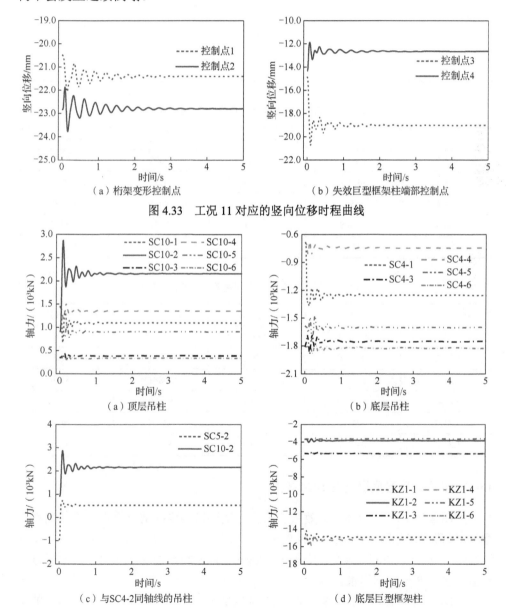

（a）桁架变形控制点　　　　　　　　（b）失效巨型框架柱端部控制点

图 4.33　工况 11 对应的竖向位移时程曲线

（a）顶层吊柱　　　　　　　　　　　（b）底层吊柱

（c）与SC4-2同轴线的吊柱　　　　　　（d）底层巨型框架柱

图 4.34　工况 11 对应的轴力时程曲线

表 4.33 SC4-2 失效后受拉吊柱的破坏评判

编号	最大变形/mm	容许值/mm	破坏情况
SC10-1	0.6	58	未破坏
SC10-2	0.9	58	未破坏
SC10-3	0.2	58	未破坏
SC10-4	0.6	58	未破坏
SC10-5	0.3	58	未破坏
SC10-6	0.2	58	未破坏

表 4.34 SC4-2 失效后受压吊柱的破坏评判

编号	最大轴力/kN	稳定轴力/kN	容许值/kN	破坏情况
SC4-1	1368.5	1253.3	14098	未破坏
SC4-3	1887.1	1753.8	14098	未破坏
SC4-4	825.1	743.6	14098	未破坏
SC4-5	1766.5	1601.1	17371	未破坏
SC4-6	1878.6	1822.7	14098	未破坏

表 4.35 SC4-2 失效后巨型框架柱的破坏评判

编号	最大轴力/kN	稳定轴力/kN	容许值/kN	破坏情况
KZ1-1	15885.1	14950.2	85628	未破坏
KZ1-2	4021.8	3816.3	34307	未破坏
KZ1-3	5488.2	5339.1	59884	未破坏
KZ1-4	15946.6	15236.2	85628	未破坏
KZ1-5	3731.9	3640.7	34307	未破坏
KZ1-6	5375.0	5319.9	59884	未破坏

4.6.6 非大跨度段底层吊柱 SC4-3 失效

如图 4.35 所示，SC4-3 失效后，顶层、底层桁架梁控制点的竖向位移均略有增加，峰值位移分别为 21.4mm、24.0mm；控制点 3 失去了下部支承，位移由 4.3mm激增至 12.5mm；控制点 4 处的位移有所减小。各控制点处的竖向位移均未超过容许值，满足变形准则要求。

由图 4.36 可知，SC4-3 失效后，其同轴线的吊柱将全部受拉，其余吊柱的轴力在前期有所波动，但稳定后与 SC4-3 失效前相差不大。巨型框架柱 KZ1-1 与

KZ1-3 的轴力略有增加。由于 SC4-3 失效，其上方的荷载失去了由斜腹杆 BW-1 传递至 KZ1-2 的路径，KZ1-2 的轴向压力由 3680.7kN 减至 2513.7kN，其余巨型框架柱的轴力基本不变。受拉吊柱变形、受压吊柱轴力，以及巨型框架柱轴力均未超过容许值，分别见表 4.36～表 4.38。分析结果表明，SC4-3 失效后结构不会发生连续倒塌。

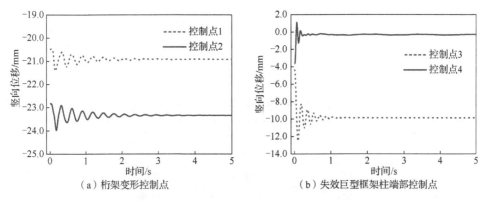

（a）桁架变形控制点　　　　　　　（b）失效巨型框架柱端部控制点

图 4.35　工况 12 对应的竖向位移时程曲线

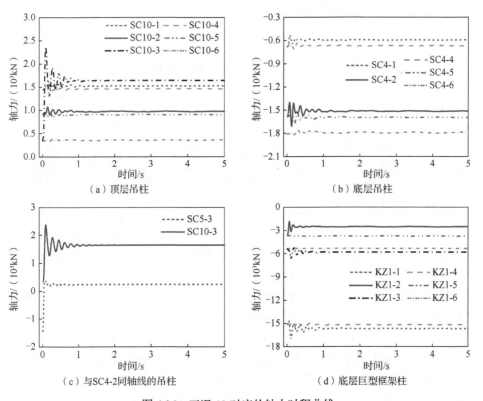

（a）顶层吊柱　　　　　　　　　　（b）底层吊柱

（c）与 SC4-2 同轴线的吊柱　　　　　（d）底层巨型框架柱

图 4.36　工况 12 对应的轴力时程曲线

表 4.36 SC4-3 失效后受拉吊柱的破坏评判

编号	最大变形/mm	变形容许值/mm	破坏情况
SC10-1	0.6	58	未破坏
SC10-2	0.3	58	未破坏
SC10-3	1.0	58	未破坏
SC10-4	0.6	58	未破坏
SC10-5	0.3	58	未破坏
SC10-6	0.2	58	未破坏

表 4.37 SC4-3 失效后受压吊柱的破坏评判

编号	最大轴力/kN	稳定轴力/kN	轴力容许值/kN	破坏情况
SC4-1	683.6	595.2	14098	未破坏
SC4-2	1707.1	1515.6	17371	未破坏
SC4-4	723.5	667.1	14098	未破坏
SC4-5	1678.3	1592.8	17371	未破坏
SC4-6	1821.4	1793.2	14098	未破坏

表 4.38 SC4-3 失效后巨型框架柱的破坏评判

编号	最大轴力/kN	稳定轴力/kN	轴力容许值/kN	破坏情况
KZ1-1	17011.8	15655.7	85628	未破坏
KZ1-2	3680.7	2513.7	34307	未破坏
KZ1-3	6821.9	5808.3	59884	未破坏
KZ1-4	15559.4	15172.5	85628	未破坏
KZ1-5	3779.5	3718.2	34307	未破坏
KZ1-6	5363.8	5319.8	59884	未破坏

对比上述 6 个吊柱失效工况，从变形角度来看，构件失效后，顶层、底层桁架梁的竖向位移变化均较小。从内力角度来看，大跨度段顶层吊柱失效后，同轴线吊柱的荷载将全部传递至底层桁架，相邻吊柱的荷载将更多地传递至顶层桁架，使悬挂作用增强，其余吊柱以及巨型框架柱的内力重分布现象不明显。大跨度段底层吊柱失效后荷载传递规律与之类似。非大跨度段顶层吊柱失效后，同轴线吊柱的荷载将全部传递至底层桁架，使支承作用增强，其余吊柱以及巨型框架柱的内力重分布现象不明显。非大跨度段底层吊柱失效后，荷载传递规律与之类似，但由于吊柱 SC4-3 失效后，其上方的荷载失去了由斜腹杆传递至 KZ1-2 的路径，

KZ1-2 的轴力有所降低。6 种工况下，剩余结构在内力重分布后都能够形成新的平衡，且满足变形准则和强度准则的要求，不会发生连续倒塌。

4.7　多根构件同时失效分析与对比

鉴于上述单一构件失效时，结构均没有出现连续倒塌，本节考虑极端情况，设置图 4.37 所示的两种工况分析结构的抗连续倒塌性能。

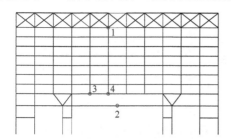

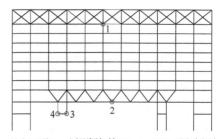

（a）工况 13：大跨度段底层桁架斜腹杆全部同时失效　　（b）工况 14：巨型框架柱 KZ1-1、KZ1-2 同时失效

1～4—控制点。

图 4.37　多根构件同时失效工况示意图

4.7.1　大跨度段底层桁架斜腹杆全部同时失效

由图 4.38 可知，大跨度段底层桁架斜腹杆全部同时失效后，4 个桁架控制点的竖向变形均增大，特别是底层桁架跨中处控制点 2 的竖向位移峰值甚至达219.3mm，超过了变形容许值 112.5mm。

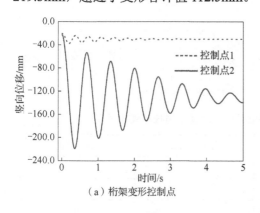

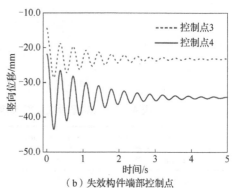

（a）桁架变形控制点　　　　　　　　　　　（b）失效构件端部控制点

图 4.38　工况 13 对应的竖向位移时程曲线

由图 4.39 可知，大跨度段底层桁架斜腹杆全部同时失效后，相互对称的吊柱以及巨型框架柱的轴力时程曲线完全重合。其中顶层吊柱的轴向拉力均大幅增加，

底层吊柱的轴向压力均大幅下降，SC4-1 和 SC4-4 甚至由受压状态转换为受拉状态，巨型框架柱 KZ1-1 与 KZ1-4 轴力在前期波动幅度较大，但稳定后与构件失效前相差不大，其余巨型框架柱的轴力变化较小。表明斜腹杆全部同时失效后，顶层桁架的悬挂作用增强，底层桁架的支承作用减弱，但构件失效对巨型框架柱的内力重分布影响不大。受拉吊柱变形、受压吊柱轴力，以及巨型框架柱轴力均未超过容许值，分别见表 4.39～表 4.41。

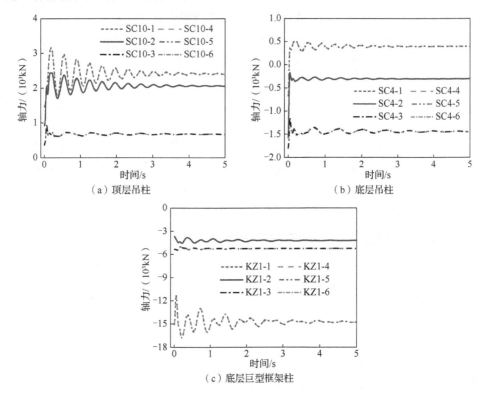

（a）顶层吊柱　　（b）底层吊柱

（c）底层巨型框架柱

图 4.39　工况 13 对应的轴力时程曲线

表 4.39　大跨度段底层桁架斜腹杆失效后受拉吊柱的破坏评判

编号	最大变形/mm	变形容许值/mm	破坏情况
SC10-1	1.3	58	未破坏
SC10-2	0.8	58	未破坏
SC10-3	0.4	58	未破坏
SC10-4	1.3	58	未破坏
SC10-5	0.8	58	未破坏
SC10-6	0.4	58	未破坏

表 4.40　大跨度段底层桁架斜腹杆失效后受压吊柱的破坏评判

编号	最大轴力/kN	稳定轴力/kN	轴力容许值/kN	破坏情况
SC4-2	1586.1	301.6	17371	未破坏
SC4-3	1808.0	1440.1	14098	未破坏
SC4-5	1586.1	301.6	17371	未破坏
SC4-6	1808.0	1440.1	14098	未破坏

表 4.41　大跨度段底层桁架斜腹杆失效后巨型框架柱的破坏评判

编号	最大轴力/kN	稳定轴力/kN	轴力容许值/kN	破坏情况
KZ1-1	16813.4	14750.2	85628	未破坏
KZ1-2	4549.7	4223.9	34307	未破坏
KZ1-3	5469.6	5256.1	59884	未破坏
KZ1-4	16813.4	14750.2	85628	未破坏
KZ1-5	4549.7	4223.9	34307	未破坏
KZ1-6	5469.6	5256.1	59884	未破坏

　　分析结果表明，大跨度段底层桁架梁斜腹杆全部同时失效后，剩余结构虽然在内力重分布后能形成新的内力平衡，满足强度准则要求，但底层桁架的变形过大超过了容许值，结构不满足变形准则要求，会发生连续倒塌。

4.7.2　巨型框架柱 KZ1-1、KZ1-2 同时失效

　　由图 4.40 可知，大跨度段底层桁架梁斜腹杆全部同时失效后，4 个桁架控制点的竖向变形均大幅增加，其中顶层、底层桁架梁控制点 1 和 2 的峰值竖向位移分别为 149.2mm 和 132.6mm，超过了变形容许值 112.5mm。

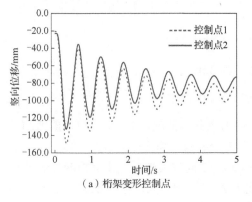
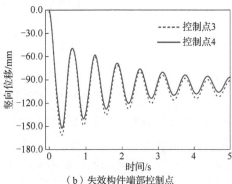

（a）桁架变形控制点　　　　　　　　　（b）失效构件端部控制点

图 4.40　工况 14 对应的竖向位移时程曲线

由图 4.41（a）、（b）可知，巨型框架柱 KZ1-1、KZ1-2 同时失效后，顶层吊柱 SC10-3 的轴向拉力激增至 6818.2kN，为失效前的 19.7 倍；SC10-5 和 SC10-6 分别由 913.9kN 和 345.3kN 减至 476.9kN 和 65.5kN，降幅显著；其他顶层吊柱的轴向拉力前期波动较大，但稳定后较失效前变化不大；底层吊柱 SC4-3 由受压转换为受拉状态，其峰值轴向拉力达 5319.3kN；SC4-5 和 SC4-6 的轴向压力增加；其余底层吊柱的轴向压力前期波动较大，稳定后较失效前变化不大。表明巨型框架柱 KZ1-1 和 KZ1-2 同时失效后，左端吊柱承担的荷载将更多地向顶层桁架传递，右端吊柱承担的荷载将更多地向底层桁架传递，中间位置处的吊柱所受影响不大。表 4.42 和表 4.43 分别给出了受拉吊柱变形与受压吊柱轴力情况，可看出 KZ1-1 和 KZ1-2 同时失效，吊柱不会发生破坏。

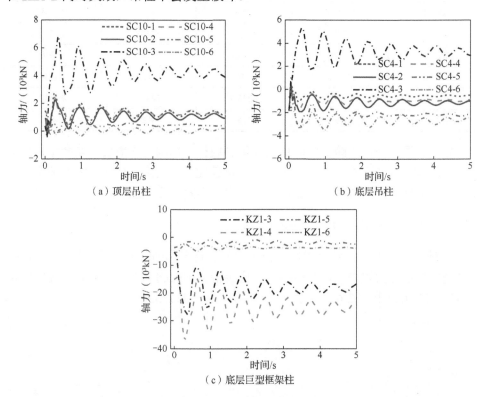

图 4.41　工况 14 对应的轴力时程曲线

图 4.41（c）给出了底层巨型框架柱的内力重分布情况，与失效柱相邻的 KZ1-3 和 KZ1-4 轴向压力大幅增加，峰值分别为 27768.3kN 和 36964.3kN，其余巨型框架柱的轴向压力略有降低。表明 KZ1-1 和 KZ1-2 同时失效后，其承担的荷载转移至相邻巨型框架柱，距其较远的巨型框架柱所受影响不大。巨型框架柱的轴力均未超过容许值，满足强度准则要求，见表 4.44。

表 4.42　KZ1-1、KZ1-2 同时失效后受拉吊柱的破坏评判

编号	最大变形/mm	变形容许值/mm	破坏情况
SC10-1	1.1	58	未破坏
SC10-2	0.7	58	未破坏
SC10-3	2.7	58	未破坏
SC10-4	1.0	58	未破坏
SC10-5	0.3	58	未破坏
SC10-6	0.2	58	未破坏

表 4.43　BC-14 失效后受压吊柱的破坏评判

编号	最大轴力/kN	稳定轴力/kN	轴力容许值/kN	破坏情况
SC4-1	1060.8	546.9	14098	未破坏
SC4-2	1909.1	1123.6	17371	未破坏
SC4-4	1773.3	908.6	14098	未破坏
SC4-5	3361.9	2136.8	17371	未破坏
SC4-6	3496.9	2670.7	14098	未破坏

表 4.44　BC-14 失效后巨型框架柱的破坏评判

编号	最大轴力/kN	稳定轴力/kN	轴力容许值/kN	破坏情况
KZ1-3	27768.3	18331.1	59884	未破坏
KZ1-4	36964.3	25650.4	85628	未破坏
KZ1-5	3672.6	2805.7	34307	未破坏
KZ1-6	5333.3	3831.1	59884	未破坏

　　分析结果表明，巨型框架柱 KZ1-1 和 KZ1-2 同时失效后，剩余结构虽然在内力重分布后能形成新的内力平衡，满足强度准则要求，但顶层、底层桁架梁的变形过大超过了容许值，结构不满足变形准则要求，会发生连续倒塌。

　　通过上述 2 个极端工况可以发现，多根构件同时失效后剩余结构虽然能在内力重分布后形成新的平衡，但结构会由于桁架变形过大发生连续倒塌。同时，对比工况 14 与工况 5 可以发现，工况 5 对应的顶层、底层桁架梁控制点最大竖向位移较工况 14 分别减小了 66.1%、60.3%，表明在底层巨型框架柱 KZ1-1 失效后，其紧邻的巨型框架柱 KZ1-2 能够有效地缓解桁架的大幅变形。

　　综合上述 14 个工况分析，本章对巨型框架悬挂结构混合体系提出以下抗连续倒塌建议：底层桁架梁斜腹杆的重要程度较高，为避免底层桁架的大幅变形以及

确保底层桁架梁支承作用的有效性，应特别注意底层桁架梁斜腹杆与弦杆连接的可靠性，如保证拼接部位螺栓连接和焊缝连接的质量；可在紧邻底层巨型框架柱的位置处增设一个巨型框架柱，其不但能够成为巨型框架柱失效后的备用荷载路径，同时能够有效地缓解桁架的大幅变形。

4.8 小　　结

1）底层桁架梁构件的重要性程度比顶层桁架梁构件高。对于顶层桁架梁构件，重要性程度由高到低依次为上弦杆、下弦杆、斜腹杆、竖腹杆，其中跨中位置处弦杆的重要性系数较大，大跨度段且靠近巨型框架柱位置处的斜腹杆重要性系数较大；对于底层桁架构件，重要性程度由高到低依次为斜腹杆、下弦杆、上弦杆，其中大跨度段约 1/3 跨位置处以及最外侧的斜腹杆重要性系数较大，跨中位置处的弦杆重要性系数较大。

2）对于单一的桁架梁构件失效情况，从变形角度，构件失效后，顶层、底层桁架梁的变形均有所增大；从内力角度，顶层桁架梁杆件失效后，荷载将更多地向底层桁架传递，子结构所受到的悬挂作用有所削弱，底层桁架梁的支承作用有所增强；底层桁架梁杆件失效后，荷载将更多地向顶层桁架传递，子结构受到的支承作用有所削弱，顶层桁架梁的悬挂作用有所增强，其中底层桁架梁斜腹杆 BW-4 失效后内力重分布的范围最广，表明 BW-4 重要程度较高，与构件重要性分析的结果一致。单一的桁架层构件失效后，剩余结构在内力重分布后均能够形成新的平衡，且满足变形准则和强度准则的要求，不会发生连续倒塌。

3）对于单一的巨型框架柱失效情况，从变形角度，巨型框架柱 KZ1-1 失效后，顶层、底层桁架梁有较大的变形；KZ1-2 失效后，顶层、底层桁架梁的变形几乎可以忽略。从内力角度，巨型框架柱 KZ1-1 失效后，结构内力重分布的范围比 KZ1-2 失效更广，表明 KZ1-1 失效对结构的影响比 KZ1-2 失效更为显著。单一的巨型框架柱失效后，剩余结构在内力重分布后都能够形成新的平衡，且满足变形准则和强度准则的要求，不会发生连续倒塌。

4）对于单一的吊柱失效情况，从变形角度，构件失效后，顶层、底层桁架梁的竖向位移变化均较小；从内力角度，大跨度段顶层吊柱失效后，同轴线吊柱的荷载将全部传递至底层桁架梁，相邻吊柱的荷载将更多地传递至顶层桁架，使悬挂作用增强，其余吊柱以及巨型框架柱的内力重分布现象不明显；大跨度段底层吊柱失效后荷载传递的规律与之类似。非大跨度段顶层吊柱失效后，同轴线吊柱的荷载将全部传递至底层桁架，使支承作用增强，其余吊柱以及巨型框架柱的内力重分布现象不明显；非大跨度段底层吊柱失效后，荷载传递规律与之类似，但由于吊柱 SC4-3 失效后，其上方的荷载失去了由斜腹杆传递至 KZ1-2 的路径，KZ1-2 的轴力有所降低。单一的吊柱失效后，剩余结构在内力重分布后都能够形成新的平衡，且满足变形准则和强度准则的要求，不会发生连续倒塌。

5）对于大跨度段底层桁架梁斜腹杆全部同时失效和巨型框架柱KZ1-1、KZ1-2同时失效两个极端情况，剩余结构虽然能在内力重分布后形成新的平衡，但结构会由于桁架变形过大发生连续倒塌。

6）顶层桁架梁和底层桁架梁起到了双重保险的作用，其中一方的作用削弱，另一方的作用就会增强。巨型框架悬挂结构混合体系具有较好的抗连续倒塌能力。

7）对于巨型框架悬挂结构混合体系，底层桁架梁斜腹杆的重要程度较高，为避免底层桁架梁的大幅变形以及确保底层桁架支承作用的有效性，应特别注意底层桁架梁斜腹杆与弦杆连接的可靠性，如保证拼接部位螺栓连接和焊缝连接的质量；可在紧邻底层巨型框架柱的位置处增设一个巨型框架柱，其不但能够成为巨型框架柱失效后的备用荷载路径，同时能够有效缓解桁架梁的大幅变形。

第5章 巨型框架悬挂结构混合体系的楼盖振动测试与舒适度评价

为了研究巨型框架悬挂结构混合体系的振动特性和人致荷载激励下的振动响应规律，本章开展了楼盖现场振动测试，包括动力特性试验和人致荷载激励试验。通过动力特性试验掌握了楼盖的频率分布，根据人致荷载激励试验研究楼盖的振动响应规律；总结了现有国内外振动舒适度标准，结合楼盖振动测试结果和振动性能有限元分析结果，从自振频率和加速度两方面对巨型框架悬挂结构混合体系进行了振动舒适度评价，为类似结构体系的楼盖振动舒适度评价提供了科学依据。

5.1 试 验 方 案

5.1.1 试验目的

现场实测巨型框架悬挂结构混合体系楼盖的动力特性，了解楼盖自振频率的分布情况，分析墙板对楼盖自振频率的影响。为进一步评判楼盖振动性能提供基础，针对单人、多人在行走、跑步、跳跃多种工况下楼盖的振动响应开展现场实测，分析人致荷载作用下楼板的振动响应。

5.1.2 测点区域与线路布置

开展楼盖振动测试试验前，通过有限元模拟对楼盖振动不利区域进行初步判断。静力分析表明，巨型框架悬挂结构混合体系中45m跨度段楼盖中心区域变形较大，填充子结构相比于桁架层变形更大。稳态分析结构表明，竖向振动模态多集中于45m大跨度段楼层区域，因此振动测试研究区域重点关注45m段楼层区域。考虑到顶层桁架为屋顶层，很少会出现人员活动的情况，结合振动测试效率与测试楼盖的代表性，选择第4、第5、第8、第10层作为振动舒适度测试区域。楼盖振动测试楼层如图5.1所示，包括轴线⑦～轴线Ⓓ，45m段大跨度平面示意图如图5.2所示。

本次楼盖振动测试工况分为设置墙板振动测试和未设置墙板振动测试。现场调研发现，当墙板安装完成后，原有试验区域范围受影响较小，只有位于轴线Ⓓ处设置填充墙。未设置墙板情况下，测点布置与路线设定如图5.3所示。

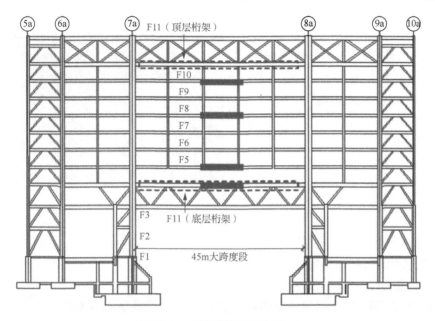

图 5.1　楼盖振动测试楼层

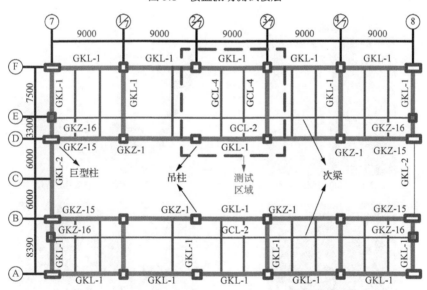

图 5.2　轴线⑦～轴线⑧45m 大跨度平面示意图（尺寸单位：mm）

其中 A—B—C—D—E—F 为定位线，人致荷载激励振动试验时，按照 6 条路线进行行走；A—B—C 三条路线沿楼盖跨度方向，D—E—F 三条路线沿楼盖宽度方向；路线 B 位于轴Ⓓ、轴Ⓕ中间，路线 A 位于路线 B—E 中间。考虑到次梁的影响，1 号测点布置在轴②₇a～轴③₇a、轴Ⓔ、轴Ⓕ所包含的楼盖区域中心处。

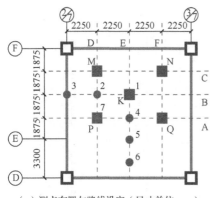

(a) 测点布置与路线设定（尺寸单位:mm）

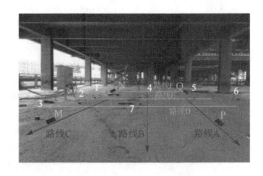

(b) 测点与路线布置现场图

图 5.3 测点布置与路线设定

考虑到楼盖对称均匀性，其余测点均在楼盖 1/4 处布置。K、P、Q、M、N 均为跳跃激励点，位于各条行走路线相交处。

振动测试采用 CF0924V 型磁电式速度/加速度传感器、AZ316 振动和动态信号分析仪、LC-15004 标准激励锤。振动测试仪器如图 5.4 所示。

(a) LC-15004 标准激励锤

(b) AZ316 振动和动态信号分析仪

(c) CF0924V 型磁电式速度/加速度传感器

(d) 测站设置

图 5.4 振动测试仪器

5.2　动力特性试验

通过动力特性试验掌握待测区域楼盖的频率分布。基于自由振动理论，以楼层中心 1 号测点为激励点，通过激励锤对楼盖进行一次和多次锤击激励。未设置墙板振动测试时，以 1～7 号测点为监测点，通过加速度传感器拾取楼盖的竖向加速度信号，利用振动及动态信号测试仪分析得到各测点的时程曲线，经过傅里叶变换得到频谱曲线。动力特性试验现场照片如图 5.5 所示。

图 5.5　动力特性现场照片

以未设置墙板情况下第 4 层 1 号、6 号测点为例，1 号、6 号测点在锤击作用下时程曲线和频谱曲线如图 5.6、图 5.7 所示。

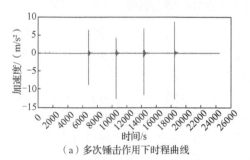

（a）多次锤击作用下时程曲线　　　　（b）一次锤击作用下时程曲线

图 5.6　第 4 层 1 号测点时程曲线和频谱曲线

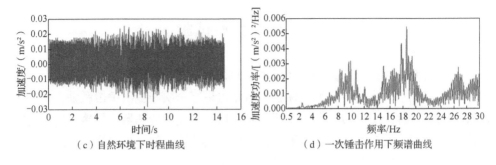

（c）自然环境下时程曲线　　　　　　（d）一次锤击作用下频谱曲线

图 5.6（续）

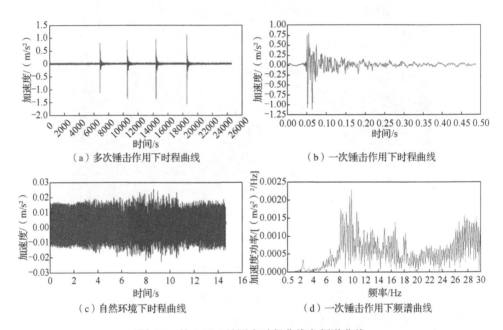

（a）多次锤击作用下时程曲线　　　　　（b）一次锤击作用下时程曲线

（c）自然环境下时程曲线　　　　　　（d）一次锤击作用下频谱曲线

图 5.7　第 4 层 6 号测点时程曲线和频谱曲线

图 5.6（a）、图 5.7（a）为多次锤击作用下 1 号、6 号测点时程曲线，图 5.6（b）、图 5.7（b）为一次锤击作用下时程曲线，图 5.6（c）、图 5.7（c）为自然环境下时程曲线。在锤击作用下，楼盖产生了明显的振动响应。如图 5.6（b）所示，锤击作用下 1 号测点峰值加速度为 6m/s^2，远大于自然环境下 1 号测点峰值加速度 0.02m/s^2。锤击后 0.05s 内，楼板振动响应迅速衰减；0.15s 后，楼板振动响应衰减，稳定后为自然环境下振动响应。上述结果均表明，加速度传感器可以准确捕捉楼盖在外部激励下的竖向振动信号。图 5.6（d）、图 5.7（d）分别为 1 号、6 号测点在一次锤击作用下的频谱曲线，测点在不同频率处的振动响应不同，在某些特定频率处的振动响应显著提高。

除了冷弯薄壁型钢等轻质楼盖外，钢筋混凝土等钢混组合楼盖不易发生高频振动，而人的步行频率一般处于 1.6～3.2Hz，引发楼盖产生振动的频率多集中在 10Hz 以下。为了提高研究效率和准确性，选取 0～30Hz 频率开展频谱分析。以第 4 层 1 号测点举例分析，在竖线所对应频率的荷载激励作用下，楼盖会产生较大的振动响应，如图 5.8 所示，前六阶自振频率见表 5.1。

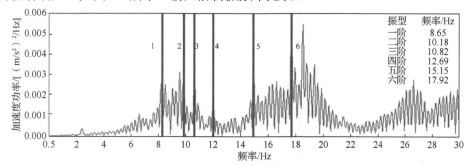

图 5.8　第 4 层 1 号测点频谱分析

表 5.1　第 4 层 1 号测点各阶自振频率

振型	频率/Hz
一阶	8.65
二阶	10.18
三阶	10.82
四阶	12.69
五阶	15.15
六阶	17.92

由于行人步行频率较低，因此主要关注前三阶自振频率。部分测点前三阶自振频率如图 5.9 所示。

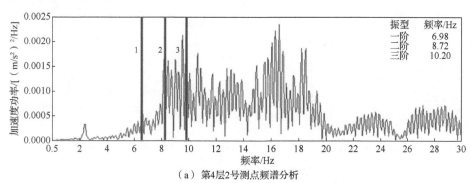

（a）第4层2号测点频谱分析

图 5.9　部分测点前三阶自振频率

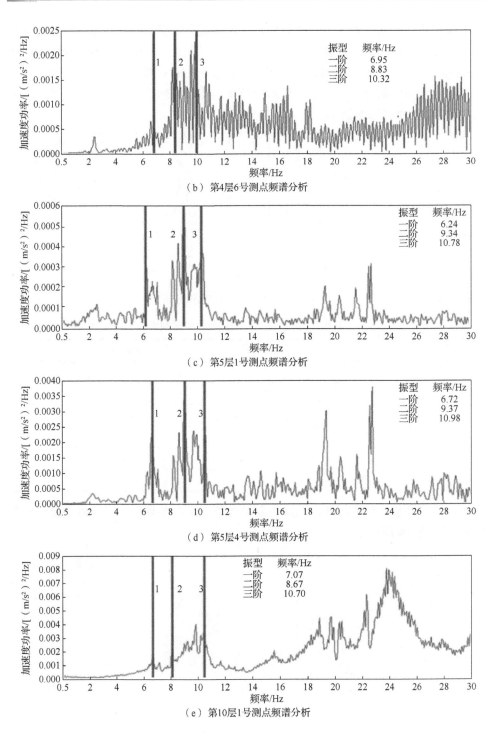

（b）第4层6号测点频谱分析

（c）第5层1号测点频谱分析

（d）第5层4号测点频谱分析

（e）第10层1号测点频谱分析

图 5.9（续）

由图 5.9 可知，测点前三阶自振频率中，不同阶自振频率下所引起楼盖振动响应相差较大。如图 5.9（a）所示，第 4 层 2 号测点第三阶自振频率对应的加速度功率比第一阶提高了 270.61%，楼盖在第三阶自振频率下的振动响应明显高于第一阶自振频率。如图 5.9（b）所示，第 4 层 6 号测点第三阶自振频率对应的加速度功率比第一阶提高了 254.53%，比第二阶提高了 11%。不同阶自振频率下楼板振动响应相差较大。

5.2.1　未设置墙板试验结果

以未设置墙板动力特性试验为试验组，设置墙板动力特性试验为对照组。选取第 4 层、第 5 层、第 10 层为试验组。根据锤击作用下频谱分析结果，可得到试验组楼层各测点前三阶自振频率，见表 5.2～表 5.4。

表 5.2　第 4 层楼层各测点自振频率

测点	一阶频率/Hz	二阶频率/Hz	三阶频率/Hz
1	8.65	10.18	10.82
2	6.98	8.72	10.20
3	7.12	10.86	12.99
4	6.98	9.56	10.01
5	6.90	10.52	11.94
6	6.95	8.83	10.32
7	7.93	9.56	10.45

表 5.3　第 5 层楼层各测点自振频率

测点	一阶频率/Hz	二阶频率/Hz	三阶频率/Hz
1	6.24	9.34	10.78
2	6.96	8.25	11.34
3	6.00	8.05	11.45
4	6.72	9.37	10.98
5	5.57	8.29	10.87
6	7.00	9.32	9.98
7	6.89	10.01	11.38

表5.4　第10层楼层各测点自振频率

测点	一阶频率/Hz	二阶频率/Hz	三阶频率/Hz
1	7.07	8.67	10.70
2	7.25	8.02	13.63
3	6.77	9.54	13.55
4	7.16	7.45	9.47
5	5.86	10.21	13.69
6	7.08	9.87	13.62
7	8.87	10.03	10.00

　　由图 5.10（a）可知，第 4 层各测点第一阶自振频率在 7Hz 左右，第二阶自振频率在 10Hz 左右。由图 5.10（b）可知，第 5 层各测点第一阶自振频率在

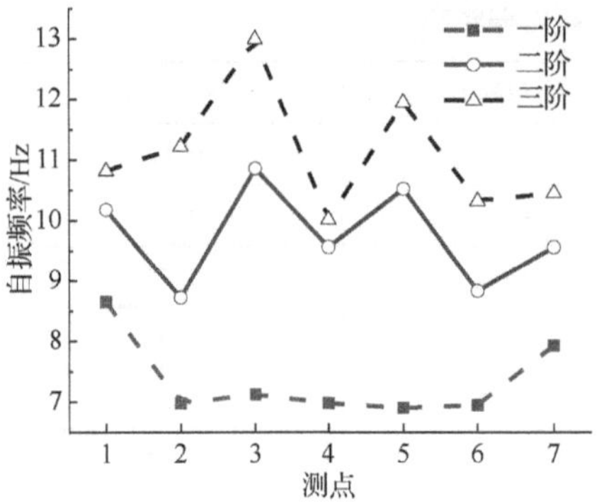

（a）第4层各阶自振频率

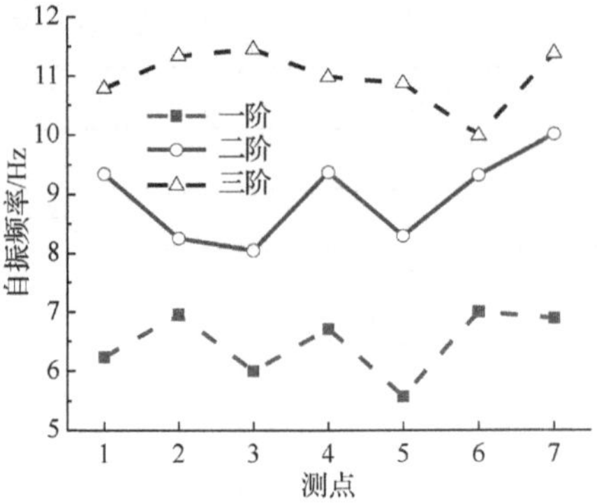

（b）第5层各阶自振频率

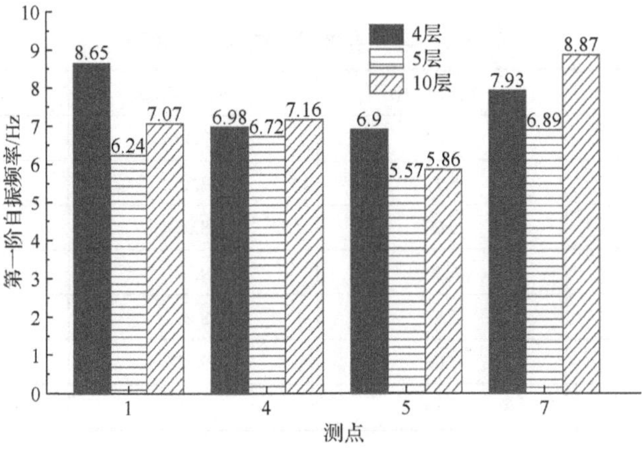

（c）不同楼层第一阶自振频率对比

图 5.10　各楼层自振频率分析

6Hz 左右，第二阶自振频率在 9Hz 左右。而人的步行频率一般处于 1.6～3.2Hz，落入楼盖第二阶自振频率的概率较小，因此主要关注各楼层第一阶自振频率。对不同楼层第一阶自振频率进行对比，以楼板中心 1 号、4 号、5 号、7 号测点为代表，如图 5.10（c）所示，得到以下结论。

1）第 4 层转换桁架层楼盖第一阶自振频率均大于 6Hz，填充子结构层楼盖第一阶自振频率均大于 5Hz。

2）第 4 层一阶自振频率较第 5 层高，其中，楼层中心 1 号测点自振频率较第 5 层高近 43%。由结构动力学可知，第 4 层属于底层桁架，斜撑在一定程度上提高了楼层的刚度，自振频率与刚度呈正相关；而第 5 层属于悬挂结构最底层，仅靠吊柱与上一楼层连接，导致结构偏柔，竖向刚度较小，因此自振频率较低。

3）第 4 层一阶自振频率相比于第 10 层并没有明显提高。一方面，由于第 10 层属于悬挂结构顶层，受到顶层桁架梁的约束，刚度较大。另一方面，由于转换桁架层楼层厚度为 150mm，填充子结构楼层厚度为 120mm。由结构动力学可知，自振频率与质量呈负相关，因此第 4 层的楼层自重一定程度上降低了结构自振频率。填充子结构楼层第 5 层仅靠一层吊柱与上一层相连，刚度较小，导致一阶自振频率较第 10 层低。

5.2.2　设置墙板的试验结果

当设置填充墙板后，除位于轴线Ⓓ处的次梁上设置填充墙外，所属试验区域并没有影响楼盖振动响应的其他因素。由于次梁上填充墙的存在，导致设置墙板时无法测量位于填充墙以外的区域，因此较未设置墙板振动试验时测点发生少许变化，导致测试人员步行测试路径发生变化。设置墙板振动测试测点布置图和路线布置示意图如图 5.11 所示。设置墙板测试测点和路线布置示意图如图 5.12 所示。

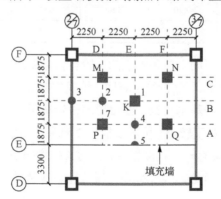

图 5.11　设置墙板测试测点与路线布置示意图（尺寸单位：mm）

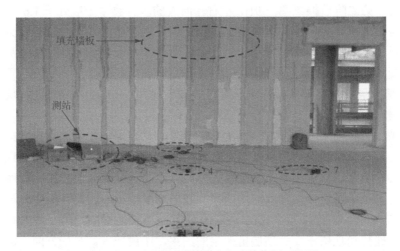

图 5.12　设置墙板测试测点与路线布置示意图

注：设置墙板振动测试时，取消 6 号测点；路线 D、路线 E、路线 F 行走路径截至填充墙处。

　　以设置墙板的动力特性试验为对照组，考虑到测试楼层的完整性和现场的试验条件，选取第 4 层、第 8 层、第 10 层为试验组。根据锤击作用下频谱分析结果，得到对照组楼层各测点的第一阶自振频率，见表 5.5。

表 5.5　设置墙板时不同楼层各测点第一阶自振频率

楼层	频率/Hz					
	测点 1	测点 2	测点 3	测点 4	测点 5	测点 7
第 4 层	8.80	7.42	7.47	7.10	7.51	9.07
第 8 层	6.50	7.20	8.60	6.94	7.05	7.05
第 10 层	7.56	7.26	7.24	7.10	7.06	7.23

　　对设置墙板情况下不同楼层各测点的一阶自振频率进行分析，以第 4 层和第 10 层为例，如图 5.13 所示。分析结果表明，墙板安装完成后，同一楼层各测点的一阶自振频率的变化趋势基本一致。在设置墙板情况下，第 4 层的一阶自振频率有一定程度的增大，但幅度较小。位于墙板处 3 号和 5 号测点自振频率增长较大。第 10 层各测点自振频率有一定程度增大，但增长幅度很小。填充墙板在一定程度上加强了楼盖的约束，但是其位于待测区域楼盖边缘位置，对楼板自振频率影响作用较小。

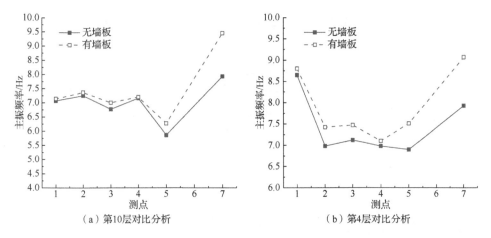

（a）第10层对比分析　　　　　　　　　（b）第4层对比分析

图 5.13　设置墙板对第一阶自振频率的影响

5.3　人致荷载激励试验

5.3.1　测试工况

为探究巨型框架悬挂结构混合体系楼盖在人致荷载激励下的振动响应规律，开展现场振动测试，研究步行频率、行人数量、行走路线、不同楼层等对楼盖振动响应的影响。试验工况分为步行激励工况和节律跳跃激励工况。

步行激励类型分为慢走、正常走、快走、快跑 4 种类型；试验时，通过控制步行一段距离所需要的时间兼在步行过程中读秒来保证试验结果的准确性。假定行人行走步幅为 l，步频为 f，步行路线长度为 S，得步行速度为 $v=lf$，行走全程所用时间为 $t=S/lf$。未设置墙板情况下，楼盖步行激励参数和试验控制时间见表 5.6。

表 5.6　步行激励参数和控制时间

工况分类	试验类型	步行频率 f/Hz	步幅 l/m	速度 v/(m/s)	9m 控制时间/s	10.8m 控制时间/s
步行激励	慢走	1.6	0.6	1.1	8.18	9.16
	正常走	2.0	0.75	1.5	6	6.72
	快走	2.5	1.0	2.5	3.6	4.03
	快跑	3.2	1.75	5.5	1.64	1.83

注：9m 为沿所测区域楼盖跨度方向行走路线，即 A、B、C 三条线；10.8m 为沿所测区域楼盖宽度方向行走路线长度，即 D、E、F 三条路线。

结合试验目的，共设置有 17 个人致荷载激励试验工况，其中 14 个步行荷载激励试验工况见表 5.7，3 个节律跳跃激励工况见表 5.8。

无墙板振动测试时，以 1～7 号测点为监测点，通过加速度传感器拾取楼盖的竖向加速度信号，利用采集仪分析得到各测点时程曲线，得到各测点峰值加速度。每个工况分别开展两次试验取平均值。人致荷载激励试验现场如图 5.14 所示。

表 5.7　步行荷载激励试验工况

序号	工况代号	工况	频率/Hz	行走类型	加载方式
1	T-B1	慢走	1.6	单人行走	单人沿路径行走
2	T-B2	正常走	2.0		
3	T-B3	快走	2.5		
4	T-B4	快跑	3.2		
5	S-B1	慢走	1.6	三人跨度行走	三人成一列沿路线 B 行走
6	S-B2	正常走	2.0		
7	S-B3	快走	2.5		
8	S-B4	快跑	3.2		
9	L-ABC2	正常走	2.0	多人跨度行走	三人站一排共两排沿路线 A、B、C 行走
10	L-ABC3	快走	2.5		
11	S-E2	正常走	2.0	三人宽度行走	三人成一列沿路线 E 行走
12	S-E3	快走	2.5		
13	L-DEF2	正常走	2.0	多人宽度行走	三人站一排共两排沿路线 D、E、F 行走
14	L-DEF3	快走	2.5		

注：工况代号说明：① 1、2、3、4 分别代表步行频率为 1.6Hz、2.0Hz、2.5Hz、3.2Hz，分别对应慢走、正常走、快走、快跑；② A、B、C、D、E、F 分别代表图 5.3 中的六条路线，A、B、C 代表三条路线上同时施加人行荷载；③T 代表单人行走，S 代表三人跨/宽度行走，L 代表六人两排三列行走。

表 5.8　节律跳跃激励试验工况

序号	工况代号	工况	频率/Hz	行走方式	行走方式
1	J-K	节律跳跃	2.6	单人跳跃	单人在 K 点跳跃
2	J-PN			双人跳跃	两人分别在 P、N 两点同步跳跃
3	J-PQNM			四人跳跃	四人分别在 P、Q、M、N 四点同步跳跃

（a）单人行走

（b）三人宽度行走

（c）多人宽度行走

（d）四人跳跃

图 5.14　人致荷载激励测试现场

5.3.2　未设置试验结果

以未设置墙板人致荷载激励试验为试验组,振动测试楼层为第 4 层、第 5 层、第 10 层。

为了保证试验数据的可靠性,每个工况分别开展两次试验,测试竖向振动峰值加速度。同时,为了避免过大或者过小的峰值加速度可能对楼盖振动特性评价产生影响,利用相关软件在加速度时程曲线的基础上输出均方根加速度。

以未设置墙板振动试验第 4 层部分测点在 T-B2、S-B2、J-K、J-PQMN 工况下举例说明,同时对比自然环境下楼盖振动情况,如图 5.15 所示。

由人致荷载激励作用下时程曲线和自然环境下时程曲线对比可知,人致荷载激励作用下曲线会呈现出周期性响应。由图 5.15 所示,自然环境作用下楼盖的竖向振动加速度在 0.02m/s^2 上下波动,考虑到现场施工会对楼盖产生一定的振动激励,因此在实际使用过程中,振动响应将会有所降低。步行荷载激励和节律跳跃激励下,竖向振动加速度处于 0.08m/s^2 左右,相比于自然环境作用下楼盖振动响应提高了近 4 倍。记录各楼层每个测点的峰值加速度和均方根加速度,分析结果如下。

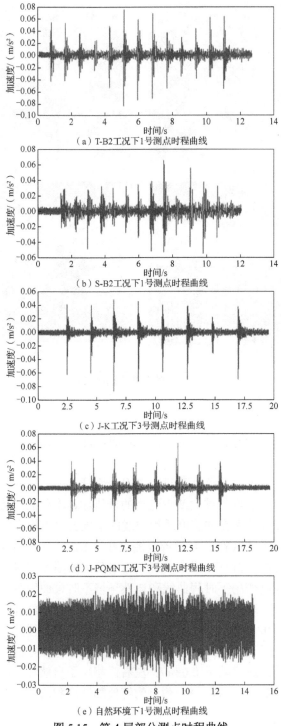

（a）T-B2工况下1号测点时程曲线

（b）S-B2工况下1号测点时程曲线

（c）J-K工况下3号测点时程曲线

（d）J-PQMN工况下3号测点时程曲线

（e）自然环境下1号测点时程曲线

图 5.15　第 4 层部分测点时程曲线

（1）步行频率对楼盖振动响应的影响

探究步行频率对楼盖振动响应的影响，采用单人行走和三人跨度行走的行走类型；步行频率分别取 1.6Hz、2.0Hz、2.5Hz、3.2Hz；行走路线为 B，沿着楼盖跨度方向；对应工况为 T-B1～T-B4，S-B1～S-B4；监测点为 1 号、3 号测点。不同步频下楼盖峰值加速度如图 5.16 所示。

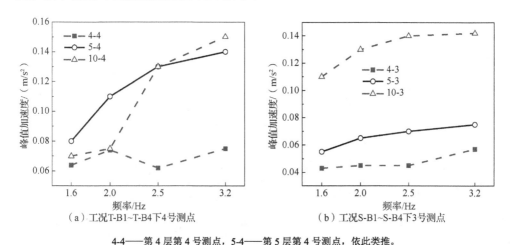

（a）工况 T-B1～T-B4 下 4 号测点　　　　　（b）工况 S-B1～S-B4 下 3 号测点

4-4——第 4 层第 4 号测点，5-4——第 5 层第 4 号测点，依此类推。

图 5.16　不同步频下楼盖峰值加速度

从图 5.16 可以看出，随着步行频率增大，楼盖的峰值加速度也逐渐增大；填充子结构楼盖振动响应较第 4 层强烈。步行频率的增加对第 4 层振动响应变化影响较小，对填充子结构楼层影响较大。随着步行频率从 1.6Hz 增加到 3.2Hz，第 10 层 4 号测点的峰值加速度增长了 114%，步行频率的增加显著激起楼盖的振动响应。

（2）行走路径对楼盖振动响应的影响

探究行走路径对楼盖振动响应的影响，采用三人行走和多人行走的类型；步行频率取 2.0Hz；分别沿楼盖跨度方向（路径 A、B、C）和沿楼盖宽度方向（路径 B、C、D）；对应工况为 S-B2 和 S-E2、L-ABC2 和 L-DEF2；监测点为 1～7 号测点。以第 4 层、第 5 层、第 10 层为例，不同路径下楼盖峰值加速度如图 5.17 所示。

第 4 层各测点在三人行走和多人行走工况下峰值加速度如图 5.17（a）、（b）所示。第 5 层和第 10 层在三人行走工况下峰值加速度如图 5.17（c）、（d）所示。分析结果表明：沿宽度方向行走工况下楼盖振动响应高于沿楼盖跨度方向行走，但差距并不明显，沿楼盖宽度方向刚度更小，导致楼盖振动响应加大。

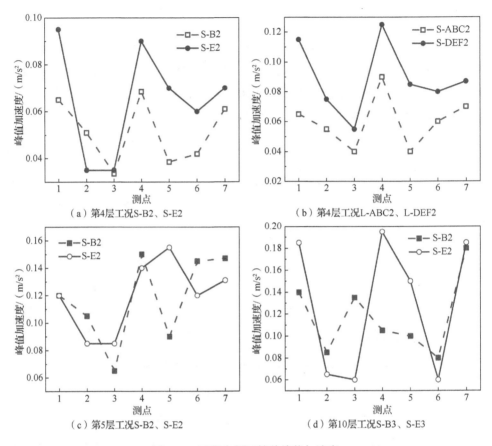

图 5.17 不同步频下楼盖峰值加速度

（3）行人数量对楼盖振动响应的影响

探究行人数量对楼盖振动响应的影响。分别开展单人行走、三人行走、多人行走的激励类型，步行频率取 2.0Hz，行走路线为沿楼盖跨度方向，对应工况为 T-B2、S-B2、L-ABC2、J-K、J-PQ、J-PQMN。监测点为 1、4、7 号测点。以第 4 层、第 10 层为例，不同行人数量下楼盖峰值加速度如图 5.18 所示。

第 4 层、第 10 层楼盖各测点在单人、三人、多人行走工况下的峰值加速度如图 5.18（a）、（b）所示。结果表明，楼盖振动响应和行人数量没有决定性联系。分析可知，楼盖的振动响应不仅与人员的数量有关，还与人员的位置分布相关。多人行走工况下，6 个人均匀分布在 A、B、C 三条路线上，并且测试人员的步伐无法做到完全统一，可能会造成不同人员产生的楼盖振动响应相互抵消，致使楼盖振动响应较小。从图 5.18（b）可以看出，三人一列行走工况下楼盖振动响应高于单人行走和多人行走，多人行走工况下人员分布比三人稀疏，且难以控制步频一致，因此楼盖振动响应小于三人行走工况。

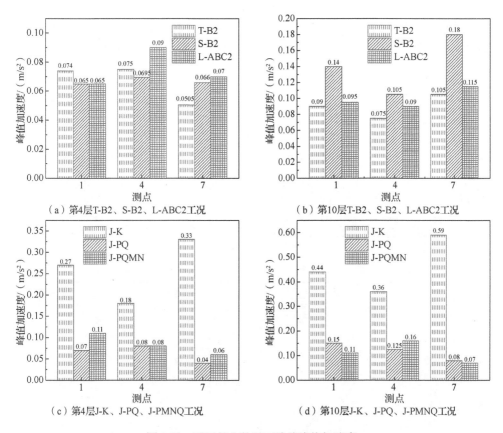

图 5.18　不同行人数量下楼盖峰值加速度

　　第 4 层、第 10 层楼盖各测点在单人、双人、四人节律跳跃工况下的峰值加速度如图 5.18（c）、（d）所示。分析结果表明，单人在楼盖中心跳跃时会激起强烈的振动响应，而双人、四人跳跃激励点均匀分布在楼盖上，且可能不同人员跳跃频率不一致，因此导致激起的振动响应较小。

　　（4）不同楼层振动响应的差异

　　探究不同楼层振动响应的规律。未设置墙板振动测试的楼层包括第 4 层、第 5 层、第 10 层。步行频率选取 2.0Hz、2.5Hz。对应工况为 T-B2～T-B3、S-B2～S-B3、L-ABC2～L-ABC3、L-DEF2～L-DEF3、J-K、J-PQ、J-PQMN。监测点为 1 号测点，不同楼层 1 号测点峰值加速度如图 5.19 所示。

　　如图 5.19 所示，分别为各楼层在三人行走、多人行走、节律跳跃工况下的楼盖振动响应。从图 5.19 可以看出，填充子结构楼层在人行荷载作用下的振动响应大于桁架层，且填充结构的楼层越高，振动响应越强烈。如图 5.19（c）所示，单人在所研究楼盖中心区域跳跃时，第 4 层、第 5 层、第 10 层的 1 号测点的峰值加速度分别为 0.27m/s²、0.36m/s²、0.44m/s²，第 5 层较第 4 层增长了 33%，第 10 层较第 5 层增长了 22%。工况 S-B2、L-ABC3 的结果也印证了上述结论。

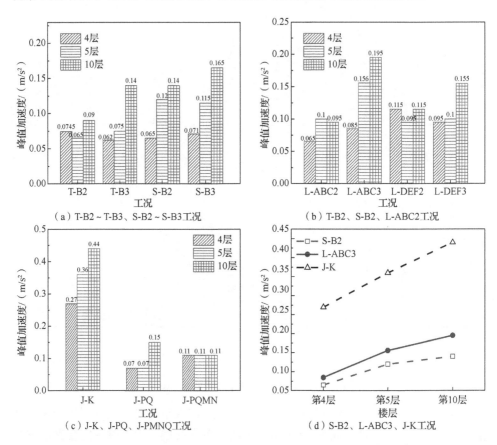

图 5.19　不同楼层 1 号测点峰值加速度

5.3.3　设置墙板振动测试试验结果

以设置墙板振动试验为对照组，探究墙体对楼盖振动响应的影响，如图 5.20 所示，为第 4 层不同工况下楼盖振动测试对比分析。

选取单人行走、三人行走、多人行走、单人节律跳跃等各工况，对楼盖在设置墙板和未设置墙板下的振动响应进行对比分析。分析结果表明，第 4 层待测区域楼盖各测点在未设置墙板和设置墙板下的峰值加速度较为接近，振动响应没有明显的区别，但整体趋势上，未设置墙板时，楼盖振动响应大于设置墙板工况，墙板在一定程度上提高了楼盖的刚度和质量，导致楼盖振动响应减弱。

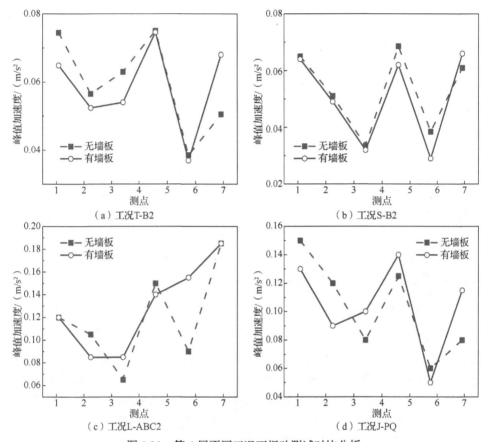

图 5.20　第 4 层不同工况下振动测试对比分析

5.4　楼盖振动舒适度评价方法

5.4.1　现有评价方法与技术标准

对结构楼盖振动舒适度开展评价时，需要选取合适的振动指标。国内外学者在长期的研究过程中，主要选取了挠度、速度、加速度、频率、振动剂量等量化指标来评价楼盖振动舒适度。但是各国的标准规范有较大差异，因此，对一个结构体系往往会出现不同的评价指标。如国际标准化组织发布的 ISO 2631/2[244]为楼盖的振动频率分析推荐了两种频率加权法，基于经过频率修正的均方根加速度作为评价指标；美国标准 AISC[245]选用了峰值加速度作为主要评价指标；英国标准 BS 6872[246]采用了振动剂量作为评价指标。因此，需要针对具体的结构形式，结合试验和模拟数据，合理开展舒适度评价。总结国内外标准规范，目前楼盖振动舒适度评价方法主要有以下 2 种。

1. 频率调整法

当物体承受外部能量的输入时，会以特定的频率进行周期性的振动，该频率称为结构的自振周期。外部的能量消失后，结构自身的振动会在阻尼的作用下逐渐减弱至停止。当外部的荷载频率与结构的频率接近时，结构就会产生共振，从而使物体中储存的能量不断积累。当提供的能量超过结构每周期振动需要耗散的能量时，结构就会产生持续的振动响应。但是，当外部荷载频率与结构自身的频率相差较大时，输入结构的能量就会抵消。

在结构设计过程中，通过调整结构自身的振动频率，避免使其进入步行荷载的频率范围内，从而达到降低结构发生共振的可能性。频率调整法概念清楚明确且在实际工程结构中应用方便，因此，大多数标准规范都首先通过控制楼盖频率来保证楼盖的舒适度。如我国《高层建筑混凝土结构技术规程》（JGJ 3—2010）[247]规定，楼盖竖向自振频率不宜小于 3Hz。英国规范建议，步行桥自振频率不低于5Hz。欧洲规范规定，楼盖自振频率不应低于 9Hz。

2. 动力响应控制法

通过对频率调整法分析可知，通过调整结构的自振频率可对结构振动进行有效的控制。但是，对诸如大跨度楼盖，即使结构的自振频率较低，但由于结构本身的重量较重，结构在外界激励作用下也很难发生振动响应。冷弯薄壁等轻型钢结构楼盖本身自振频率较高，但是由于结构本身自重较轻，在人行荷载作用下也会产生较强的振动响应。因此，不能仅仅将自振频率作为判断结构振动舒适度的唯一标准，有必要考虑结构本身的振动响应。

楼盖振动舒适度的评价指标一方面与楼盖自身刚度、质量、自振频率有关，另一方面与行人的活动和评价者的自身感受有关。目前国内外提出了多种舒适度评价标准，评价指标各不相同。目前国内外广泛采用的评价指标主要是挠度、振动频率和加速度。本节对国内外楼盖振动结构的舒适度评价标准做简要介绍。

（1）《高层民用建筑钢结构技术规程》（JGJ 99—2015）[248]

以结构基频为评价标准，楼盖结构的竖向振动频率不宜小于 3Hz，竖向振动加速度限值要求见表5.9。

表 5.9　楼盖振动加速度限值

人员活动环境	峰值加速度限值/（m/s²）	
	竖向自振频率不大于 2Hz	竖向自振频率不小于 4Hz
住宅、办公	0.07	0.05
商场及室内走廊	0.22	0.15

注：楼盖结构竖向频率为 2~4Hz 时，峰值加速度可按线性插值选取。

（2）《高层建筑混凝土结构技术规程》（JGJ 3—2010）

对楼盖规定与《高层民用建筑钢结构技术规程》（JGJ 99—2015）相同。

（3）《混凝土结构设计规范（2015 年版）》（GB 50010—2010）

该规范第 3.4.6 条规定，对混凝土楼盖结构应根据使用功能的要求进行竖向自振频率验算，并符合表 5.10 要求。

表 5.10　楼盖竖向自振频率限值

人员活动环境	竖向自振频率限值（不宜低于）/Hz
住宅和公寓	≥5
办公楼和旅馆	≥4
大跨度公共建筑	≥3

（4）《组合楼板设计与施工规范》（CECS 273:2010）[249]

对组合楼盖峰值加速度和自振频率的验算，是保证组合楼盖使用阶段舒适度的基础。试验和理论分析表明，楼盖舒适度取决于楼盖的自振频率 f_n，还与组合楼盖的峰值加速度有关。

组合楼盖在正常使用时，其自振频率 f_n 不应小于 4Hz，亦不宜大于 8Hz，且振动峰值加速度与重力加速度 g 之比不宜大于表 5.11 的限值。

表 5.11　振动峰值加速度限值

房屋功能	住宅，办公	餐饮，商场
a_p/g	0.005	0.015

注：1. 舞厅、健身房、手术室等其他功能房屋应该做专门研究论证；
　　2. 当 f_n 大于 8Hz 时，应该做专门的研究。

（5）ISO 国际标准 ISO 2631/2[244]

国际标准化组织发布的 ISO 2631/2 给出了建筑物内的连续与冲击振动（1～80Hz）对居住者的影响的评价方法。该方法推荐了两种频率加权方法：1/3 倍频带加权法和总体频率加权法。将经过频率加权的均方根加速度（即振动强度 a_w）作为评价楼盖振动舒适度的指标，如式（5.1）所示。该标准对楼盖振动舒适度提出了具体要求，见表 5.12。

$$a_w = W(f)a_{rms} \tag{5.1}$$

$$a_{rms} = \sqrt{\frac{1}{T}\int_t^T a^2(t)\mathrm{d}t} \tag{5.2}$$

$$W(f)=\begin{cases}0.5\sqrt{f} & 0\leqslant f<4\\ 1 & 4\leqslant f<8\\ 8/f & 8\leqslant f<80\end{cases} \tag{5.3}$$

式中，a_{rms} 为均方根加速度；f 为楼盖基频；$W(f)$ 为总体频率加权函数。

表 5.12　不同建筑振动强度容许值

使用条件	a_w			
	高要求区域	住宅	办公室	车间
ISO 2631/2	0.005	0.007（夜）/0.015（日）	0.02	0.04

（6）美国规范 AISC 11[245]

该规范主要根据钢-混凝土组合楼盖的动态反应制定,针对行走和节奏激励下楼盖的振动问题，并同时考虑了行人的舒适性要求和特殊设备对振动的要求，适用于办公室、商场、人行天桥等类似环境下的振动舒适度评价。

$$\frac{a_p}{g}=\frac{p_0\exp(-0.35f_n)}{\beta W}\leqslant\frac{a_0}{g} \tag{5.4}$$

式中，a_p/g 为计算的峰值加速度；a_0/g 为加速度限值；p_0 为表示步行激励的力常数；f_n 为楼盖基频；β 为结构的模态阻尼比；W 为楼盖系统的有效重力。

在办公室或是住宅中的人能接受的振动峰值加速度约为 0.5%g。对于参加某种活动的人可以接受的振动峰值加速度可以达到前者的 10 倍，约为 5%g。模态阻尼比建议值见表 5.13。

表 5.13　模态阻尼比（β）限值

结构类型		β
办公室、住宅、教堂等	楼盖系统内无天花板、管道、隔墙等非结构性部分	0.02
	楼盖系统内有少量可拆卸的非结构性部分	0.03
	各楼盖之间有全高的隔墙	0.05
商场、舞厅和车站等		0.02
室内人行桥		0.01
室外人行桥		0.01

AISC-11 建议的峰值加速度限值如图 5.21 所示。

（7）英国规范 BS 6472[246]

该规范采用振动剂量值（vibration dose value，VDV）作为振动舒适度评价的指标，定义振动剂量如下式所示：

$$VDV = \left[\int_0^T a_w^4(t)\mathrm{d}t\right]^{1/4}$$ （5.5）

式中，T 为振动持续时间；a_w 为频率计权后的均方根加速度。

表 5.14 为不同建筑环境的振动剂量限值及其对应限值人员的感受。

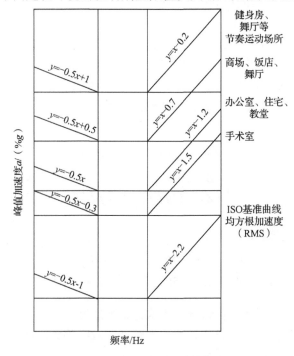

图 5.21　AISC 规范峰值加速度限值

表 5.14　振动剂量限值（VDV）

建筑环境	VDV		
	不太可能抱怨	较可能抱怨	很大可能抱怨
手术室等	0.1	0.2	0.4
住宅	0.2~0.4	0.4~0.8	0.8~1.6
办公室	0.4	0.8	1.6
工厂	0.8	1.6	3.2

（8）加拿大 ATC 标准[250]

加拿大标准委员会基于 Allen 和 Raine 关于步行激励作用下楼盖振动试验研究，给出了楼盖振动舒适度的标准。该标准以峰值加速度作为判别指标，结合楼盖的最大位移幅值和楼盖的一阶自振频率，给出了楼盖峰值加速度的计算公式：

$$a_{\max} = (2\pi f)^2 A_0 \tag{5.6}$$

式中，A_0 为楼盖的最大位移幅值；f 为楼盖的一阶自振频率。

该规范还给出了相应阻尼比情况下，不同楼盖自振频率作用下的楼盖峰值加速度限值。当楼盖自振频率低于 8Hz 时，采用加速度作为舒适度指标；当楼盖自振频率大于 8Hz 时，采用速度作为舒适度指标。

（9）德国标准 VDI 2057-2002[251]

德国 1986 年发布的 VDI 2057-2002 采用了振动阈值（记为 K 值）作为舒适度的评价指标，振动阈值是人正好能感觉到的振动强度，即感受到振动的人和感受不到振动的人各占 50%。VDI 2057 在国际标准化组织发布的 ISO 2631 基础上，基于均方根加速度，定义站姿或坐姿的 K 值如下。

Z 轴方向振动时，

$$\begin{cases} KZ = 10af^{1/2}, & 1 \leqslant f < 4 \\ KZ = 20a, & 4 \leqslant f < 8 \\ KZ = 160a/f, & 8 \leqslant f \leqslant 80 \end{cases} \tag{5.7}$$

X 轴、Y 轴方向振动时，

$$\begin{cases} KX = KY = 20a, & 1 \leqslant f < 2 \\ KX = KY = 56a_{\mathrm{rms}}/f, & 2 \leqslant f \leqslant 80 \end{cases} \tag{5.8}$$

式中，f 为楼盖的一阶自振频率；a_{rms} 为均方根加速度。

该标准还给出了 K 值的限值与人心理感受的对应关系，见表 5.15。

表 5.15　K 值的限值与人心理感受的对应关系

K 值	人心理感受
0～0.1	感觉不到
0.1～0.4	刚好有感觉
0.4～1.6	容易感觉到
1.6～6.3	强烈感觉到

通常评价楼盖，还可以采用挠度的标准进行评价。主要规范包括如下 3 种。

1）我国《钢结构设计标准》（GB 50017—2017）[203]规定主梁和桁架在可变荷载作用下，挠度应小于 1/500，次梁应小于 1/300。

2）美国钢结构标准 AISC 360-10[252]规定，钢梁挠度不超过跨度的 1/360。

3）美国土木工程师协会（The American Society of Civil Enginners，ASCE）规定，在 1kN 集中力作用下，楼盖变形小于 0.25mm 的商业建筑即满足结构振动要求。

5.4.2　振动舒适度评价结果

1. 频率分析

频率调整法是开展舒适度评价的基本方法，通过控制结构体系的自振频率避开外部荷载的频率，从而避免结构体系发生共振。楼盖的第一阶自振频率是引发楼盖发生振动的主要频率，各楼层 1 号、4 号、7 号测点第一阶自振频率见表 5.16。

表 5.16　不同楼层第一阶自振频率

楼层	自振频率/Hz		
	测点 1	测点 4	测点 7
4 层	8.65	6.98	7.93
5 层	6.24	6.72	6.89
10 层	7.07	7.16	8.87

从表 5.16 可以看出，我国适用于高层钢结构、高层钢筋混凝土、低中高层组合结构等各规范对楼盖的自振频率均有规定，其中《高层建筑混凝土结构技术规程》(JGJ 3—2010)[247]和《高层民用建筑钢结构技术规程》(JGJ 99—2015)[248]均规定楼盖的自振频率应大于 3Hz，而《混凝土结构设计规范（2015 年版）》(GB 50010—2010)[209]中规定大跨度混凝土结构自振频率应大于 5Hz。从表 5.16 可以看出，该结构体系各楼层第一阶自振频率均大于 5Hz，满足相关规范的规定。同时稳态分析结果表明，各楼层自振频率为 6.4Hz，满足相关规范的要求。中国科学院量子创新研究院科研楼采用钢筋桁架楼承板，填充子结构所属吊柱之间间距为 9m，但整个填充子结构跨度长达 45m，为留下充分的富裕度，建议该结构体系自振频率的限值按混凝土结构设计规范，取 5Hz。

2. 加速度分析

由频率分析可知，中国科学院量子创新研究院科研楼各楼层自振频率均满足相关规范的要求，但是从频率等单一指标出发无法完全反映楼盖的振动特性，而相关国外规范，如 ISO 国际标准 ISO 2631/2、美国 AISC、英国 BS 6472 等标准都对楼盖加速度限值有相关要求。

峰值加速度是开展舒适度评价的常用指标，步行频率的增加会增加楼盖的振动响应；沿楼盖宽度方向行走比沿楼盖跨度方向行走会激起更强烈的振动响应。同一楼层中，楼盖中间区域的振动响应往往高于周边区域。结合有限元分析结果可以得知，2.1Hz 和 3.2Hz 为该结构体系楼层最不利自振频率。综合分析，基于典型工况下所研究楼盖中心区域相关测点的振动响应做分析，典型工况下部分测点峰值加速度见表 5.17。

表 5.17　典型工况下部分测点峰值加速度

楼层	测点	峰值加速度/（m/s²）						
		S-B4	L-ABC2	S-E3	L-DEF2	L-DEF3	J-K	J-PQMN
4 层	1	0.076	0.065	0.195	0.115	0.095	0.270	0.110
	4	0.090	0.090	0.145	0.125	0.095	0.180	0.080
	7	0.067	0.070	0.165	0.145	0.110	0.330	0.060
5 层	1	0.120	0.100	0.125	0.095	0.100	0.360	0.110
	4	0.145	0.145	0.125	0.095	0.110	0.200	0.080
	7	0.185	0.150	0.125	0.085	0.105	0.090	0.090
01 层	1	0.165	0.095	0.220	0.115	0.155	0.440	0.110
	4	0.130	0.090	0.250	0.105	0.175	0.360	0.160
	7	0.190	0.115	0.285	0.115	0.135	0.420	0.070

《高层民用建筑钢结构技术规程》（JGJ 99—2015）[248]规定：当楼盖的竖向自振频率不小于 4Hz 时，住宅和办公环境作用下楼盖振动加速度限值为 0.05m/s²，商场及室内走廊峰值加速度限值为 0.15m/s²。从表 5.17 可以看出，人致荷载激励作用下，大多数工况下，待测区域中心处楼盖的振动响应均不满足规范的要求。但是现场振动测试时，测试人员并没有明显的不舒适感。

人致荷载激励有限元模拟结果表明，除处于不利步行频率（2.0Hz、3.2Hz）工况下，桁架层和填充子结构楼层待测区域楼盖中心处测点峰值加速度超过 0.05m/s²，其余测点峰值加速度均满足要求。究其原因是人致荷载激励试验时，测试人员施加的荷载存在偶然性，导致在部分工况下楼层振动响应较大。为了降低振动测试的偶然性，可采用频率加权的均方根加速度开展舒适度评价。通过 MATLAB 对人致荷载激励试验得到加速度时程结果进行傅里叶变化，得到不同工况下各测点均方根加速度，再通过组合得到振动强度。以 ISO 2631/2 关于住宅的限值 0.015m/s²（定义为限值一）和关于办公室的限值 0.020m/s²（定义为限值二），以第 4 层、第 10 层举例分析。

从图 5.22 可以看出，第 4 层人致荷载激励试验表明：单人行走和三人行走工况下，最大均方根加速度出现在 S-E3 工况，即三人沿着楼盖宽度方向以 2.5Hz 步频快走，均方根加速度为 14.19×10⁻³m/s²，满足 0.015m/s² 限值一要求。即无论沿楼盖哪个方向以某个频率行走，楼盖各测点的振动强度均满足限值一、限值二的要求，表明楼盖舒适度满足要求。

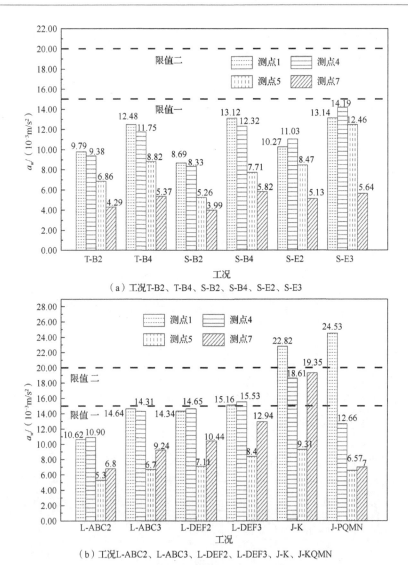

（a）工况T-B2、T-B4、S-B2、S-B4、S-E2、S-E3

（b）工况L-ABC2、L-ABC3、L-DEF2、L-DEF3、J-K、J-KQMN

图 5.22　第 4 层典型工况下振动强度

多人行走工况下，当行人沿着楼盖宽度方向快步走时，即 L-DEF2 工况下 4 号测点振动强度为 15.53×10^{-3}m/s^2，不满足限值一要求，但满足限值二要求；跳跃激励工况下，当单人在楼盖中心区域跳动时，工况 J-K 下 1 号测点振动强度为 22.82×10^{-3}m/s^2，不满足限值一、限值二要求，可能会引起较为强烈的振动响应。多人跳跃时，工况 J-PQMN 下 1 号测点振动强度为 24.53×10^{-3}m/s^2，不满足限值一、限值二要求。

从图 5.23 可以看出，第 10 层人致荷载激励试验表明：工况 T-B4、S-B4 下，即当单个人或者三个人在楼盖上快跑时，待测楼盖中心区域振动强度不满足限值一要求，满足限值二要求。当三人沿着楼盖宽度方向快走或快跑时，楼盖中心区域强度不满足限值一、限值二要求。

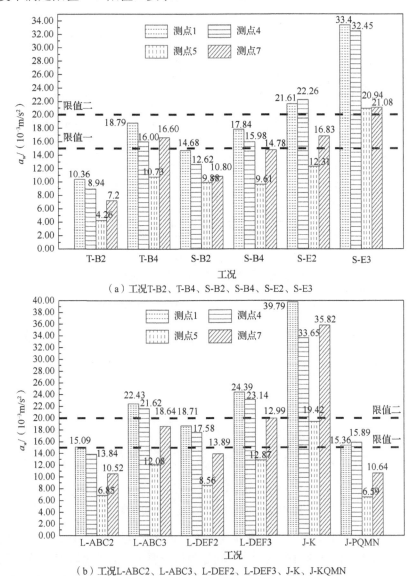

（a）工况T-B2、T-B4、S-B2、S-B4、S-E2、S-E3

（b）工况L-ABC2、L-ABC3、L-DEF2、L-DEF3、J-K、J-KQMN

图 5.23　第 10 层典型工况下振动强度

多人行走工况下，当行人在楼盖上快走时，工况 L-ABC3 下 1 号测点振动强度为 $22.43 \times 10^{-3} \text{m/s}^2$、工况 L-DEF3 下 1 号测点振动强度为 $24.39 \times 10^{-3} \text{m/s}^2$，均不满足限值一、限值二要求。跳跃激励工况下，工况 J-K 下 1 号测点峰值加速度为 $39.79 \times 10^{-3} \text{m/s}^2$，远远超出限值二要求。

3. 楼盖振动舒适度评价

当设置墙板时，填充墙板在一定程度上提升了楼盖的刚度，因此第一阶自振频率有一定提升。结合未设置墙板情况下频率分析，可以得知：设置墙板时，结构体系楼层的第一阶自振频率满足相关规范有关频率的规定。

巨型框架悬挂结构混合体系在设置墙板情况下第 4、第 8、第 10 层振动响应如图 5.24 所示。从图 5.24（a）可以看出，工况 L-DEF3、J-K 下，第 4 层 1 号测点振动强度分别为 $16.75\times10^{-3}\mathrm{m/s^2}$、$18.67\times10^{-3}\mathrm{m/s^2}$，不满足限值一要求，满足限值二要求，其余测点均满足限值要求。从图 5.24（b）可以看出，在三人快走、快跑和单人在楼盖中心跳跃时，除第 8 层 1 号测点不满足限值一要求，其余工况下均满足限值要求。图 5.24（c）表明，仅当工况 J-K 下，即单人在楼盖中心跳跃时，楼盖中心处振动响应超出限值一要求。

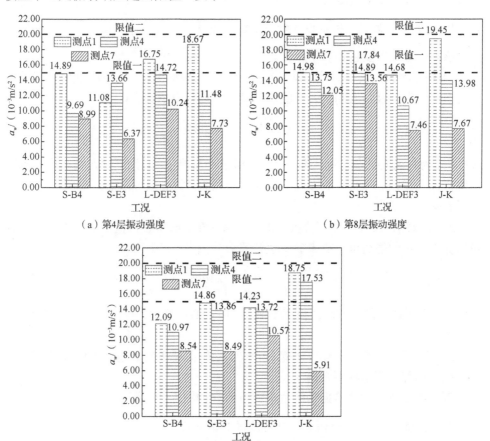

（a）第4层振动强度　　　　　　　　　　　　（b）第8层振动强度

（c）第10层振动强度

图 5.24　楼层振动强度

5.4.3 楼盖振动舒适度评价建议

悬挂结构和大跨度结构体系呈现大跨、轻质、低阻尼的趋势。由于悬挂结构和大跨度结构体系等较为复杂，结构本身自振频率较低，当人行荷载激励的频率和楼板自振频率相近时，会激起楼板较大的振动响应，使人和楼板产生共振，给人的正常生活生产带来影响。因此，采用舒适度指标未知的楼板建筑，一旦楼板振动舒适度不达标，会严重影响该建筑物内人员的工作和生活，亟须设计一种评价楼板振动舒适度的新方法。

目前评价楼板振动舒适度多采用现场测试等方法，人力资源消耗巨大，且测试结果的准确性受外界因素影响较大，有必要研发楼板振动舒适度测试新方法。本书作者在现场实测经验和数值模拟基础上，在国际上首次创新提出了基于心率或脑电波的楼盖振动舒适度测试方法。

1. 基于心率变化的楼盖振动舒适度测试方法

该测试方法主要包括以下步骤。

1）获取测试人员在标准振动频率楼板上的心率标准值，心率标准值用于反映标准振动频率楼板带给测试人员的舒适度，心率标准值计算如下。

$$K_i = \left| \frac{Z_i - Y_i}{Y_i} \right| \times 100\% \qquad (5.9)$$

式中，Z_i 为测试人员在水泥地面上步频 i 时的心率峰值；Y_i 为测试人员在标准振动频率楼板上步频 i 时的心率峰值；K_i 为在步频 i 时的心率标准值；步频 i 为 1s 内走了 i 步。

2）获取测试人员在待测楼板上的心率参考值，心率参考值用于反映待测楼板带给测试人员的舒适度。心率参考值计算公式为

$$k_i = \left| \frac{Z_i - y_i}{y_i} \right| \times 100\% \qquad (5.10)$$

式中，y_i 为测试人员在待测楼板上步频为 i 时的心率峰值；k_i 在步频为 i 时的心率参考值。

3）若心率参考值小于等于心率标准值，则待测楼板的舒适度指标合格，否则，待测楼板的舒适度指标不合格。

基于心率变化的楼盖振动舒适度评价流程如图 5.25 所示。

2. 基于脑电波信号的楼盖振动舒适度测试方法

该测试方法主要包括以下步骤。

1）建立数据库。数据库中包括样本楼板的舒适度与样本楼板的舒适度对应的

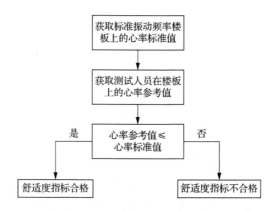

图 5.25　基于心率变化的楼盖振动舒适度评价流程

测试人员的生理指标；通过楼板参数和/或测试人员的生理指标获取样本楼板的舒适度，楼板参数为测试人员在样本楼板上时的楼板参数，具体流程如下。

当测试人员在样本楼板上行走，获取此时的楼板参数，楼板参数包括样本楼板振动产生的峰值加速度 a 和样本楼板的自振频率 F。若 a 小于峰值加速度的第一设定值，且 F 大于自振频率的第一设定值，则样本楼板的舒适度为 I 级，记录与样本楼板的舒适度为 I 级对应的测试人员的第一生理指标 P_A，将舒适度 I 级和第一生理指标 P_A 建立为第一数据库 A。若 a 大于峰值加速度的第一设定值且小于峰值加速度的第二设定值，F 小于自振频率的第一设定值且大于自振频率的第二设定值，则样本楼板的舒适度为 II 级，记录与样本楼板的舒适度为 II 级对应的测试人员的第二生理指标 P_B，将舒适度 II 级和第二生理指标 P_B 建立为第二数据库 B。若 a 大于峰值加速度的第二设定值，且 F 小于自振频率的第二设定值，则样本楼板的舒适度为 III 级，记录与样本楼板的舒适度为 III 级对应的测试人员的第三生理指标 P_C，将舒适度 III 级和第三生理指标 P_C 建立为第三数据库 C。第一生理指标 P_A 即第一脑电波信号 P_A，第二生理指标 P_B 即第二脑电波信号 P_B，第三生理指标 P_C 即第三脑电波信号 P_C。

2）采集测试人员在待测楼板上的生理指标。

3）通过步骤 2）中的生理指标和步骤 1）中的数据库，获取待测楼板的舒适度，具体流程如下。

获取第一脑电波信号 P_A 的带通能量 P_{A1}、相位 P_{A2}、频域统计量 P_{A3}、时频成分稀疏向量因子的绝对值之和 P_{A4}、信息熵 P_{A5}；获取第二脑电波信号 P_B 的带通能量 P_{B1}、相位 P_{B2}、频域统计量 P_{B3}、时频成分稀疏向量因子的绝对值之和 P_{B4}、信息熵 P_{B5}；获取第三脑电波信号 P_C 的带通能量 P_{C1}、相位 P_{C2}、频域统计量 P_{C3}、时频成分稀疏向量因子的绝对值之和 P_{C4}、信息熵 P_{C5}；获取测试人员在待测楼板上的脑电波信号 P 的带通能量 P_1、相位 P_2、频域统计量 P_3、时频成分稀疏向量

因子的绝对值之和 P_4、信息熵 P_5。

计算测试人员在待测楼板上的脑电波信号 P 与第一数据库 A 的匹配值 λ_A。

$$\lambda_A = \sqrt{(P_1 - P_{A1}) + (P_2 - P_{A2}) + (P_3 - P_{A3}) + (P_4 - P_{A4}) + (P_5 - P_{A5})} \quad (5.11)$$

计算测试人员在待测楼板上的脑电波信号 P 与第二数据库 B 的匹配值 λ_B。

$$\lambda_B = \sqrt{(P_1 - P_{B1}) + (P_2 - P_{B2}) + (P_3 - P_{B3}) + (P_4 - P_{B4}) + (P_5 - P_{B5})} \quad (5.12)$$

计算测试人员在待测楼板上的脑电波信号 P 与第二数据库 B 的匹配值 λ_C。

$$\lambda_C = \sqrt{(P_1 - P_{C1}) + (P_2 - P_{C2}) + (P_3 - P_{C3}) + (P_4 - P_{C4}) + (P_5 - P_{C5})} \quad (5.13)$$

若 λ_A 小于 λ_B，且 λ_A 小于 λ_C，则待测楼板的舒适度为第一数据库 A 中的 I 级。

若 λ_B 小于 λ_A，且 λ_B 小于 λ_C，则待测楼板的舒适度为第二数据库 B 中的 II 级。

若 λ_C 小于 λ_A，且 λ_C 小于 λ_B，则待测楼板的舒适度为第三数据库 C 中的 III 级。

此两种测试方法可快速对楼板振动舒适度进行初步评判，避免了现场测试采用大型测试仪器而增加的工作量，能够节约测试时间和降低测试人员的工作强度，为人工智能评价楼盖振动舒适度提供了科学依据。

5.5 小　　结

1）动力特性试验分析表明：楼盖在特定频率的激励下会产生较大的振动响应，但不同阶自振频率所引起楼板振动响应强度相差较大。人致荷载频率较低，应重点关注第一阶自振频率。

2）底层桁架梁楼盖第一阶自振频率第 5 层高、第 10 层低。由于底层桁架梁斜撑约束一定程度上提高了楼盖的刚度，且桁架梁楼盖较子结构层厚度增加，有利于提高楼盖自振频率；填充子结构楼层第 10 层与顶层桁架直接相连，传力路径短、刚度较大，自振频率较高；第 5 层楼盖处于子结构楼层最底层，仅靠一层吊柱与上部楼层相连，刚度小，自振频率较低。

3）多种工况下人致荷载激励试验结果表明：随着步行频率的增大，楼盖的峰值加速度也逐渐增大，但对底层桁架层影响较小，对子结构层影响较大；沿楼板宽度方向刚度较小，因此楼盖振动响应更强烈；楼盖振动响应与行人数量的增加没有必然的联系，行人之间的步伐不一致性、激励点的分布均会产生重要影响；填充子结构楼层振动响应强于桁架层，且子结构楼层越高，振动响应越强烈。

4）设置墙板和未设置墙板振动性能试验对比结果表明：填充墙板对楼盖的自振频率并没有显著影响，但有一定程度的提升，且对第 4 层影响大于子结构楼层。在单人行走、三人行走、多人行走和跳跃激励等多种人致荷载激励工况下，楼盖振动响应接近一致。设置墙板在一定程度上提高了楼盖的刚度和质量，有利于降低楼盖振动响应。

第6章 巨型框架悬挂结构混合体系的楼盖振动分析与减振技术

本章建立了巨型框架悬挂结构混合体系有限元分析模型，开展了静力分析、模态分析、稳态分析和人致荷载振动分析。根据振型和频率进行共振的初步判断。在楼盖振动特性研究基础上，模拟行人步行激励对结构的激励作用，进行动力时程响应分析。结合理论计算和现场振动测试结果，深入分析该结构体系的振动响应规律。采用调谐质量阻尼器（TMD）对振动响应敏感的部位进行减振控制，通过数值分析评价了 TMD 的减振效果。

6.1 楼盖振动分析模型

巨型框架悬挂结构混合体系主要由顶层桁架梁、底层桁架梁、巨型框架柱、填充子结构（包括吊柱、楼盖）等组成。其中顶层桁架梁为加强层，起承受填充子结构荷载并将荷载传递给巨型框架柱的作用，底层桁架梁为转换层，在第 4 层圆钢管临时支撑拆除前，临时起承受填充子结构荷载的作用[253]。

大多数结构体系楼盖振动舒适度的研究都是选取包括目标区域的局部体系模型，由于巨型框架悬挂结构混合体系模型复杂，尚缺乏文献对此类结构体系楼盖开展振动舒适度分析。

中国科学院量子创新研究院科研楼共八个分区，研究的结构体系属于 A 区，如图 6.1 所示。由文献[254]可知，当 A 区在浇筑楼盖混凝土时，提前浇筑轴线⑤～⑦与轴线⑧～⑩之间的区域，而所属轴线⑦～⑧区域范围内，楼盖即 45m 段的混凝土是后续浇筑，且前者采用由下而上的正常浇筑顺序，45m 段采用由上而下的浇筑顺序。因此，针对该结构体系楼盖振动特性研究，可建立轴线⑤～⑩区域的整体结构体系有限元分析模型，不仅考虑了周围楼层对结构的影响，同时兼顾了研究的可靠性和高效性。

建立中国科学院量子创新研究院科研楼所属轴线⑤～⑩的巨型框架悬挂结构混合体系有限元模型，如图 6.2 所示，其中第 5 层楼层平面图如图 6.3 所示，其余楼层平面图如图 6.4 所示。

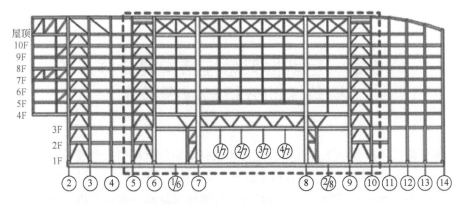

图 6.1　中国科学院量子创新研究院科研楼 A 区

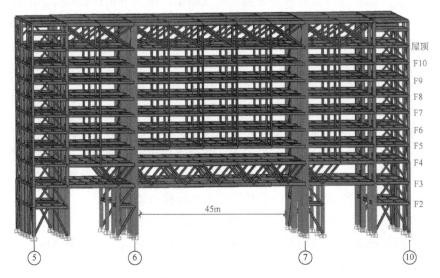

图 6.2　巨型框架悬挂结构混合体系的有限元分析模型

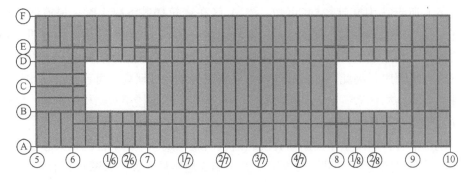

图 6.3　第 5 层楼层平面布置

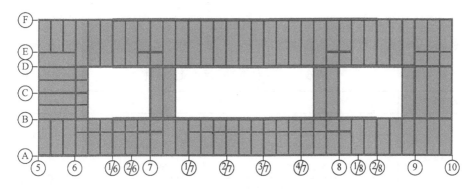

图 6.4　其余楼层平面布置

计算模型中，梁、柱、斜撑采用的均是框架单元，每个节点具有 6 个自由度，分别是平动自由度 U_1、U_2、U_3 和转动自由度 R_1、R_2、R_3，如图 6.5 所示。刚性连接时，自由度不进行释放，铰接时释放 i、j 节点中 2、3 方向的弯矩以及任一边节点的扭转自由度。采用弹性连接时，指定各自由度之间的连接刚度。

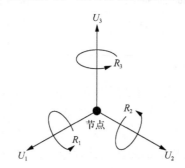

图 6.5　节点局部坐标系的 6 个自由度

钢筋桁架楼承板采用薄壳单元，考虑平面内和平面外刚度。壳单元包括两种形状，一种为四节点构成的四边形，一种为三节点构成的三角形，采用四边形为主要形式，三角形一般应用在转换处。壳单元在每个连接点均激活 6 个自由度。楼盖根据工程实际情况，四周均刚性连接，所有竖向构件底面固接。

1）楼盖混凝土强度等级为 C30，弹性模量为 $3.0 \times 10^4\,\text{N/mm}^2$，泊松比为 0.2，容重为 $2.5 \times 10^{-5}\,\text{N/mm}^3$，线膨胀系数为 1.0×10^{-5}。

2）方钢管柱填充混凝土为 C40，弹性模量为 $3.25 \times 10^4\,\text{N/mm}^2$，泊松比为 0.2，容重为 $2.5 \times 10^{-5}\,\text{N/mm}^3$，线膨胀系数为 1.0000×10^{-5}。

3）框架梁柱钢结构材质主要为 Q355，弹性模量为 $2.06 \times 10^5\,\text{N/mm}^2$，泊松比为 0.3，容重为 $7.70 \times 10^{-5}\,\text{N/mm}^3$，线膨胀系数为 1.200×10^{-5}。

　　该结构体系巨型框架柱采用方钢管柱或方钢管混凝柱，吊柱采用 H 型钢。其中最大框架柱为内置钢板的方钢管混凝土，部分构件截面尺寸及其材料见表 6.1。

表 6.1　部分构件截面尺寸及其材料　　　　　　（单位：mm）

构件类型	截面规格		材料
柱	□600×600×20	□600×800×30	Q355
	□800×800×40	□800×1000×40	
	■800×800×30	■1200×800×50	Q345/C40
	■1600×800×60		
吊柱	H400×25×600×40	H400×30×600×50	Q355
梁	H680×12×300×20	H680×12×400×28	Q355
	H1000×18×400×35	H1000×18×600×40	
	H1000×30×600×60	H1000×30×700×60	
斜撑	H500×20×500×35	H400×13×400×21	Q355
	H350×10×350×16	H300×10×300×15	
	H600×20×400×40	H600×30×400×50	

注：□为方钢管；■为方钢管混凝土。

　　阻尼用来描述楼盖在机械运动过程中的损失量，确定结构的质量和阻尼是结构分析中的重要组成部分，在实际过程中会受到装修、家具等多种因素的影响。巨型框架悬挂结构混合体系较为复杂，如何合理确定结构体系的阻尼是结构分析的重要步骤。《建筑楼盖结构振动舒适度技术标准》（JGJ/T 441—2019）[255]给出了以行走激励为主的建筑楼盖阻尼比，见表 6.2。

表 6.2　以行走激励为主的建筑楼盖阻尼比

楼盖使用类别	阻尼比	
	钢-混凝土组合楼盖	混凝土楼盖
手术室	0.02～0.04	0.05
办公室、住宅、宿舍、旅馆、酒店、医院、病房	0.02～0.05	0.05
教室、会议室、医院门诊室、托儿所、幼儿园、剧场、影院、礼堂、展览厅、公共交通等候大厅、商场、餐厅、食堂	0.02	0.05

　　中国科学院量子创新研究院科研楼采用钢-混组合楼盖体系，主要作为办公室和会议室结构，对应阻尼比取 0.03，在有限元模型中的刚度阻尼比设置为 0.06。

　　对楼盖进行网格划分。先设定行人施加荷载时的落步点，如图 6.6（a）所示，再根据剖分组中的点进行剖分，通过子剖分选项细化网格，保证每个开间不少于

5×5 的网格划分。由于吊柱之间的间距为 9000mm，可以设定最大单元尺寸不超过 1500mm。基于落步点的网格划分如图 6.6（b）所示。

（a）2.0Hz单人行走落步点　　　　　　　　（b）网格划分

图 6.6　基于落步点网格划分

进行动力分析时，定义质量源来描述结构体系的质量分布，本章采用荷载方式（荷载转化质量）定义质量，根据《建筑抗震设计规范（2016 年版）》（GB 50011—2010）的规定，自重、附加荷载的组合系数取 1.0，活荷载的组合系数取 0.5。

进行中国科学院量子创新研究院科研楼楼盖振动特性研究和楼盖振动测试时，面层、吊挂、家具等实际使用的荷载尚未施加，因此恒荷载仅取结构自重，由软件本身计算楼盖的荷载。有效均布活荷载按照《建筑楼盖结构振动舒适度技术标准》（JGJ/T 441—2019）[255]选取，取 0.5kN/m²。舒适度设计采用的荷载按照下式计算。

$$F_c = G_k + Q_q \tag{6.1}$$

式中，F_c 为舒适度设计用的荷载，单位为 kN/m²；G_k 为永久荷载标准值，单位为 kN/m²；Q_q 为有效均布活荷载，单位为 kN/m²。

6.2　静　力　分　析

通过静力分析可以获悉楼层的变形情况，变形过大可能会引发楼层振动舒适度的问题。《建筑楼盖结构振动舒适度技术标准》（JGJ/T 441—2019）给出了在均布荷载作用下，梁式楼盖第一阶自振频率的计算表达式为

$$f_1 = \frac{C_f}{\sqrt{\Delta}} \tag{6.2}$$

式中，f_1 为楼盖的第一阶自振频率，单位为 Hz；C_f 为梁式楼盖频率系数，可取 18～20；Δ 为梁式楼盖的最大竖向变形，单位为 mm。

挠度较大的区域自振频率较低。通过对结构体系进行静力分析，可以得到结构在自重荷载和活荷载作用下的竖向变形。整体结构及部分楼层在自重荷载和活荷载组合作用下的竖向变形如图 6.7 所示。

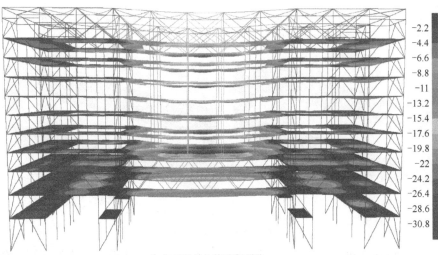

（a）整体结构体系变形图

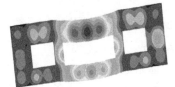

（b）第2层变形

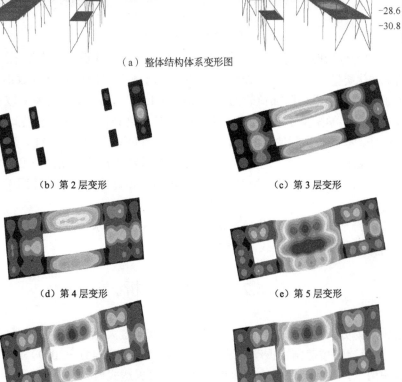

（c）第3层变形

（d）第4层变形

（e）第5层变形

（f）第6层变形

（g）第7层变形

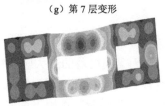

（h）第8层变形

（i）第9层变形

图6.7　整体结构和部分楼层竖向变形图

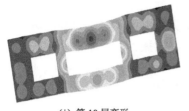

（j）第 10 层变形　　　　　　　　　　　　　　　（k）第 11 层变形

图 6.7（续）

从图 6.7 可以看出，巨型框架悬挂结构混合体系所包括的 45m 段楼盖变形远远大于周围楼层的变形，由于轴线Ⓓ到轴线Ⓕ的宽度为 10800mm，大于轴线Ⓐ到轴线Ⓑ的宽度 8389mm，较大的柱距使得楼盖变形更大，因此选择跨度较大的轴线Ⓓ～Ⓕ之间的楼盖进行振动特性研究。鉴于只有第 5 层楼层中心处有楼盖，且不属于办公区域，缺乏典型性，因此并不仅将变形较大的第 5 层楼盖中心区域作为研究对象。综上所述，为了保证研究的可靠性和有效性，选取第 4 层、第 5 层、第 8 层和第 10 层为研究对象。在自重及活荷载作用下，不同楼层各测点变形值对比如图 6.8 所示。

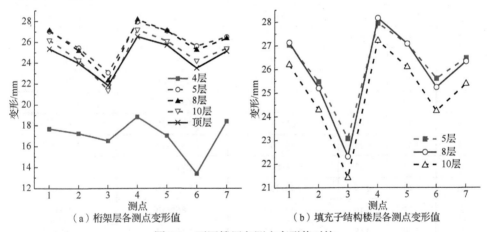

（a）桁架层各测点变形值　　　　　　　　　　　（b）填充子结构楼层各测点变形值

图 6.8　不同楼层各测点变形值对比

桁架层各测点变形值由图 6.8（a）所示，可以看出，桁架层的变形小于填充子结构楼层，底层桁架变形值远远小于顶层桁架层。顶层桁架层由于主要起悬挂填充子结构楼层重力荷载的作用，因而会产生较大的变形，但是由于斜撑作用和较大的楼盖厚度在一定程度上提高了楼层的刚度，因此较填充子结构楼层变形小；底层桁架层仅在本身重力作用下产生变形，且斜撑提高了楼层刚度，因此变形较小。填充子结构楼层各测点变形值如图 6.8（b）所示。分析表明，随着填充子结构楼层的升高，相应楼层的变形也越小。

综上所述，在巨型框架悬挂结构混合体系各楼层中，填充子结构楼层变形相比于桁架层较大，且填充子结构最底层变形最大，由式（6.2）可知，第 5 层自振频率较低，最有可能因接近人的步行频率而引发共振。

6.3　模态分析

模态分析是获悉结构动力特性的基本方法，结构的每一阶模态都对应特定的振型，具有特定的基频。为了保证具有足够的振型参与质量，振型数量取 50 个。另外楼盖振动舒适度的研究主要考虑楼盖的竖向自振频率。为了更好地激发楼盖的竖向模态，采用里兹向量做模态分析。前 50 阶结构的频率周期和振型质量参与系数见表 6.3，其中数字加粗的振型主要为竖向参与质量主导的振型。

表 6.3　前 50 阶结构的周期和振型质量参与系数

模态	频率/Hz	周期/s	X 向质量参与系数/%	Y 向质量参与系数/%	Z 向质量参与系数/%
1	0.81	1.23	8.62×10^{-8}	8.1×10^{-1}	1.97×10^{-9}
2	0.96	1.04	7.20×10^{-1}	2.801×10^{-6}	4.05×10^{-7}
3	1.10	0.91	4.58×10^{-4}	3.243×10^{-3}	2.16×10^{-8}
4	2.37	0.42	7.12×10^{-10}	1.3×10^{-1}	1.21×10^{-5}
5	2.85	0.35	2.30×10^{-1}	5.881×10^{-7}	1.31×10^{-6}
6	3.08	0.32	3.09×10^{-4}	3.88×10^{-3}	1.98×10^{-8}
7	**3.76**	**0.27**	**1.52×10^{-8}**	**7.395×10^{-5}**	**1.60×10^{-1}**
8	**4.16**	**0.24**	**9.77×10^{-11}**	**2.961×10^{-4}**	**5.23×10^{-2}**
9	4.42	0.23	7.16×10^{-8}	2.817×10^{-2}	3.46×10^{-5}
10	**4.54**	**0.22**	**1.30×10^{-10}**	**2.876×10^{-5}**	**1.82×10^{-2}**
11	5.15	0.19	2.70×10^{-2}	1.437×10^{-8}	2.34×10^{-5}
12	**5.23**	**0.19**	**4.24×10^{-8}**	**2.861×10^{-9}**	**8.03×10^{-3}**
13	**5.44**	**0.18**	**1.21×10^{-4}**	**2.118×10^{-6}**	**2.98×10^{-3}**
14	5.44	0.18	3.12×10^{-5}	6.37×10^{-7}	8.96×10^{-4}
15	5.46	0.18	2.56×10^{-5}	3.205×10^{-7}	8.99×10^{-4}
16	5.46	0.18	1.92×10^{-5}	3.855×10^{-7}	1.68×10^{-4}
17	**5.59**	**0.18**	**4.51×10^{-5}**	**3.147×10^{-5}**	**1.38×10^{-2}**
18	**5.70**	**0.18**	**1.67×10^{-5}**	**3.861×10^{-6}**	**5.94×10^{-3}**
19	5.75	0.17	4.84×10^{-4}	7.833×10^{-5}	2.22×10^{-3}

续表

模态	频率/Hz	周期/s	X向质量参与系数/%	Y向质量参与系数/%	Z向质量参与系数/%
20	5.84	0.17	4.71×10^{-5}	3.997×10^{-6}	2.75×10^{-2}
21	5.93	0.17	1.46×10^{-5}	1.725×10^{-5}	2.34×10^{-3}
22	6.17	0.16	6.83×10^{-5}	1.02×10^{-4}	8.17×10^{-3}
23	6.43	0.16	1.06×10^{-7}	1.422×10^{-5}	7.49×10^{-3}
24	6.49	0.15	4.86×10^{-7}	3.774×10^{-5}	2.44×10^{-2}
25	6.76	0.15	4.908×10^{-5}	2.191×10^{-5}	5.71×10^{-3}
26	7.05	0.14	1.30×10^{-6}	8.82×10^{-6}	3.57×10^{-3}
27	7.10	0.14	2.25×10^{-7}	6.46×10^{-7}	6.43×10^{-2}
28	7.29	0.14	8.76×10^{-5}	1.69×10^{-5}	4.45×10^{-2}
29	7.64	0.13	2.31×10^{-7}	1.31×10^{-6}	9.43×10^{-3}
30	7.73	0.13	3.59×10^{-5}	2.43×10^{-6}	1.10×10^{-1}
31	8.22	0.12	3.26×10^{-5}	1.21×10^{-5}	1.76×10^{-2}
32	8.73	0.11	1.35×10^{-5}	6.30×10^{-6}	9.27×10^{-5}
33	8.87	0.11	6.53×10^{-6}	4.00×10^{-6}	5.87×10^{-2}
34	9.43	0.11	4.59×10^{-6}	7.56×10^{-8}	2.37×10^{-2}
35	10.07	0.10	5.55×10^{-6}	1.33×10^{-5}	3.66×10^{-2}
36	10.56	0.09	1.66×10^{-5}	4.61×10^{-5}	1.32×10^{-4}
37	11.69	0.09	5.03×10^{-7}	3.91×10^{-7}	1.28×10^{-2}
38	**12.15**	**0.08**	**9.88×10^{-6}**	**2.28×10^{-5}**	**8.76×10^{-3}**
39	12.65	0.08	3.41×10^{-6}	2.25×10^{-5}	2.81×10^{-2}
40	14.75	0.07	9.93×10^{-6}	7.94×10^{-6}	3.00×10^{-2}
41	15.84	0.06	6.42×10^{-6}	3.68×10^{-6}	4.74×10^{-4}
42	16.44	0.06	1.77×10^{-6}	1.22×10^{-7}	7.99×10^{-2}
43	19.04	0.05	1.38×10^{-6}	3.51×10^{-6}	2.91×10^{-2}
44	25.28	0.04	1.01×10^{-6}	1.91×10^{-6}	1.65×10^{-2}
45	26.46	0.04	1.02×10^{-5}	2.32×10^{-7}	2.80×10^{-3}
46	28.65	0.03	1.61×10^{-6}	2.77×10^{-6}	1.36×10^{-2}
47	45.98	0.02	3.94×10^{-6}	4.43×10^{-7}	4.40×10^{-4}
48	49.97	0.02	1.30×10^{-6}	7.28×10^{-7}	3.53×10^{-2}
49	59.75	0.02	1.65×10^{-6}	2.31×10^{-6}	2.04×10^{-2}
50	65.45	0.004	7.78×10^{-6}	9.03×10^{-7}	4.71×10^{-8}

巨型框架悬挂结构混合体系部分振型如图 6.9 所示。

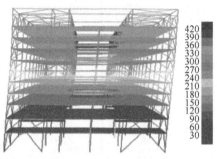

（a）第一1阶 Y 方向平动（T-1.23226 F=0.81）

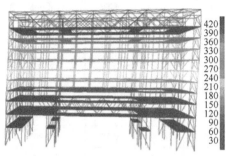

（b）第二阶 X 方向平动（T-1.04155 F=0.96）

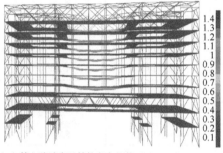

（c）第七阶填充子结构竖向振动（T-0.266274 F=3.76）

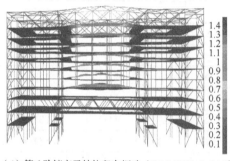

（d）第八阶填充子结构竖向振动（T-0.240104 F=4.16）

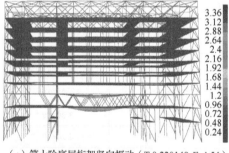

（e）第十阶底层桁架竖向振动（T-0.220149 F=4.54）

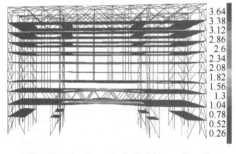

（f）第十七阶底层桁架竖向振动（T-0.178979 F=5.59）

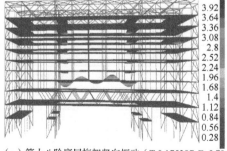

（g）第十八阶底层桁架竖向振动（T-0.175297 F=5.70）

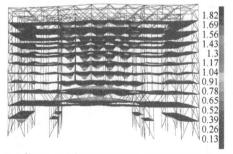

（h）第三十八阶各楼层同步振动（T-0.08232 F=12.15）

图 6.9　巨型框架悬挂结构混合体系部分振型

模态分析结果表明：前几阶模态均为结构的整体振动，如图 6.9（a）、（b）所示，第一阶模态为结构整体沿 Y 方向平动，第二阶模态为结构整体沿 X 方向平动，而到第七阶模态才呈现填充子结构层楼盖竖向振动的情形。第 8 阶为填充子结构层和顶层桁架层的共同竖向振动；第十阶模态和第十七阶模态为底层桁架梁的竖向振动；而高阶模态的竖向振动多呈现出多楼盖多区域同步振动，如第十八阶、第三十八阶模态；除 45m 大跨度段楼盖外，同一楼层其余区域楼盖出现竖向振动的情形很少，相比于正常结构体系，巨型框架悬挂结构混合体系大跨度段更容易出现楼盖竖向振动的情形，因此针对该结构体系的振动特性和舒适度的研究主要集中在 45m 段。

上述分析可知，模态分析多呈现出多楼层，多楼盖区域同步振动，无法准确获取待测楼盖区域的自振频率的特定振型，有必要通过其他方法进行进一步深化研究。

6.4　稳 态 分 析

频域分析是在各个频率点上计算结构的动力响应，主要方式是在若干个频率处求解结构的响应量，从而得到响应量和频率的关系。频域分析的求解的动力平衡方程如式（6.3）所示。

$$Ku(t) + C\dot{u}(t) + M\ddot{u}(t) = r(t) = P_0 \cos(wt) + P_{90} \sin(wt) \qquad (6.3)$$

式中，K 为结构刚度矩阵；C 为结构阻尼矩阵；M 为结构（对角）质量矩阵；u、$\dot{u}$、$\ddot{u}$ 分别为结构的位移、速度、加速度向量；r 为荷载向量；P_0、P_{90} 分别为荷载向量的同步分量和异步分量。

稳态分析属于频域分析的一种，用于计算结构在随时间发生简谐变化的荷载作用下所产生的动力响应，是一种确定性的分析，可以通过稳态分析获取结构持续的动力响应。由于巨型框架悬挂结构混合体系模态复杂，考虑通过稳态分析获取所研究区域楼盖的自振频率。

不同于冷弯薄壁型钢组合楼盖等轻质墙板，钢筋桁架楼承板等钢混组合楼盖的自振频率较低，并且当楼盖自振频率高于 10Hz 时，一般认为钢混组合楼盖在人致荷载激励作用下发生共振而出现舒适度问题的概率很小。因此，为了提高稳态分析的效率和准确性，将稳态函数的频率范围设定为 0～20Hz。如图 6.10 所示，分析步取 0.4Hz，即识别的最小精度。

开展不同楼层稳态分析，得到不同楼层各测点位移频谱曲线，如图 6.11 所示。稳态分析所得到的曲线中，曲线的峰值位移所对应的频率即为楼盖的自振频率，即在该频率荷载激励作用下，楼盖的振动响应最强烈。可以看出，同一楼层各测点的自振频率基本一致，但是不同测点的峰值位移相差较大，因此楼盖发生共振时，不同区域的振动响应相差较大。从图 6.11（a）、（c）、（d）可以看出，位于待测区域楼盖中心的 1 号、4 号测点的位移谱曲线峰值远远大于其他测点，位于楼盖边缘处的 3 号、6 号测点峰值较小，4 号测点处峰值位移较 3 号测点增长了近 10 倍。分析可知，位于楼盖边缘处有钢梁约束，刚度较大，因此变形较小。由图 6.11（b）可知，由于第 5 层轴线Ⓑ～Ⓓ区域也浇筑有楼板，所以更靠近楼层中心区域处的 5 号、6 号测点峰值位移更大。

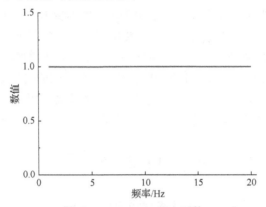

图 6.10   0～20Hz 稳态函数

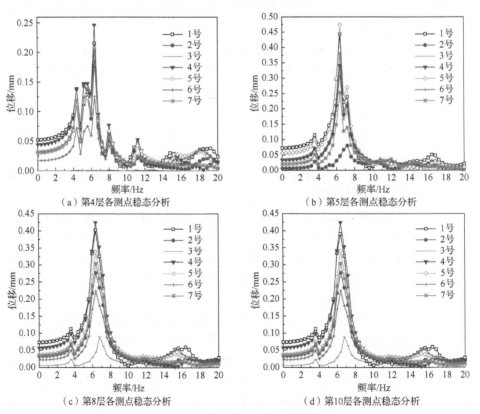

（a）第4层各测点稳态分析   （b）第5层各测点稳态分析

（c）第8层各测点稳态分析   （d）第10层各测点稳态分析

图 6.11   不同楼层各测点位移频谱曲线

图 6.11 表明，每层楼盖位移谱曲线峰值所对应的楼盖自振频率为 6.4Hz。在荷载振动频率的整数倍区域，由于共振的影响可能会导致楼盖振动响应更强烈。因此，如果需要求解楼盖在人致荷载激励作用下的最大响应，楼盖自振频率应为步行荷载频率的整数倍，以 2 倍或 3 倍计算，最不利步行频率应为 3.2Hz（6.4Hz/2）与 2.1Hz（约 6.4Hz/3），分别对应人致荷载激励试验的快跑和正常走工况。

为探讨不同楼层自振频率的关系，选取各楼层待测区域楼盖中心 1 号测点位移谱曲线做对比分析，如图 6.12 所示。

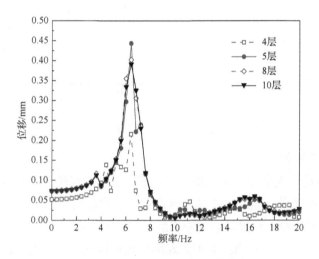

图 6.12　不同楼层 1 号测点位移谱曲线对比

从图 6.12 可以看出，在最不利步行频率下，第 4、5、8、10 层位移谱曲线的峰值位移分别为 0.215mm、0.443mm、0.402mm 和 0.391mm。可以看出，虽然桁架层与填充子结构楼层自振频率接近，但在共振作用下，填充子结构第 5 层峰值位移较第 4 层增长了 106.05%，第 10 层较第 4 层增长了 48.37%，表明填充子结构在共振作用下的振动响应明显大于桁架层。第 5 层峰值位移较第 8 层增长了近 10.19%，较第 10 层增长了近 13.30%，可知填充子结构层之间振动响应较小，但楼层越低，楼盖的振动响应越强烈。

6.5　人致荷载分析模型

采用移动单人步行力法、固定单人步行力法、固定多人步行力法求解楼盖在人致荷载激励下的振动响应，为了保证试验与模拟的一致性，测点设置和人致荷载激励试验保持一致，如图 6.13 所示。

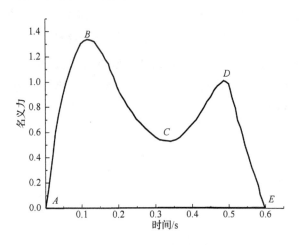

图 6.13 单足落步曲线

主要模拟内容如下。

1）采用移动单人步行力法对单人行走过程进行仿真模拟，将单足落步荷载激励施加到一系列落步点上，每个落步点设定不同的荷载施加时间，各落步点间距为对应步频下的步幅，通过瞬态响应求解结构的动力响应。

2）采用固定单人步行力法对单人连续行走过程进行仿真模拟，将单人步行激励施加在待测区域楼盖某固定节点处，来求解结构的动力响应。

3）采用固定多人步行激励法对多人行走工况进行仿真模拟，将移动的多人激励荷载简化为均匀分布在楼盖固定节点处的激励荷载；在一个激励点或多个激励点同时施加跳跃荷载激励。

要对结构体系进行准确的计算仿真模拟，就需要针对实际工程中产生的荷载建立合理的数学模型，从而才能开展进一步分析。人行荷载模型是开展人致荷载激励模拟的基础，人行走一步时所产生的荷载激励可用单足落步曲线来表示，单足落步曲线的竖向坐标为人步行产生的荷载激励（F）和自身体重（G）的比（名义力），横坐标为行人走完一步需要的时间，如图 6.13 所示。

单足落步曲线反映的是人行走时产生的步行荷载值，人开始行走时，一只脚脚跟开始接触地面，此时开始对地面施加步行力，如 A 点所示。随着行人的重心逐渐落到这只脚上，使这只脚对地面的荷载作用不断增大，到 B 点时达到峰值，此刻这只脚对地面作用荷载的值大概相当于人自身体重的 1.3～1.4 倍。随着另一只脚逐渐抬起，重心随之转移，使这只脚对楼盖的作用力逐渐减小至 C 点，随后人的脚跟蹬地，产生的作用力再次逐渐增大至 D 点，此刻脚对楼盖的作用力大概相当于人自身体重的 1.2 倍。最后行人的重心会逐步转移到另一只脚，这只脚对楼盖的作用力逐渐降低到 0，即图 6.13 中 E 点所示。

　　行人的连续行走过程可以假定成一系列单足落步过程的叠加，是单足落步的循环过程，对楼盖的荷载激励具有明显的周期性特征。虽然实际过程中人在行走时，人与人之间、人与墙板之间都会存在复杂的耦合关系，部分学者[256-257]也提出了自激励模型、随机模型、烦恼率模型等多种模型，但是为了准确方便地表达人行荷载激励的特征，常采用傅里叶级数模型。傅里叶级数模型是一种周期性荷载模型，其假定每一步的步频相同，步行荷载大小相同，是一种确定性的荷载函数，表达式如式（6.4）所示。

$$F(t) = G + G\sum_{i=1}^{n} \alpha_i \sin\left(2\pi i f_{\mathrm{p}} t - \varphi_i\right) \tag{6.4}$$

式中，G 为单个行人体重；f_{p} 为行走荷载的步频；α_i 为第 i 阶简谐动荷载的动载因子；n 为总谐波数；φ_i 为第 i 阶简谐动荷载的相位角，通常取 $\varphi_1 = 0$，φ_i 为第 i 阶动荷载相对于第一阶动荷载的相位差。

　　研究结果表明，第一阶谐波分量的动载因子最大，而高阶动载因子随着阶数增加而减小，对结构振动影响最大的是人行激励力的一阶谐波分量，所以对于自振频率落在人行荷载基频范围内的结构，仅考虑前几阶谐波分量的影响难以满足精度要求。在不同的步行力荷载模型中，傅里叶级数的阶数取值不同，最多为五阶，最少为三阶，一般取三阶即可以满足要求。本章采用国际桥梁和结构工程协会建议的荷载模型（计算傅里叶级数模型的前三列）为

$$F(t) = G + G\sum_{i=1}^{3} \alpha_i \sin\left(2i\pi f_{\mathrm{p}} t - \varphi_i\right) \tag{6.5}$$

式中，$\alpha_1 = 0.4 + 0.25\,(f_{\mathrm{p}} - 2)$，$\alpha_2 = \alpha_3 = 0.1$；$\varphi_1 = 0$、$\varphi_2 = \varphi_3 = \pi/2$；$G$ 取 0.75kN。

　　跳跃荷载模型函数与人行荷载模型保持一致，但是改变动载因子的值，取 $\alpha_1 = 1.7$、$\alpha_2 = 1.1$、$\alpha_3 = 0.5$，其他参数不变。图 6.14 为人致荷载激励模型。

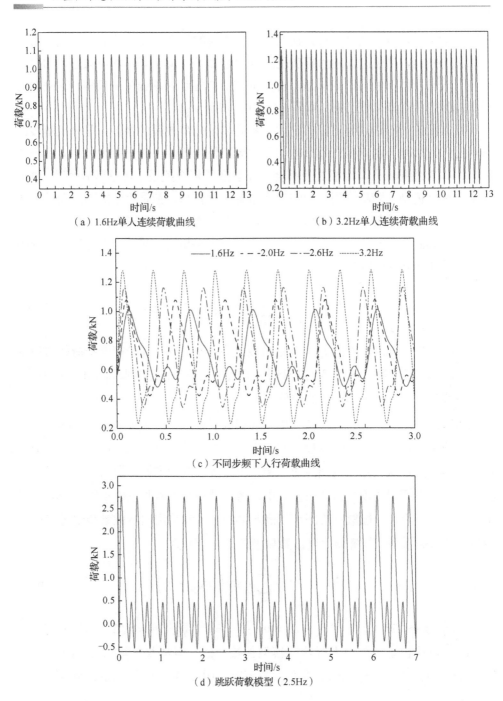

（a）1.6Hz单人连续荷载曲线　　　　　　（b）3.2Hz单人连续荷载曲线

（c）不同步频下人行荷载曲线

（d）跳跃荷载模型（2.5Hz）

图 6.14　人致荷载激励模型

6.6　模拟结果对比

6.6.1　动力特性分析

为了保持有限元模拟和现场振动测试的一致性，人致荷载模拟工况的设置对照试验工况。其中单人行走模拟对照单人行走（工况 T-B1～T-B4），单人连续行走模拟对照三人跨度行走（工况 S-B1～S-B4），多人行走模拟对照多人跨度行走（工况 L-ABC1～L-ABC4），见表 6.4。

表 6.4　人致荷载模拟工况

模拟类型	对应试验工况			
单人行走模拟	T-B1	T-B2	T-B3	T-B4
连续行走模拟	S-B1	S-B2	S-B3	S-B4
多人行走模拟	L-ABC1	L-ABC2	L-ABC3	L-ABC4
节律跳跃激励	J-K	J-PQ	J-PQMN	

通过移动单人步行力法对单人行走进行模拟，对应工况 T-B1～T-B4。每种工况下，按照人正常行走情况设置落步点，落步点的间距为对应步频下的步幅，如图 6.15 所示，为 2.0Hz、3.2Hz 步频下落步点设置。按照时间接力的方法分别在每个落步点施加单足落步荷载激励曲线，不同频率下单足落步曲线如图 6.16 所示。

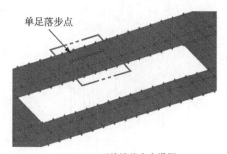
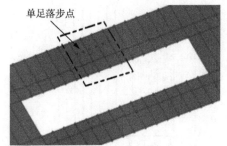

（a）2.0Hz下单足落步点设置　　　　　　（b）3.2Hz下单足落步点设置

图 6.15　不同步频下单人行走落步点

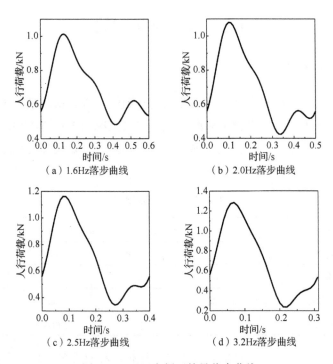

图 6.16　不同步频下单足落步曲线

以第 4 层为例，单人行走模拟工况下部分时程曲线如图 6.17 所示，第 4、5、10 层相关时程曲线对比如图 6.18 所示。

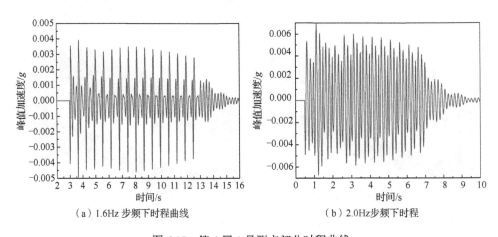

图 6.17　第 4 层 1 号测点部分时程曲线

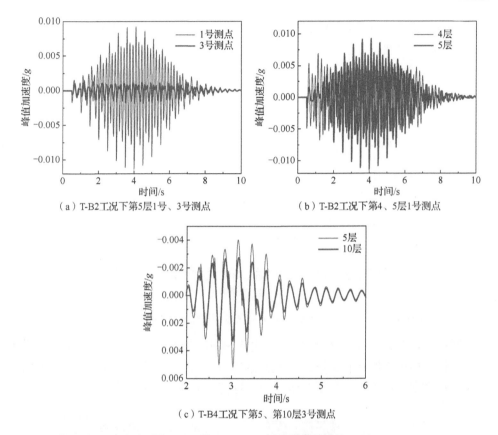

（a）T-B2工况下第5层1号、3号测点　　（b）T-B2工况下第4、5层1号测点

（c）T-B4工况下第5、第10层3号测点

图 6.18　第 4、5、10 层时程曲线对比

如图 6.17 所示，单人以 1.6Hz 步频行走工况下，第 4 层 1 号测点最大峰值加速度为 0.0044g，2.0Hz 步频行走工况下为 0.0052g。人正常行走时，楼盖的峰值加速度较慢走时提高了约 18%，随着人行荷载的渐渐消失，楼盖加速度缓慢下降至零。

如图 6.18（a）所示，T-B2 工况下第 5 层 1 号、3 号测点时程曲线对比结果表明，楼盖中心区域的峰值加速度远远大于周边测点，其中 1 号测点峰值加速度为 0.113g，3 号测点为 0.0017g。计算可知，1 号测点约是 3 号测点的 5 倍多。从图 6.18（b）、（c）可以看出，T-B2 工况下，第 5 层峰值加速度为 0.0085g，较第 4 层提高了约 80%；T-B4 工况下，第 5 层 3 号测点峰值加速度为 0.0052g，第 10 层为 0.0033g，填充子结构第 5 层比第 10 层约高 57%。

以第 5 层 1 号测点时程曲线为例，对其进行快速傅里叶变化得到频谱曲线，如图 6.19 所示。频谱分析可知，第 5 层楼盖自振频率为 6.35Hz；而稳态分析结果表明，第 5 层楼盖自振动频率为 6.4Hz，结果相差仅 0.78%。考虑到稳态分析识别精度为 0.4Hz，可知稳态分析结果与单人行走工况下频谱分析结果一致，验证了稳态分析的合理性。

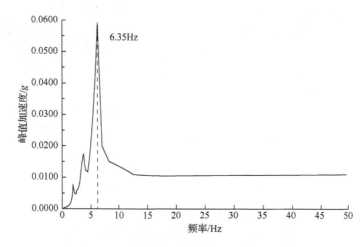

图 6.19　T-B2 工况下第 5 层 1 号测点频谱分析（阻尼比为 3%）

通过固定单人步行力法对连续行走进行模拟，对应工况为 S-B1～S-B2。不同于单人行走模拟工况在行走路线上设置落步点，连续行走模拟仅在待测点设置落步点，在固定的落步点施加不同步频的人行荷载曲线，如图 6.20 所示。

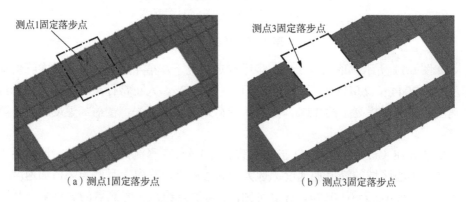

（a）测点1固定落步点　　　　　　　　（b）测点3固定落步点

图 6.20　不同步频下单人行走落步点

以第 4 层为例，连续行走模拟工况下部分时程曲线如图 6.21 所示。

如图 6.21（a）、（b）所示，行人以 1.6Hz 步行频率连续行走时，第 4 层 1 号测点峰值加速度为 0.00186g，2.0Hz 步频连续行走时为 0.00418g，2.0Hz 步频下楼板振动响应较 1.6Hz 步频增加了近 125%。当人行荷载撤去后，振动迅速衰减成自然环境下振动。

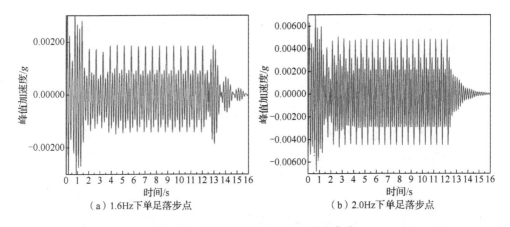

（a）1.6Hz下单足落步点　　　　　（b）2.0Hz下单足落步点

图 6.21　第 4 层 1 号测点部分时程曲线

由图 6.22（a）、（b）可知，S-B2 工况下，第 5 层 1 号测点的峰值加速度远远

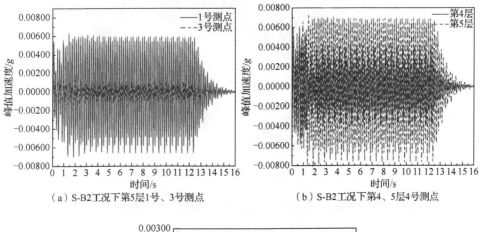

（a）S-B2工况下第5层1号、3号测点　　　　　（b）S-B2工况下第4、5层4号测点

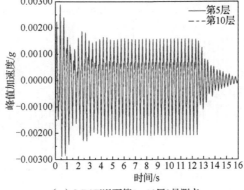

（c）S-B4工况下第5、10层3号测点

图 6.22　不同楼层时程曲线对比

大于 3 号测点，提高了近 5 倍；行人连续行走工况下，填充子结构楼层振动响应远大于桁架层，正常行走时，第 5 层 4 号测点峰值加速度较第 4 层提高了 86%；图 6.22（c）S-B4 工况下，填充子结构楼层中，第 5 层较第 10 层振动响应强烈，峰值加速度提高了约 58%。

通过固定多人步行力法对多人连续行走进行模拟，对应工况为 L-ABC1～L-ABC4，多人行走模拟时设置多个落步点，在每个固定的落步点同时施加同频率、同相位的人行荷载激励。由上文分析可知，人致荷载作用下，楼盖中部区域的振动强烈，因此为了使结果具有代表性，在待测区域楼盖中心位置周围布置 6 个落步点，落步点沿着楼盖宽度方向在步行路线上布置，沿楼盖跨度方向各落步点之间的距离为对应步频下的步幅，2.0Hz 步频下落步点的设置如图 6.23 所示。

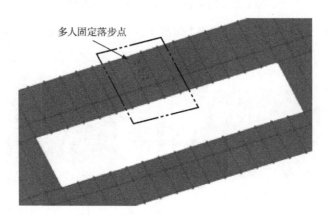

图 6.23　2.0Hz 步频下多人行走固定落步点

以第 4 层为例，多人行走工况下部分时程曲线如图 6.24 所示。

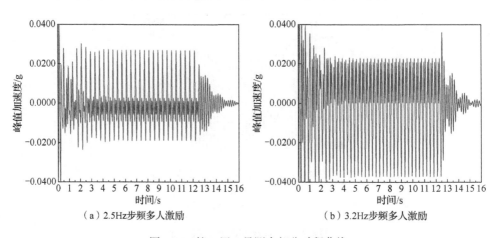

（a）2.5Hz 步频多人激励　　　　　（b）3.2Hz 步频多人激励

图 6.24　第 4 层 1 号测点部分时程曲线

如图 6.24 所示，在以 2.5Hz 相同步行频率多人行走工况下，第 4 层 1 号测点峰值加速度为 0.0269g，在以 3.2Hz 步频行走工况下为 0.0372g，3.2Hz 步频下楼板振动响应较 2.5Hz 步频增加了近 38%。

由图 6.25 可知，L-ABC2 工况下，第 5 层峰值加速度为 0.0449g，第 4 层为 0.0311g，第 5 层较第 4 层高 44%；L-ABC4 工况下，第 5 层峰值加速度为 0.0527g，第 10 层为 0.0472g，第 5 层较第 10 层增长约 12%。

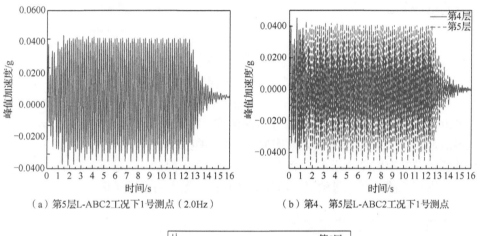

（a）第5层L-ABC2工况下1号测点（2.0Hz）　　　（b）第4、第5层L-ABC2工况下1号测点

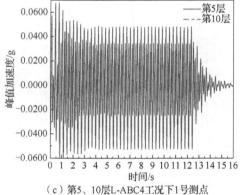

（c）第5、10层L-ABC4工况下1号测点

图 6.25　不同楼层时程曲线对比

通过固定多人步行力法对跳跃激励进行模拟，对应工况为 J-K、J-PQ、J-PQMN。同多人行走模拟相似，设置有多个固定落步点，在多个固定的落步点同时施加同频率、同相位的人行荷载激励，如图 6.26 所示。

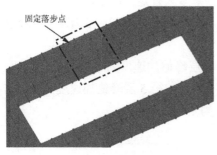
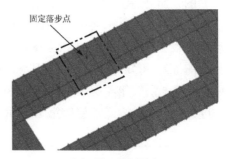

（a）工况J-PQMN固定落步点　　　　　　　　（b）工况J-K固定落步点

图 6.26　跳跃激励工况下落步点

以第 4 层为例，多人行走工况下部分时程曲线如图 6.27 所示。

如图 6.27 所示，单人在待测区域楼盖中心区域跳跃时，第 4 层 1 号测点峰值加速度为 0.0602g，当 4 个人均匀分布在楼盖上跳跃时，1 号测点为 0.152g，比单人跳跃增加了 152%。当跳跃人数增加时，楼盖的振动响应显著增加，单人跳跃下，楼盖的振动响应明显高于多人跳跃，这是由于现场测试时无法保证所有人进行同频率、同相位的跳跃，导致多人跳跃时的理论值远远高于试验值。

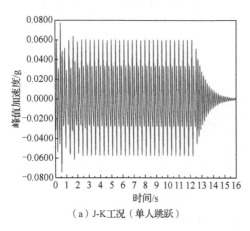
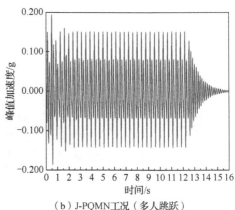

（a）J-K工况（单人跳跃）　　　　　　　　（b）J-PQMN工况（多人跳跃）

图 6.27　第 4 层跳跃工况下 1 号测点部分时程曲线

如图 6.28（a）所示，J-K 工况下，第 5 层 1 号测点峰值加速度为 0.0278g，3 号测点为 0.0082g，可以看出，随着离激励点越远，楼盖振动响应明显减弱。由图 6.28（b）、（c）可知，单人跳跃工况下，第 4 层 1 号测点峰值加速度为 0.0258g，第 5 层为 0.0279g，第 5 层较第 4 层高约 8%；多人跳跃工况下，第 5 层 1 号测点峰值加速度为 0.0739g，第 10 层为 0.0606g，第 5 层较第 10 层增长了 22%。

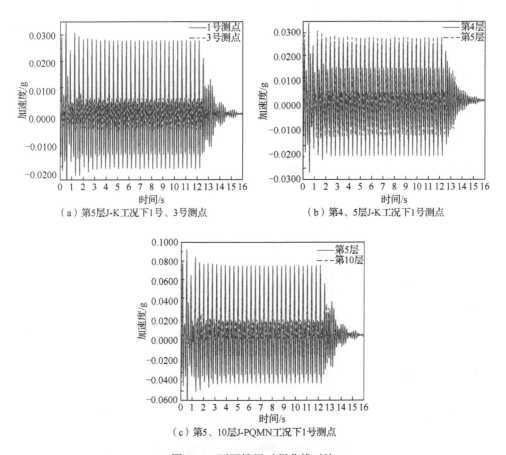

（a）第5层J-K工况下1号、3号测点

（b）第4、5层J-K工况下1号测点

（c）第5、10层J-PQMN工况下1号测点

图 6.28　不同楼层时程曲线对比

由稳态分析模拟可知，楼盖的最不利自振频率应为3.2Hz（6.4Hz/2）或2.1Hz（约6.4Hz/3），因此着重研究 3.2Hz 和 2.1Hz 步行频率下楼盖的振动响应。如图 6.29 所示，分别为相关工况下，第 5 层楼盖在不同步行频率下的楼盖振动响应。

如图 6.29 所示，在单人行走模拟、连续行走模拟、多人行走模拟各工况下，当人步行频率为 2.1Hz、3.2Hz 时，楼盖振动响应会显著增加。从图 6.29（a）可以看出，连续行走模拟工况下，第 5 层 1 号测点在 2.1Hz 步行频率下峰值加速度较 2.5Hz 提高了近 37%，而 3.2Hz 步频下峰值加速度较 2.5Hz 提高了 100%。

综合不同楼层在人致荷载振动模拟工况下结果分析，在 3.2Hz 步行频率下，所研究区域楼盖振动响应明显高于其他频率，因此认定 3.2Hz 为各楼层最不利自振频率。

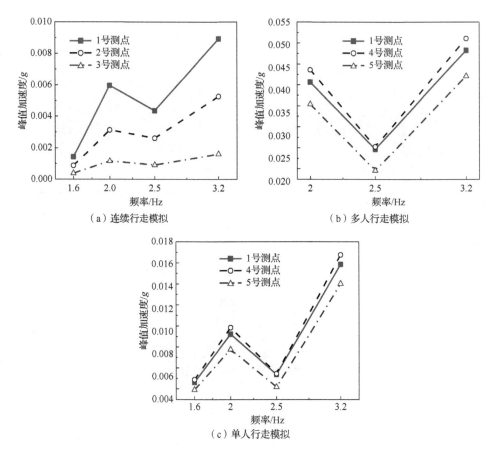

图 6.29　不同步行频率下第 5 层楼盖振动响应

　　基于梁式楼盖第一阶自振频率，通过获取有限元模型相关测点的变形值得到楼盖自振频率的计算值，与动力特性试验得到的试验值、稳态分析得到的稳态值对比分析，见表 6.5。

表 6.5　不同楼层 1 号、4 号测点自振频率计算值、试验值、稳态值对比

楼层	测点	计算值/Hz	试验值/Hz	稳态值/Hz	稳态值/计算值	稳态值/试验值
4 层	1 号	4.99	8.65	6.40	1.28	0.74
	4 号	4.84	6.98	6.40	1.32	0.92
5 层	1 号	4.05	6.24	6.40	1.58	1.03
	4 号	3.98	6.72	6.40	1.61	0.95
10 层	1 号	4.11	7.07	6.40	1.56	0.91
	4 号	4.03	7.16	6.40	1.59	0.89

通过不同楼层 1 号、4 号测点自振频率的试验值、稳态值可以看出，动力特性试验得到的一阶自振频率和稳态分析得到数值吻合良好。除第 4 层 1 号测点误差较大之外，其余测点误差均控制在 12%以内，表明稳态分析的结果可以较为精确地预估楼盖的自振频率。同时可以看出，稳态分析得到的楼盖自振频率较试验所得到的楼盖第一阶自振频率小，因此采用稳态值作为舒适度评判的标准会有一定的富余度，对楼盖振动有利。

计算表明，稳态值和计算值的比值约在 1.3~1.6，且比值的标准差只有 0.13，因此可定义放大系数 β，取 1.3~1.6。以按式（6.2）得到的计算值扩大 β 倍作为该结构体系自振频率的预估值。

6.6.2 人致荷载激励分析

《高层建筑混凝土结构技术规程》（JGJ 3—2010）给出了人行荷载作用下楼盖振动峰值加速度的计算方法，计算公式如下。

$$a_p = \frac{F_p}{\beta w} g \tag{6.6}$$

$$F_p = p_0 e^{-0.35 f_n} \tag{6.7}$$

$$w = \overline{w} B L \tag{6.8}$$

$$B = CL \tag{6.9}$$

式中，a_p 为楼盖峰值加速度，单位为 m/s²；F_p 为接近楼盖自振频率时人行走产生的作用力；p_0 为人行走产生的作用力，本节取 0.7kN；f_n 为楼盖结构竖向自振频率，取稳态值 6.4Hz；β 为楼盖结构阻尼比，取 0.03；w 为楼盖结构阻抗有效质量；$\overline{w}$ 为楼盖单位面积有效质量；L 为梁跨度，分别为 9m 和 10.8m；C 为影响系数，边梁取 1。

通过公式计算悬挂式巨型钢框架结构体系各楼层峰值加速度，见表 6.6。

表 6.6　峰值加速度计算

楼层	B/m	w/t	f_n/Hz	F_p/kN	a_p/（m/s²）
4 层	9	413.1	6.4	0.072	0.056
5 层	9	340.2	6.4	0.072	0.069
10 层	9	340.2	6.4	0.072	0.069

从表 6.6 可以看出，第 4 层峰值加速度为 0.056m/s²，第 5、10 层峰值加速度为 0.069m/s²，而进行连续行走模拟时，在 3.2Hz 最不利步行频率下，第 4、5、10 层待测区域楼盖中心 1 号测点的峰值加速度为 0.062m/s²、0.089m/s²、0.084m/s²（表 6.7）。结合楼盖振动测试时，不同楼层在工况 T-B4 下 1 号测点峰值加速度分

别为 0.075m/s^2、0.075m/s^2 和 0.14m/s^2。峰值加速度计算值、模拟值、试验值对比见表 6.7。

表 6.7　峰值加速度计算值、模拟值、试验值对比　　（单位：m/s^2）

楼层	计算值	模拟值	试验值
4 层	0.056	0.062	0.075
5 层	0.069	0.089	0.15
10 层	0.069	0.084	0.14

从表 6.7 可以看出，各层楼盖峰值加速度计算值小于有限元模拟值，数值最大相差 30%。分析可知，规程所提供的楼盖峰值加速度计算公式针对的是传统高层钢筋混凝土结构体系，而本书所研究的巨型框架悬挂结构混合体系由于跨度较大、楼盖边缘约束条件较弱，不适合常规混凝土楼盖的计算方法，因此针对该结构体系楼盖的计算方法有待进一步研究。

有限元时程分析得到的模拟值与试验值有一定误差，原因在于人行荷载激励具有一定的不确定性，但模拟的规律与试验较为一致，仍然具有重要的参考价值。

6.7　TMD 减振技术

为了减小人致荷载对巨型框架悬挂结构混合体系楼板的振动响应，采用调谐质量阻尼器（TMD）对结构体系进行减振控制，发明了调谐质量阻尼器与钢梁连接装置及装配方法，提高现场安装效率。通过有限元分析揭示调谐质量阻尼器在实测环境下的减振效果。分析了竖向和水平减振系数及其规律，测试和分析结果表明，巨型框架悬挂结构混合体系楼板设置调谐质量阻尼器具有良好的减振效果，研究结果可为人致荷载下调谐质量阻尼器对巨型框架悬挂结构混合体系楼板减振控制提供科学依据。

6.7.1　调谐质量阻尼器装配化连接方法

调谐质量阻尼器的工作原理是将调谐质量阻尼器连接到被控制的主体结构上，通过惯性质量和主结构控制振型谐振将主结构的能量传递给调谐质量阻尼器，从而抑制了主体结构的振动。调谐质量阻尼器广泛应用于高层建筑、桥梁结构、大跨度体育场馆等。目前多采取将钢板直接焊接于主体结构的方式，存在高空作业、焊接等难题，施工不方便，质量难以保证。缺乏一种实用性高、装配效率高和连接质量好的连接方式。

为解决上述技术问题，发明了一种调谐质量阻尼器连接装置，方便将调谐质量阻尼器固定到主体结构上，提高它的实用性、装配效率和连接质量，如图 6.30 所示。

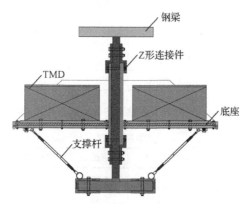

图 6.30　TMD 装配化连接方法

6.7.2　TMD 减振效果分析

为了解填充子结构楼盖在外界荷载作用下的振动情况，在巨型框架悬挂结构混合体系的填充子结构楼盖结构上 4～10 共布置 7 种类型的调谐质量阻尼器（TMD），均为竖向减振，详细的 TMD 参数见表 6.8。

表 6.8　TMD 参数

编号	m/t	f/Hz	ζ	K/（kN/m）	C/（kN·s/m）
TMD4	1.0	0.80	0.08	25.3	0.80
TMD5	1.5	1.00	0.08	59.2	1.51
TMD6	1.5	1.25	0.08	92.5	1.88
TMD7	1.0	1.75	0.08	120.9	1.76
TMD8	1.5	2.00	0.08	236.9	3.02
TMD9	1.5	0.85	0.08	32.1	0.97
TMD10	1.5	0.90	0.08	41.6	1.21

注：m 为质量，f 为自振频率，ζ 为阻尼比，K 为弹簧刚度，C 为阻尼系数。

待墙板安装好后，在填充子结构楼板的跨中布置 TMD，在有限模型中考虑 TMD 的减振原理。以第 5 层、第 8 层、第 10 层各测点的峰值加速度和均方根加速度为例，进行汇总，见表 6.9～表 6.14。

1）第 5 层试验结果见表 6.9 和表 6.10。

表 6.9　步行激励下各测点峰值加速度

工况	峰值加速度/（m/s²）						
	测点 1	测点 2	测点 3	测点 4	测点 5	测点 6	测点 7
J-K	0.086	0.030	0.025	0.045	0.043	0.059	0.022
J-PQ	0.022	0.030	0.036	0.030	0.020	0.030	0.044
J-PQNM	0.024	0.033	0.030	0.029	0.021	0.030	0.031

表 6.10　节律跳跃激励下各测点均方根加速度

工况	均方根加速度/（10^{-3}m/s²）						
	测点 1	测点 2	测点 3	测点 4	测点 5	测点 6	测点 7
J-K	7.048	5.554	5.911	6.293	6.455	6.634	5.327
J-PQ	5.915	5.991	6.278	6.439	6.422	6.329	6.405
J-PQNM	5.683	5.890	5.827	6.567	5.301	5.500	6.153

2）第 8 层试验结果见表 6.11 和表 6.12。

表 6.11　步行激励下各测点峰值加速

工况	峰值加速度/（m/s²）						
	测点 1	测点 2	测点 3	测点 4	测点 5	测点 6	测点 7
J-K	0.040	0.016	0.019	0.028	0.028	0.024	0.015
J-PQ	0.039	0.023	0.029	0.028	0.030	0.022	0.026
J-PQNM	0.038	0.036	0.057	0.042	0.045	0.041	0.042

表 6.12　节律跳跃激励下各测点均方根加速度

工况	均方根加速度/（10^{-3}m/s²）						
	测点 1	测点 2	测点 3	测点 4	测点 5	测点 6	测点 7
J-K	5.725	5.091	5.148	5.351	5.310	5.116	4.848
J-PQ	5.619	5.442	5.585	5.594	5.332	5.231	5.425
J-PQNM	6.599	6.352	7.896	6.678	6.097	6.225	6.105

3）第 10 层试验结果见表 6.13 和表 6.14。

表 6.13　步行激励下各测点峰值加速度

工况	峰值加速度/（m/s²）						
	测点 1	测点 2	测点 3	测点 4	测点 5	测点 6	测点 7
J-K	0.040	0.016	0.020	0.024	0.029	0.026	0.015
J-PQ	0.019	0.019	0.026	0.023	0.020	0.019	0.022
J-PQNM	0.027	0.032	0.037	0.026	0.025	0.040	0.033

表 6.14　节律跳跃激励下各测点均方根加速度

工况	均方根加速度/（10^{-3}m/s²）						
	测点 1	测点 2	测点 3	测点 4	测点 5	测点 6	测点 7
J-K	5.335	5.091	5.116	5.270	5.172	5.051	4.799
J-PQ	5.281	5.459	5.780	5.577	5.425	5.315	5.408
J-PQNM	5.325	5.620	6.233	5.596	5.739	5.747	5.365

可以看出，设置 TMD 减振系统之前，填充子结构的动力响应在较多工况下表现剧烈，加速度幅值较大；设置 TMD 减振系统之后，填充子结构的动力响应得到了大幅度的降低，满足舒适度的要求。在 0.8Hz 和 1.0Hz 的人致激励作用下，结构的动力响应较为明显，这主要是由于填充子结构的自振频率在 0.8Hz 附近，外部激励的频率与结构本身的振动频率达到一致，使结构达到共振。在结构中设置 TMD 减振系统之后，填充子结构在 0.8Hz 的外部激励作用下的最大控制率达到了 23.7%。表明只有 TMD 的振动频率与主体结构的振动频率达到一致时才可以达到明显的控制效果，能够较好地抑制主体结构的振动。

6.8　小　　结

1）静力分析结果表明：45m 段楼层变形远远大于周围楼层，且楼层中心区域处变形最大；刚度较小，自振频率较低，可能会导致楼盖自振频率处于人的步行频率范围从而引发楼盖共振。填充子结构楼层竖向变形远大于底层桁架梁，其子结构中，楼层越低，变形越大。

2）模态分析结果表明：巨型框架悬挂结构混合体系前几阶振型均为结构的整体振动，到第七阶模态时开始呈现出楼盖的竖向振动，且多为 45m 段楼盖的振动，而周围楼层振动出现的概率较低。高阶振型时，多呈现出多层楼盖多区域同步振动。综合静力分析和模态分析结果，确定选取轴线Ⓓ～Ⓕ之间 45m 大跨度楼盖中心区域作为研究对象。

3）稳态分析结果表明：同一层楼盖自振频率一致，但楼盖中心区域在共振下的振动响应明显高于楼盖边缘区域；巨型框架悬挂结构混合体系底层桁架梁和填充子结构楼层自振频率基本一致，但填充子结构在共振作用下的振动响应大于桁架层，填充子结构各楼层之间的振动响应相差较小。由稳态分析可知，各楼层自振频率为 6.4Hz，因此当以楼盖自振频率为步行频率整数倍计算时，2.1Hz 或 3.2Hz 应为楼盖振动响应分析最不利自振频率。

4）人致荷载振动模拟表明：在单人行走、连续行走、多人行走等各模拟工况下，当人步行频率处于正常走（2.1Hz）和快跑时（3.2Hz），底层桁架梁和子结构层振动响应都显著高于其他步行频率，且快跑时的振动响应更加强烈，可知 3.2Hz 步行频率为各楼层最不利自振频率，但是实际生活中出现快跑的工况较少，人员正常行走工况更加值得关注；振动模拟表明，人致荷载激励作用下，底层桁架梁振动响应小于填充子结构楼层，填充子结构楼层间振动响应差距较小。

5）对楼盖的动力特性和人致荷载激励计算、试验与模拟结果对比分析表明：稳态分析得到楼板自振频率与试验值接近，可以较为精确预估楼盖的自振频率。公式计算得到的自振频率与试验值相差较大，可定义放大系数 β，将计算值扩大 β 倍作为该结构体系自振频率预估值。

第 7 章　巨型框架悬挂结构混合体系逆向施工技术和仿真分析

中国科学院量子创新研究院科研楼采用的巨型框架悬挂结构混合体系,考虑了不同钢构件的安装顺序与不同楼层混凝土浇筑顺序的影响,提出了 4 种施工方案。采用 Midas Gen 软件进行仿真模拟,对比分析不同钢构件安装顺序、楼层混凝土浇筑顺序对整体结构的竖向变形和最大应力的影响规律,同时讨论了桁架与吊柱等关键构件的变形和应力的变化规律,为类似工程的设计和应用提供科学依据。

7.1　逆向施工技术

中国科学院量子创新研究院科研楼采用了巨型框架悬挂结构混合体系,顶层桁架吊挂下部楼层,底层桁架梁支承上部楼层,根据结构特点,钢构件可采用顺向安装(由下至上安装)与逆向安装(由上至下安装)两种施工顺序:①顺向安装时,为防止上部结构施工荷载全部由底层桁架梁承担,先在底层桁架梁下设置临时支撑,在底层桁架安装完成后,拆除临时支撑并进行卸载,形成上部悬挂下部支撑的结构体系,安装过程中,吊柱会出现受压到受拉的内力转换;②逆向安装时,需在巨型钢框架安装完成后进行楼层等次结构的安装,安装过程中无须结构转换,但此种安装顺序与传统施工不同,施工难度高,风险较大。钢构件安装完成后,楼层混凝土的浇筑顺序也会对结构的变形及应力产生较大影响。

为了研究钢构件安装顺序与楼层混凝土浇筑顺序对巨型框架悬挂结构混合体系的应力和变形影响,在满足设计与施工要求的条件下,提出了 4 种施工方案。施工方案一:采用顺向安装及由下至上的楼层混凝土浇筑顺序。施工方案二:采用顺向安装及由上至下的楼层混凝土浇筑顺序。施工方案三:采用逆向安装及由下至上的楼层混凝土浇筑顺序。施工方案四:采用逆向安装及由上至下的楼层混凝土浇筑顺序。具体施工步骤见表 7.1 和表 7.2,4 种施工方案如图 7.1 所示。

对于顺向安装，设置于底层桁架梁下的格构式临时支撑高度为 24.6m，支撑截面尺寸为 1.5m×1.5m，主杆件为 φ180mm×8mm，腹杆为 φ102mm×6mm，支撑上下平台为 H300mm×300mm×10mm×15mm，钢材牌号为 Q355；设置于 F4～F5 的圆钢管临时支撑高度为 3.82m，截面尺寸为 φ600mm×12mm，下部竖向设置两块 20mm×200mm×600mm 钢板与底层桁架梁翼缘连接，钢材牌号为 Q355。

表 7.1 顺向安装的施工步骤

施工步	方案一	方案二
1	设置底层桁架梁临时支撑，安装 F3～F4 层底层桁架梁	设置底层桁架梁临时支撑，安装 F3～F4 层底层桁架梁
2	浇筑底层桁架梁混凝土	浇筑底层桁架梁混凝土
3	设置 F4～F5 层间临时钢管支撑，安装 F5 层钢梁	设置 F4～F5 层间临时钢管支撑，安装 F5 层钢梁
4～9	依次安装 F6～F10 层楼层结构	依次安装 F6～F10 层楼层结构
10	安装顶层桁架梁	安装顶层桁架梁
11	拆除底层桁架梁临时支撑和 F4～F5 层间临时支撑	拆除底层桁架梁临时支撑和 F4～F5 层间临时支撑
12	浇筑顶层桁架梁混凝土	浇筑顶层桁架梁混凝土
13～18	由下至上依次进行 F5～F10 层楼面混凝土浇筑	由上至下依次进行 F10～F5 层楼面混凝土浇筑
19	安装 F4～F5 层间钢柱，焊接后完成结构的安装施工	安装 F4～F5 层间钢柱，焊接后完成结构的安装施工

表 7.2 逆向安装的施工步骤

施工步	方案三	方案四
1	安装 F3～F4 层底层桁架梁	安装 F3～F4 层底层桁架梁
2	浇筑底层桁架梁混凝土	浇筑底层桁架梁混凝土
3	安装顶层桁架梁	安装顶层桁架梁
4	浇筑顶层桁架梁混凝土	浇筑顶层桁架梁混凝土
5～10	由上至下依次将 F10～F5 层楼层悬挂在主结构上	由上至下依次将 F10～F5 层楼层悬挂在主结构上
11～16	由下至上依次进行 F5～F10 层楼面混凝土浇筑	由上至下依次进行 F10～F5 层楼面混凝土浇筑
17	安装 F4～F5 层间钢柱，焊接后完成结构的安装施工	安装 F4～F5 层间钢柱，焊接后完成结构的安装施工

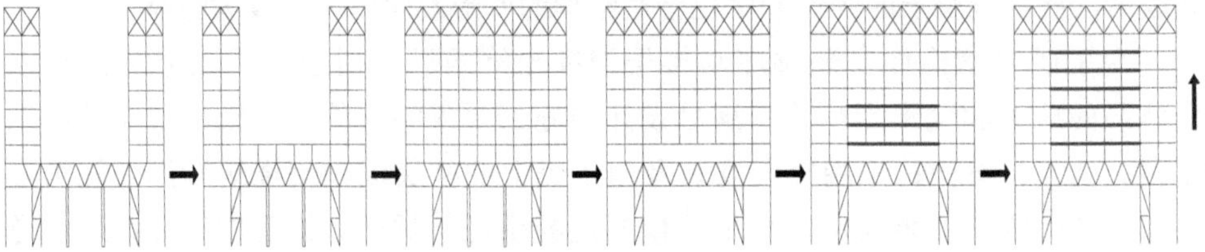

（a）施工方案一

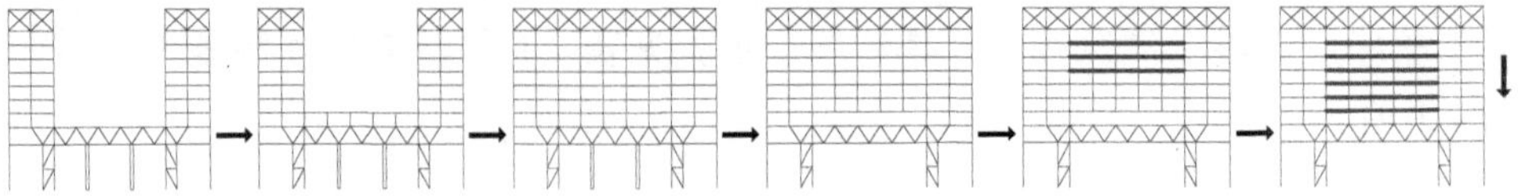

（b）施工方案二

图 7.1 巨型框架悬挂结构混合体系的施工方案

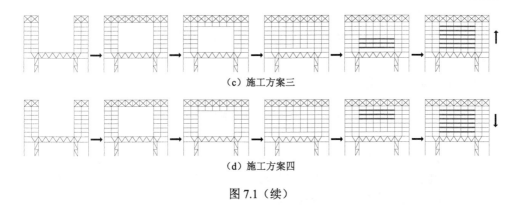

（c）施工方案三

（d）施工方案四

图 7.1（续）

7.2　仿真分析模型

采用 Midas Gen 建立巨型框架悬挂结构混合体系的计算模型。框架梁柱、顶层和底层桁架，以及临时支撑均采用梁单元，其中采用组合截面模拟钢管混凝土柱，计算模型如图 7.2 所示。计算时考虑结构自重的影响，并乘以 1.1 的放大系数，不考虑风荷载和温度荷载的影响。

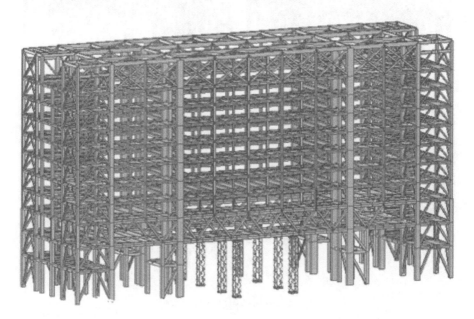

图 7.2　基于 Midas Gen 的巨型框架悬挂结构混合体系计算模型

7.3　计算结果与分析

7.3.1　变形和应力比较

对于 4 种施工方案，结构在施工完成后的最大竖向变形分别为 30.3mm、30.1mm、26.2mm 和 26.1mm，满足《钢结构设计标准》（GB 50017—2017）的要求，如图 7.3 所示。其中，方案一、方案二的最大竖向变形出现在Ⓕ轴楼层梁处，方案三、方案四的最大竖向变形出现在Ⓔ轴底层桁架下弦杆处。采用相同钢构件安装顺序时，结构的最大竖向变形较接近。

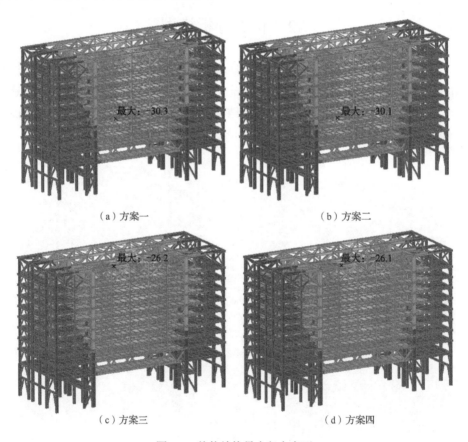

（a）方案一　　　　　　　　　　　　（b）方案二

（c）方案三　　　　　　　　　　　　（d）方案四

图 7.3　整体结构最大竖向变形

图 7.4 给出了 4 种施工方案下整体结构的最大竖向变形在施工全过程中的变化规律。底层桁架梁混凝土浇筑后，结构最大竖向变形均缓慢增大，由于方案一、方案二均设置了临时支撑，其最大竖向变形比方案三、方案四小；楼层混凝土浇

筑阶段，结构最大竖向变形均增长加快，但与方案三、方案四相比，方案一、方案二拆除了临时支撑，结构最大竖向变形增大更快；F4～F5 层间钢柱安装阶段，各施工方案下结构的最大竖向变形基本不变。

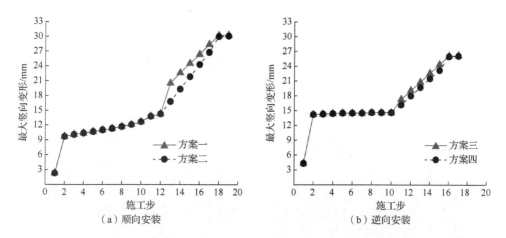

（a）顺向安装　　　　　　　　　　　　　（b）逆向安装

图 7.4　各施工方案下整体结构最大竖向变形变化规律

方案三、方案四的结构最大竖向变形分别比方案一和方案二减小 13.53%和 13.29%，说明当楼层混凝土浇筑顺序相同时，采用逆向安装能大幅降低结构的竖向变形；对比楼层混凝土浇筑顺序的影响，方案二、方案四分别小于方案一、方案三的最大竖向变形，浇筑完成后，最大竖向变形相差不大，说明当钢构件安装顺序相同时，采用由上至下的楼层混凝土浇筑顺序能减小结构在楼层混凝土浇筑过程中的竖向变形。

对于 4 种施工方案，结构在施工完成后的最大应力分别为 94.5MPa、96.3MPa、92.2MPa 和 92.4MPa，满足设计承载力的要求，如图 7.5 所示。其中，方案一、方案二的最大应力出现在Ⓕ轴第 5 层楼层梁处，方案三、方案四的最大应力出现在Ⓐ轴顶层桁架上弦杆处。采用相同钢构件安装顺序时，结构的最大应力较接近。

图 7.6 给出了 4 种施工方案下整体结构的最大应力在施工全过程中的变化规律。在底层桁架梁混凝土浇筑后，由于方案一、方案二设置了临时支撑，其最大应力基本不变，方案三、方案四结构最大应力缓慢增加；楼层混凝土浇筑阶段，结构最大应力均快速增大，方案二结构最大应力小于方案一，方案三、方案四结构最大应力相差不大，应力变化曲线基本重合；F4～F5 层间钢柱安装阶段，各施工方案下结构的最大应力基本不变。

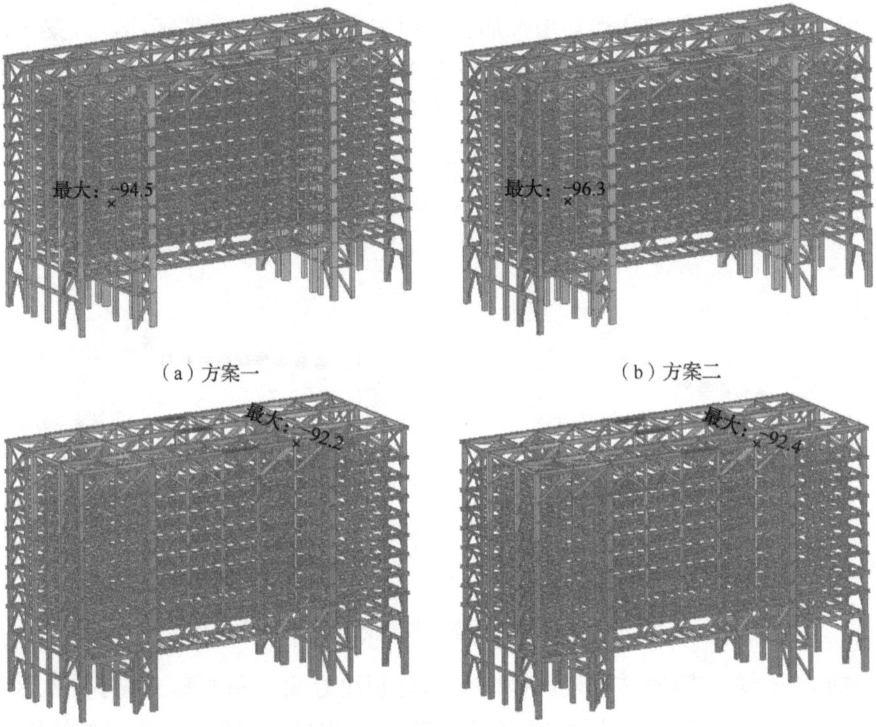

（a）方案一　　　　　　　　　　　　　　　（b）方案二

（c）方案三　　　　　　　　　　　　　　　（d）方案四

图 7.5　整体结构最大应力

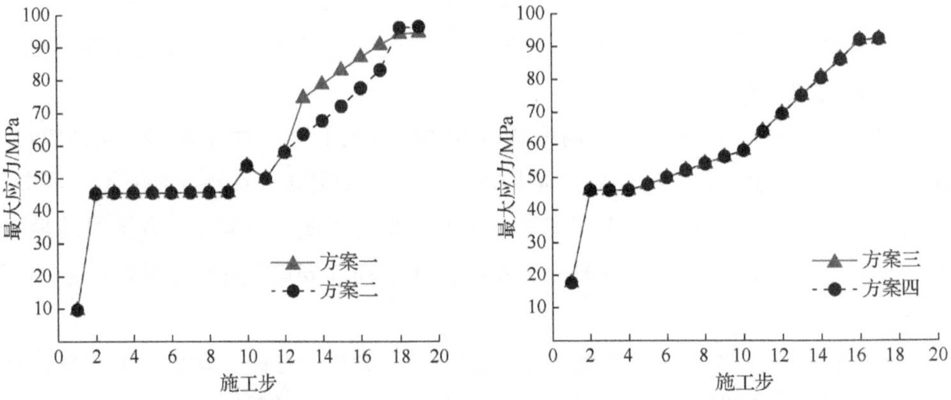

（a）顺向安装　　　　　　　　　　　　　　（b）逆向安装

图 7.6　各施工方案下整体结构最大应力变化规律

　　方案三、方案四的结构最大应力分别比方案一、方案二减小 2.43%、4.16%，说明当楼层混凝土浇筑顺序相同时，采用逆向安装对低结构应力有一定的降低作用；在楼层混凝土浇筑阶段，方案二小于方案一的最大应力，方案三与方案四的最大应力相差不大，说明当钢构件安装顺序相同时，对于顺向安装，采用由上至下的楼层混凝土浇筑顺序能减小结构在混凝土浇筑过程中的应力；对于逆向安装，楼层混凝土浇筑顺序对结构的应力影响较小。

7.3.2　关键构件的变形分析

以横向跨度较大的⑪轴结构中的关键构件为研究对象（图 7.7），对比分析 4 种施工方案下各关键构件的变形、应力变化规律。图 7.8 给出了 4 种施工方案下底层桁架杆件的变形在施工全过程中的变化规律。计算结果表明：对于底层桁架梁腹杆、跨中上弦杆，方案三的变形比方案一分别增大 8.07%、7.90%，方案四的变形比方案二分别增大 8.09%、7.91%，说明当楼层混凝土浇筑顺序相同时，采用逆向安装会增大底层桁架梁杆件的最终变形；楼层混凝土浇筑阶段，方案一、方案三的底层桁架梁杆件的变形与方案二、方案四相差不大，说明当钢构件安装顺序相同时，楼层混凝土浇筑顺序对底层桁架梁杆件的变形影响较小。

图 7.9 给出了 4 种施工方案下顶层桁架杆件的变形在施工全过程中的变化规律。计算结果表明：方案一、方案三的顶层桁架梁杆件的变形与方案二、方案四相差不大，说明当楼层混凝土浇筑顺序相同时，钢构件安装顺序对顶层桁架梁杆件的变形影响较小；楼层混凝土浇筑阶段，方案二、方案四分别小于方案一、方案三的顶层桁架梁杆件变形，浇筑完成后，变形相差不大，说明当钢构件安装顺序相同时，采用由上至下的楼层混凝土浇筑顺序能减小顶层桁架梁杆件在混凝土浇筑过程中的变形。

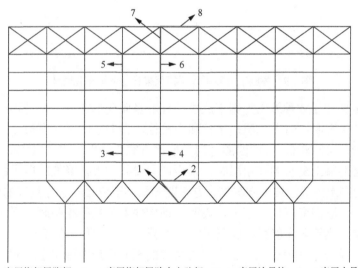

1——底层桁架梁腹杆；2——底层桁架梁跨中上弦杆；3——底层边吊柱；4——底层中吊柱；
5——顶层边吊柱；6——顶层中吊柱；7——顶层桁架梁腹杆；8——顶层桁架梁跨中上弦杆。

图 7.7　⑪轴关键构件

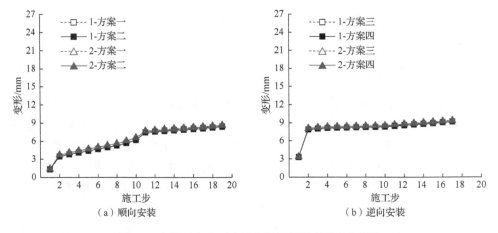

图 7.8　各施工方案下底层桁架梁杆件变形变化规律

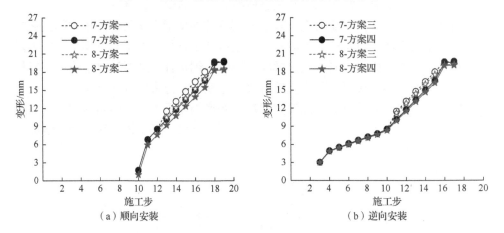

图 7.9　各施工方案下顶层桁架梁杆件变形变化规律

　　图 7.10 给出了 4 种施工方案下底层吊柱的竖向变形在施工全过程中的变化规律。计算结果表明：对于底层边吊柱和中吊柱，方案三的竖向变形比方案一分别减小 41.85%、42.06%，方案四的竖向变形比方案二分别减小 41.88%、42.07%，说明当楼层混凝土浇筑顺序相同时，采用逆向安装能大幅降低底层吊柱的竖向变形；楼层混凝土浇筑阶段，方案二、方案四分别小于方案一、方案三的竖向变形，浇筑完成后，竖向变形相差不大，说明当钢构件安装顺序相同时，采用由上至下的楼层混凝土浇筑顺序能减小底层吊柱在混凝土浇筑过程中的竖向变形。

　　图 7.11 给出了 4 种施工方案下顶层吊柱的竖向变形在施工全过程中的变化规律。计算结果表明：对于顶层边吊柱和中吊柱，方案三的竖向变形比方案一分别减小 6.40%、5.15%，方案四的竖向变形比方案二分别减小 6.38%、5.18%，说明当楼层混凝土浇筑顺序相同时，采用逆向安装能降低顶层吊柱的竖向变形；楼层

混凝土浇筑阶段，方案二、方案四分别小于方案一、方案三的竖向变形，浇筑完成后，竖向变形相差不大，说明当钢构件安装顺序相同时，采用由上至下的楼层混凝土浇筑顺序能减小顶层吊柱在混凝土浇筑过程中的竖向变形。

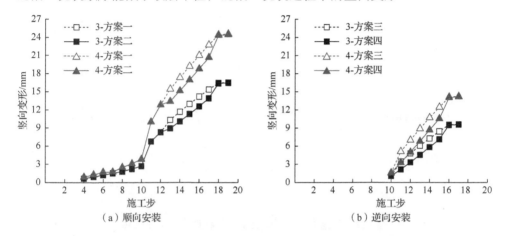

图 7.10　各施工方案下底层吊柱竖向变形变化规律

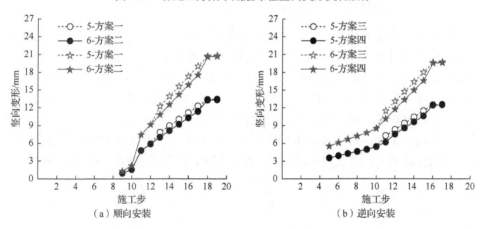

图 7.11　各施工方案下顶层吊柱竖向变形变化规律

7.3.3　关键构件的应力分析

图 7.12 给出了 4 种施工方案下底层桁架杆件的应力在施工全过程中的变化规律。计算结果表明：对于底层桁架梁腹杆，方案三、方案四的应力与方案一、方案二基本相同，对于底层桁架跨中上弦杆，方案三的应力比方案一增大 17.39%，方案四的应力比方案二增大 17.43%，说明当楼层混凝土浇筑顺序相同时，钢构件安装顺序对底层桁架梁腹杆的应力影响不大，采用逆向安装能增大底层桁架梁跨中上弦杆的应力；楼层混凝土浇筑阶段，方案一、方案三分别与方案二、方案四

的杆件应力相差不大，说明当钢构件安装顺序相同时，楼层混凝土浇筑顺序对底层桁架梁杆件的应力影响较小。

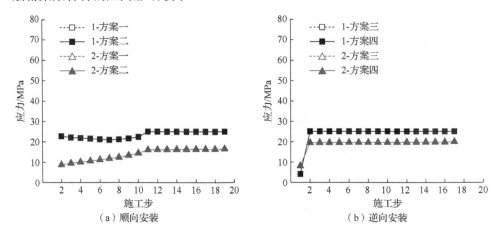

图7.12　各施工方案下底层桁架梁杆件应力变化规律

7.3.4　顶层桁架梁杆件的应力分析

图7.13给出了4种施工方案下顶层桁架梁杆件的应力在施工全过程中的变化规律。计算结果表明：对于顶层桁架梁腹杆、上弦杆，方案三的应力比方案一分别增大25.95%、3.24%，方案四的应力比方案二分别增大24.70%、3.23%，说明当楼层混凝土浇筑顺序相同时，采用逆向安装能增大顶层桁架梁杆件的应力；楼层混凝土浇筑阶段，对于顶层桁架梁腹杆，方案一、方案三分别与方案二、方案四的应力相差不大，对于顶层桁架梁上弦杆，方案二、方案四分别小于方案一、方案三的杆件应力，浇筑完成后，应力相差不大，说明当钢构件安装顺序相同时，

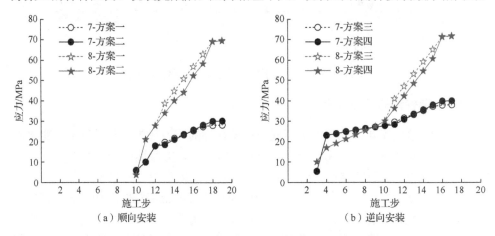

图7.13　各施工方案下顶层桁架梁杆件应力变化规律

楼层混凝土浇筑顺序对顶层桁架梁腹杆的应力影响不大，采用由上至下的楼层混凝土浇筑顺序能减小顶层桁架梁上弦杆在混凝土浇筑过程中的应力。

7.3.5　底层吊柱的应力分析

图 7.14 给出了 4 种施工方案下底层吊柱的应力在施工全过程中的变化规律。计算结果表明：顺向安装时，第 11 步拆除临时支撑后，底层吊柱出现了由受压到受拉的内力转换。对于底层边吊柱和中吊柱，方案三的应力比方案一分别减小22.70%、11.05%，方案四的应力比方案二分别减小 21.81%、10.03%，说明当楼层混凝土浇筑顺序相同时，采用逆向安装能大幅降低底层吊柱的应力；楼层混凝土浇筑阶段，方案二、方案四分别小于方案一、方案三的应力，浇筑完成后，应力相差不大，说明当钢构件安装顺序相同时，采用由上至下的楼层混凝土浇筑顺序能减小底层吊柱在混凝土浇筑过程中的应力。

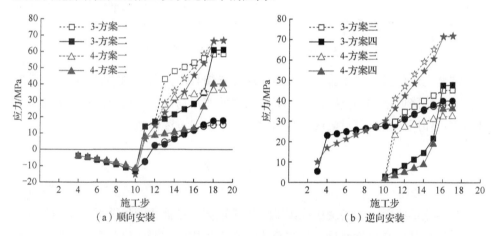

图 7.14　各施工方案下底层吊柱应力变化规律

7.3.6　顶层吊柱的应力分析

图 7.15 给出了 4 种施工方案下顶层吊柱的应力在施工全过程中的变化规律。计算结果表明：顺向安装时，第 11 步拆除临时支撑后，顶层吊柱出现了由受压到受拉的内力转换。对于顶层边吊柱和中吊柱，方案三的应力比方案一分别减小25.99 %、18.48 %，方案四的应力比方案二分别减小 26.60 %、15.60 %，说明当楼层混凝土浇筑顺序相同时，采用逆向安装能大幅降低顶层吊柱的应力；楼层混凝土浇筑阶段，对于顶层边吊柱，方案一、方案三分别与方案二、方案四的应力相差不大，对于顶层中吊柱，方案一与方案二的应力相差不大，方案三小于方案四的应力，说明当钢构件安装顺序相同时，楼层混凝土浇筑顺序对顶层边吊柱的应

力影响较小，采用顺向钢构件安装顺序时，楼层混凝土浇筑顺序对顶层中吊柱影响不大，然而，采用逆向钢构件安装顺序时，由上至下的楼层混凝土浇筑顺序增大了顶层中吊柱在混凝土浇筑过程中的应力。

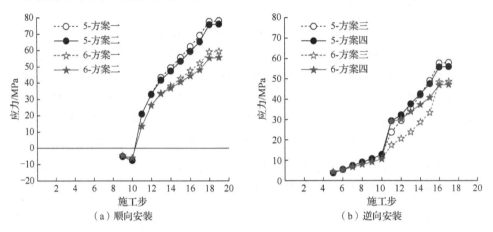

图 7.15　各施工方案下顶层吊柱应力变化规律

综合上述分析，采用施工方案四（逆向安装与由上至下的楼层混凝土浇筑顺序）可大幅降低结构的竖向变形，降低吊柱的变形与应力，充分发挥桁架梁的悬挂与支承作用。同时可以降低多数构件在混凝土浇筑过程中的变形和应力。

7.4　小　　结

1）当楼层混凝土浇筑顺序相同时，采用逆向安装能大幅度降低结构的竖向变形；当钢构件安装顺序相同时，采用由上至下的楼层混凝土浇筑顺序能减小结构在混凝土浇筑过程中的竖向变形。

2）当楼层混凝土浇筑顺序相同时，采用逆向安装能略降低结构的应力；当钢构件安装顺序相同时，对于顺向安装，采用由上至下的楼层混凝土浇筑顺序能减小浇筑过程中结构的应力，对于逆向安装，楼层混凝土浇筑顺序对结构的应力影响较小。

3）当楼层混凝土浇筑顺序相同时，采用逆向安装能降低吊柱的变形，能够大幅度降低吊柱的应力，增大桁架梁杆件的变形与应力，充分发挥桁架梁的悬挂与支承作用。

4）当钢构件安装顺序相同时，采用由上至下的楼层混凝土浇筑顺序能减小顶层桁架梁杆件和吊柱在混凝土浇筑过程中的变形，减小顶层桁架梁上弦杆在混凝土浇筑过程中的应力。然而，采用由上至下的逆向钢构件安装顺序时，由上至下的楼层混凝土浇筑顺序会增大顶层边吊柱在混凝土浇筑过程中的应力。

　　5）计算结果表明：采用施工方案四（逆向安装与由上至下的楼层混凝土浇筑顺序）可大幅降低结构的竖向变形，降低吊柱的变形与应力，充分发挥顶层桁架梁的悬挂和底层桁架梁的支承作用，降低多数桁架梁杆件和吊柱在混凝土浇筑过程中的变形和应力。

第8章　巨型框架悬挂结构混合体系的施工云监测平台

本书依托中国科学院量子创新研究院科研楼工程，对巨型框架悬挂结构混合体系的施工监测技术进行研究。本书作者研发了先进的施工云监测平台，进行施工全过程的结构安全监控，并将监测结果与模拟结果进行实时对比分析，确保工程的安全施工。

8.1　施工云监测平台

施工云监测平台的结构可分为三个层面：数据采集层、数据处理储存层和用户终端层。平台主要运用 TPC/IP、UDP 协议进行数据通信，通过 WebService、WebSocket 等接口与 APP 和计算机连接，平台可以实现对建筑结构的实时监测，为施工安全提供强有力的保障。

8.1.1　组成

施工云监测平台的运作需要多种设备和系统的协调配合，包括传感器、数据采集与收发设备、云网平台系统和用户终端，还需要指定的信号传输协议。

（1）传感器

施工云监测平台中常用的传感器包括应变传感器、位移传感器、沉降与挠度传感器等。

1）应变传感器。建筑工程中常用应变传感器有电阻应变计和钢弦式应变计，电阻应变器一般用于短期的建筑结构应变测量，钢弦式应力-应变计一般用于长期的建筑结构监测；电阻应变计是基于变形与电阻、电信号的转换来测量结构内力变化；钢弦式应力应变计是基于变形与钢弦张力的转化来测量结构内力变化。

2）位移传感器。位移传感器分为通用位移计、测缝位移计、支模位移计等。大多数位移计是基于探针或探杆的伸缩变化量来测量结构位移变化。

3）沉降与挠度传感器。根据测量原理的不同，沉降与挠度传感器可分为探针式沉降挠度计、静力式沉降挠度计、激光式沉降挠度计等，其工作原理分别基于探针的伸缩变化，所受静力的大小和激光测得的形变量。

（2）数据采集与收发设备

数据采集与收发设备包括综合采集模块和 DTU 网络传输模块。

1）综合采集模块。综合采集模块是一种多通道的集线采集设备，可以接入智能钢弦式应变计、电感调频及半导体温度传感器等设备，可以自动巡检，并存储上万组数据。

2）DTU 网络传输模块。DTU 网络传输模块是一种利用 CMNET 网络进行远程传输信号的网络传输模块，将其与综合采集模块进行连接，以达到传输传感器数据的目的。

（3）云监测平台

云监测平台是基于物联网、大数据和云计算技术，可对土木工程结构进行实时监测的虚拟服务平台。平台兼容不同类型不同型号的硬件设备接入，设备通过物联网接入云平台，采用安全的多种协议和传输方式传输数据，最终对采集的大规模监测数据进行计算、存储、过滤、分析和统计。云监测平台为用户提供可自定义的数据呈现，对结构物进行实时监测和分析，出具专业的评估报告。同时，云监测平台具备灵活的告警规则配置，基于该告警管理机制，在结构物出现故障时可实时提供相应的详细故障信息及供参考的解决方案，以满足用户的管理养护需求。

（4）用户终端

采集信息与数据经过云监测平台处理后，发送到用户终端，用户可用手机 Android 或 iOS 系统及计算机或 MAC 系统下载与查看。

（5）信号传输协议

传感器的常用信号传输协议以 RS232 和 RS485 为主。传感器数据在进行无线传输时，需要将 RS232/485/422 转换为 GPRS 数据进行传输。这类数据转换一般由转换器（又称无线数据传终端、工业无线网卡、工业手机、GPRS 调制解调器）来实现。

云平台信号传输系统组成如图 8.1 所示。

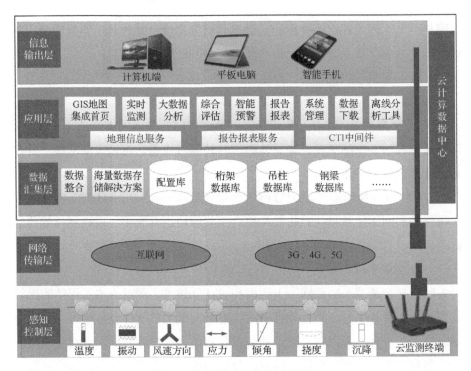

图 8.1　云平台信号传输系统组成

8.1.2　安装与调试

施工云监测平台的运作需要对多种设备进行安装与调试,包括传感器、综合采集模块、DTU 网络传输模块、云平台系统和用户终端,还需要调试出指定的信号传输协议。

（1）传感器的安装

传感器采用钢弦式应变计,如图 8.2 所示。其配套设备包括钢底座与金属保护外壳。与结构的结合方式包括:建筑专用黏合剂黏结和焊接。

整个安装过程如下。①将钢弦式应变计与钢底座组装。②在钢底座处涂抹建筑专用黏合剂与结构连接（黏合剂连接对混凝土结构和钢结构均适用）或将钢底座与结构焊接（焊接仅适用于钢结构）。连接牢固后盖上金属保护外壳对应变计进行保护（保护外壳的连接方式分为黏合剂连接和焊接）。③将钢弦式应变计与综合采集模块连接。

图 8.2　钢弦式应变计

（2）综合采集模块的安装

综合采集模块的主要功能是收集传感器数据并传输给数据传输单元（data transfer unit,DTU）网络传输模块。模块安装在现场的安全位置即可,可以借助黏合剂或辅助设备与结构连接。

整个安装过程包括：①将传感器与综合采集模块连接；②安装在现场的安全位置或涂抹建筑专用黏合剂与结构连接。

（3）DTU 网络传输模块的安装

DTU 网络传输模块的主要功能是接收综合采集模块的数据，并通过指定信号及协议将数据传输到智慧云监测平台。模块安装在现场的安全位置，也可以借助黏合剂或辅助设备与结构连接，如图 8.3 所示。

（a）DTU 网络传输模块　　　　　　（b）DTU 网络传输模块与综合采集模块连接

图 8.3　DTU 网络传输模块与连接

整个安装过程包括：①将 SIM 卡插入 DTU 网络传输模块；②将 DTU 网络传输模块与综合采集模块连接；③安装在现场的安全位置或涂抹建筑专用黏合剂与结构连接。

（4）智慧云监测平台的调试

智慧云监测平台依托于互联网，登录相应 IP 地址，不用安装。

整个调试过程包括：①使用计算机或移动设备终端对综合采集模块发送巡检指令连通模块；②使用计算机或移动设备终端对 DTU 网络传输模块发送指令，调整相应传输信号及传输协议；③设置云监测平台运算法则。

8.2　施　工　监　测

8.2.1　施工监测目的及意义

科研楼跨度大、结构形式新颖，采用了巨型框架悬挂结构混合体系，施工过程涉及复杂的结构拼装、卸载成型等重要施工阶段。施工过程中结构受力特点与设计使用状态并不相同，施工过程对结构整体受力、局部杆件内力和结构变形具有较大的影响，施工过程中的不可预见的可变因素较多，如果不加以分析控制，则必将影响施工过程中结构的安全性以及成型后整体结构安全性。

为了做到科学施工，保证结构受力体系符合设计意图，确保结构的安全性，有必要对本结构施工过程中结构受力以及变形情况进行监测，以便准确把握施工过程中的受力，及时发现施工过程中可能出现的异常。依据阶段性监测结果及时调整施工或设计方案，为工程的顺利施工提供条件。科研楼施工过程监控数据也是工程竣工资料的重要组成部分之一。

巨型框架悬挂结构混合体系施工监控的意义是为了保证科研楼施工质量和过程安全。当巨型框架悬挂结构混合体系按预定程序进行施工时，施工中每一阶段的结构内力和变形理论上都是可以预计的；通过技术监测手段，各施工阶段的实际结构内力和变形也是可以掌控的，从而可以跟踪、指导施工进程和发展。当施工过程中发生问题或发现监测实际值与计算的理论值相差过大时，可以根据先前得到的监测数据采取倒查措施查找分析原因，从而避免施工事故的发生。施工监控也为巨型框架悬挂结构混合体系的设计、施工提供值得借鉴的经验。

8.2.2 测点布置

巨型框架悬挂结构混合体系位于轴线⑦～⑧之间，通过施工模拟，选取跨度较大的桁架结构进行施工监测，测点总体布置如图 8.4 所示。

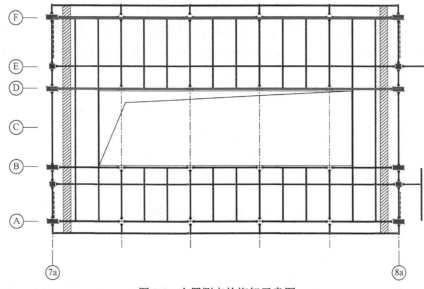

图 8.4 布置测点的桁架示意图

由于①轴线和⑥轴线桁架结构相同，结合施工方案，两榀桁架的测点布置位置大致相同。1～3 号测点位于钢柱上；4～6 号测点分别位于底层桁架梁 GK-11 下弦的支座和跨中；7～8 号测点位于底层桁架梁 GK-11 的斜腹杆；9～11 号测点分别位于底层桁架梁 GK-11 上弦的支座和跨中；15～16 号测点位于 5 层结构钢梁 GKL-1 与临时支撑圆钢管柱的节点处；12～14 号测点以及 17～23 号测点分别位于 5～10 层的吊柱上；24～26 号测点分别位于顶层桁架梁下弦的支座和跨中；27 号测点位于顶层桁架梁的垂直腹杆上，28 号测点位于顶层桁架梁的斜腹杆上，

29～31 号测点分别位于顶层桁架梁上弦的支座和跨中。具体测点布置如图 8.5 所示，共计 62 个测点。

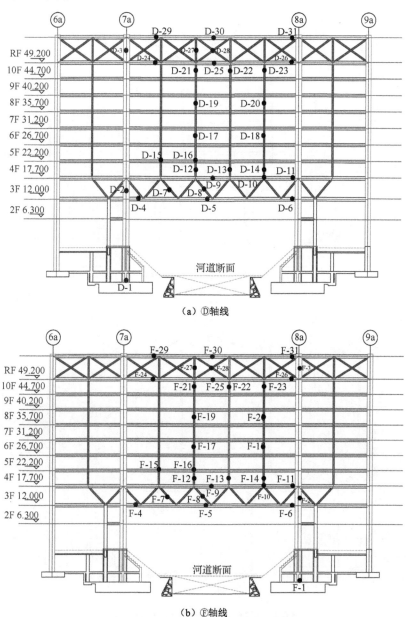

（a）Ⓓ轴线

（b）Ⓕ轴线

图 8.5　Ⓓ轴线和Ⓕ轴线测点布置图

变形监测点位于Ⓓ轴线和Ⓕ轴线底层桁架梁下弦跨中和顶层桁架梁上弦跨中，采用全站仪每天早晚各测一次，确保施工过程中结构变形满足要求。同应力监测点，两榀桁架的测点布置位置大致相同,分别位于格构式临时支撑顶部横梁,底层桁架梁下弦杆跨中,顶层桁架梁下弦杆跨中。具体测点布置如图 8.6 所示,共计 6 个测点。

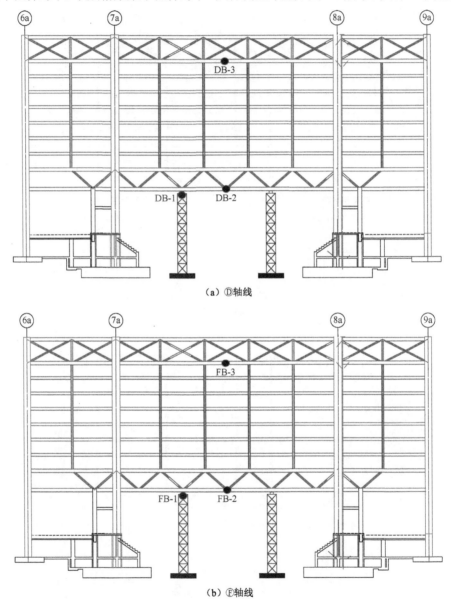

图 8.6　①轴线和⑥轴线变形监测点布置图

8.2.3　顶层和底层桁架梁监测结果

顶层和底层桁架梁测点布置在下弦杆、腹杆、上弦杆,包括底层桁架梁下弦杆测点 F4、F5、F6，腹杆测点 F7、F8，上弦杆测点 F9、F10、F11；顶层桁架梁下弦杆测点 F24、F25、F26，腹杆测点 F27、F28，上弦杆测点 F29、F30、F31。

　　由图 8.7 可知，Ⓕ轴底层桁架梁下弦杆跨中钢梁为拉应力，两侧钢梁为压应力，当 F4 层圆钢管支撑和底部格构式临时支撑卸载后，跨中钢梁拉应力略微减小，两侧钢梁压应力略微减小。其中测点 F6 出现最大压应力为-26.2N/mm²，F6 出现最大拉应力为 25.5N/mm²。

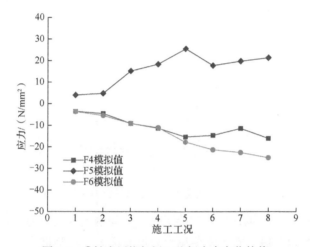

图 8.7　Ⓕ轴底层桁架梁下弦杆应力变化趋势

　　由图 8.8 可知，Ⓕ轴底层桁架梁腹杆的应力在临时支撑卸载过后，腹杆由压应力逐渐转换成拉应力，拉应力在临时卸载支撑后和混凝土浇筑后会不断增大，施工过程中出现的最大压应力为-7.7N/mm²，最大拉应力为 27.7N/mm²。

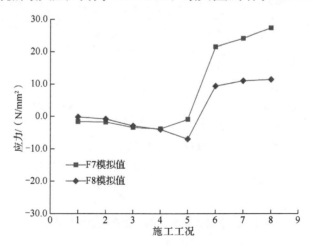

图 8.8　Ⓕ轴底层桁架梁腹杆应力变化趋势

由图 8.9 所示，Ⓕ轴底层桁架梁上弦杆跨中钢梁为拉应力，两侧钢梁为压应力。当临时支撑卸载后，跨中钢梁拉应力逐渐增大，两侧钢梁压应力逐渐增大。施工过程中最大拉应力为 24.3N/mm²，最大压应力为-22.4N/mm²。

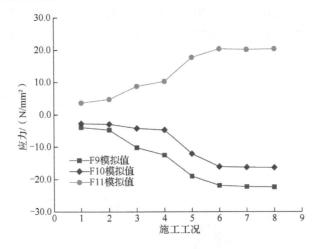

图 8.9　Ⓕ轴底层桁架梁上弦杆应力变化趋势

由图 8.10 所示，Ⓕ轴顶层桁架梁下弦杆中间钢梁为拉应力，两侧钢梁为压应力，当临时支撑卸载后，跨中钢梁拉应力逐渐增大，两侧钢梁压应力逐渐增大。当填充子结构混凝土浇筑时，下弦杆应力不断增大。施工过程中最大拉应力为 46.2N/mm²，最大压应力为-51.8N/mm²。

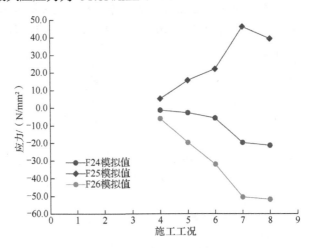

图 8.10　Ⓕ轴顶层桁架梁下弦杆应力变化趋势

如图 8.11 所示，Ⓕ轴顶层桁架梁垂直腹杆受拉应力，斜腹杆受拉应力。当临时支撑卸载后，垂直腹杆受拉应力不断增大，斜腹杆受压应力不断增大。施工过程中最大拉应力为 46.2N/mm²，最大压应力为-51.8N/mm²。

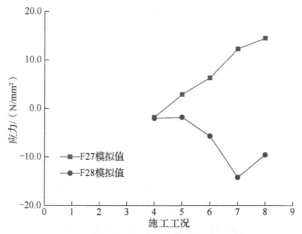

图 8.11　Ⓕ轴顶层桁架梁腹杆应力变化趋势

由图 8.12 所示，Ⓕ轴顶层桁架梁上弦杆跨中钢梁受压应力，两侧钢梁受拉应力。当临时支撑卸载后，垂直腹杆受拉应力不断增大，斜腹杆受压应力不断增大。施工过程中最大拉应力为 46.2N/mm²，最大压应力为-51.8N/mm²。

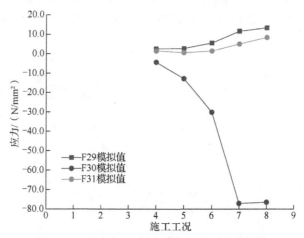

图 8.12　Ⓕ轴顶层桁架梁上弦杆应力变化趋势

8.2.4　吊柱监测结果

子结构楼层测点分别布置在 5 层楼板上的测点 F15、F16，6 层吊柱上的测点 F17、F18，8 层吊柱上的测点 F19、F20，10 层吊柱上的测点 F21、F22、F23。

如图 8.13 所示，子楼层 5 层楼板上的测点受压应力，应力变化较为平稳。当临时支撑卸载后，受压应力增加较大。施工过程中最大压应力为-40.1N/mm²。

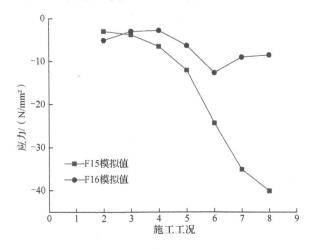

图 8.13　Ⓕ轴 5 层楼板应力变化趋势

如图 8.14 所示，子楼层 6 层吊柱的测点开始受拉应力，随着临时支撑卸载后，拉应力逐渐转换成压应力。填充子楼层一部分荷载由底层桁架梁支撑，随着 4 层临时支撑卸载，原本由底层桁架梁承担的子结构楼层的荷载由顶层桁架梁承担，吊柱应力由压应力转换成拉应力，并且随着子楼层混凝土的浇筑，吊柱应力不断增大。施工过程中最大拉应力为 11.0N/mm²，最大压应力为-8.5N/mm²。

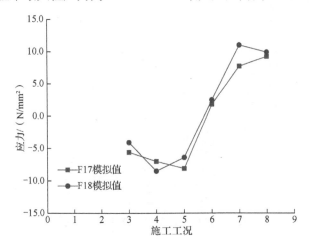

图 8.14　Ⓕ轴 6 层吊柱应力变化趋势

如图 8.15 所示，子楼层 8 层吊柱开始受拉应力，随着临时支撑卸载后，拉应力逐渐转换成压应力。填充子楼层一部分荷载由底层桁架支撑，随着 4 层临时支撑卸载，原本由底层桁架梁承担的子结构楼层的荷载由顶层桁架梁承担，吊柱应力由压应力转换成拉应力，并且随着子楼层混凝土的浇筑，吊柱应力不断增大。施工过程中最大拉应力为 17.3N/mm²，最大压应力为-7.9N/mm²。

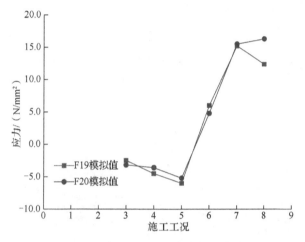

图 8.15　Ｆ轴 8 层吊柱应力变化趋势

　　如图 8.16 所示，子楼层 10 层吊柱开始受拉应力，随着临时支撑卸载后，拉应力逐渐转换成压应力。填充子楼层一部分荷载由底层桁架梁支撑，随着 4 层临时支撑卸载，原本由底层桁架梁承担的子结构楼层的荷载由顶层桁架梁承担，吊柱应力由压应力转换成拉应力，并且随着子楼层混凝土的浇筑，吊柱应力不断增大。因为该吊柱处于顶层，整体吊柱应力较大。在施工过程中最大拉应力为 36.0N/mm²，最大压应力为-6.5N/mm²。

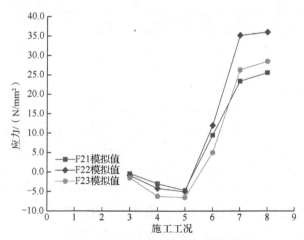

图 8.16　Ｆ轴 10 层吊柱应力变化趋势

8.3 监测结果对比分析

8.3.1 顶层和底层桁架梁对比结果

从图 8.17 和表 8.1 中可以看出,在整个施工阶段内,大部分阶段内Ⓕ轴底层桁架梁下弦杆钢梁应力测点的实测数据和模拟计算结果差额幅度是±3.0N/mm²。实测数据的最大应力为-25.1N/mm²,排除施工干扰因素,满足规范要求。

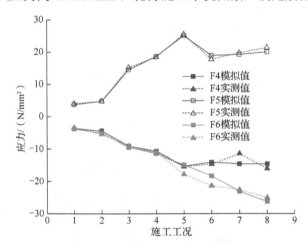

图 8.17 Ⓕ轴底层桁架梁下弦杆应力变化趋势

表 8.1 Ⓕ轴底层桁架梁下弦杆应力变化趋势

工况编号	F4		F5		F6	
	模拟值/(N/mm²)	实测值/(N/mm²)	模拟值/(N/mm²)	实测值/(N/mm²)	模拟值/(N/mm²)	实测值/(N/mm²)
1	-3.8	-3.5	3.7	4.0	-3.8	-3.6
2	-4.4	-4.5	4.8	4.8	-5.1	-5.4
3	-9.1	-9.1	14.5	15.2	-9.5	-9.1
4	-10.7	-11.3	18.6	18.4	-11.4	-11.0
5	-15.3	-15.4	25.1	25.5	-14.9	-17.8
6	-14.1	-14.7	18.9	17.7	-18.3	-21.4
7	-14.6	-11.5	19.2	19.7	-23.2	-22.7
8	-14.6	-16.1	20.0	21.3	-26.3	-25.1

从图 8.18 和表 8.2 中可以看出,在整个施工阶段内,大部分阶段内Ⓕ轴底层桁架梁腹杆应力测点的实测数据和模拟计算结果差额幅度是±3.0N/mm²。实测数据的最大应力为27.7N/mm²,排除施工干扰因素,满足规范要求。

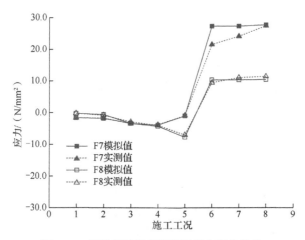

图 8.18　Ｆ轴底层桁架梁腹杆应力变化趋势

表 8.2　Ｆ轴底层桁架梁腹杆应力变化趋势

工况编号	F7		F8	
	模拟值/（N/mm²）	实测值/（N/mm²）	模拟值/（N/mm²）	实测值/（N/mm²）
1	-1.6	-1.6	-0.2	-0.2
2	-1.8	-1.7	-0.6	-0.8
3	-3.4	-3.4	-3.4	-2.9
4	-3.9	-3.8	-4.3	-4.0
5	-1.0	-0.9	-7.7	-6.98
6	27.3	21.5	10.3	9.4
7	27.3	24.1	10.3	11.0
8	27.7	27.4	10.4	11.4

从图 8.19 和表 8.3 中可以看出，在整个施工阶段内，大部分阶段内Ｆ轴下底层桁架梁上弦杆应力测点的实测数据和模拟计算结果差额幅度是±4.0N/mm²。实测数据的最大应力为 24.3N/mm²，排除施工干扰因素，满足规范要求。

表 8.3　Ｆ轴底层桁架梁上弦杆应力变化趋势

工况编号	F9		F10		F11	
	模拟值/（N/mm²）	实测值/（N/mm²）	模拟值/（N/mm²）	实测值/（N/mm²）	模拟值/（N/mm²）	实测值/（N/mm²）
1	-3.9	-4.0	-2.7	-2.2	3.7	2.9
2	-4.7	-4.3	-2.9	-3.2	4.8	5.7
3	-10.2	-10.1	-4.2	-3.6	8.8	10.3
4	-12.5	-12.3	-4.7	-5.0	10.3	9.9
5	-19.0	-18.0	-12.1	-13.6	17.8	19.0
6	-21.9	-21.5	-16.1	-16.0	20.4	23.5
7	-22.3	-22.2	-16.3	-12.2	20.2	23.8
8	-22.4	-18.9	-16.4	-16.3	20.4	24.3

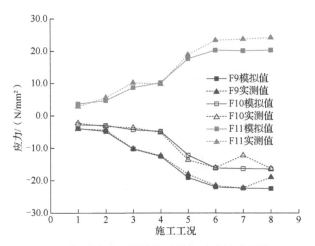

图 8.19 Ⓕ轴底层桁架梁上弦杆应力变化趋势

从图 8.20 和表 8.4 中可以看出，在整个施工阶段内，大部分阶段内Ⓕ轴顶层桁架梁下弦杆应力测点的实测数据和模拟计算结果差额幅度是±5.0N/mm²。实测数据的最大应力为-51.8N/mm²，排除施工干扰因素，满足规范要求。

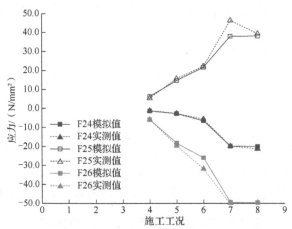

图 8.20 Ⓕ轴顶层桁架梁下弦杆应力变化趋势

表 8.4 Ⓕ轴顶层桁架梁下弦杆应力变化趋势

工况编号	F24		F25		F26	
	模拟值/（N/mm²）	实测值/（N/mm²）	模拟值/（N/mm²）	实测值/（N/mm²）	模拟值/（N/mm²）	实测值/（N/mm²）
4	-1.4	-1.2	6.2	5.3	-5.9	-5.9
5	-2.8	-2.7	14.7	15.7	-18.3	-19.7
6	-6.5	-5.7	21.6	22.1	-26.0	-31.9
7	-19.9	-19.8	38.0	46.2	-49.5	-50.5
8	-20	-21.3	38.1	39.4	-49.6	-51.8

从图 8.21 和表 8.5 中可以看出，在整个施工阶段内，大部分阶段内Ⓕ轴顶层桁架梁腹杆应力测点的实测数据和模拟计算结果差额幅度是±4.0N/mm²。实测数据的最大应力为 14.5N/mm²，排除施工干扰因素，满足规范要求。

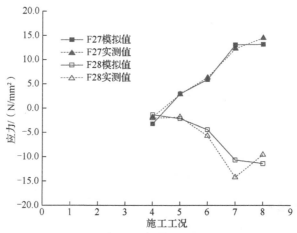

图 8.21　Ⓕ轴顶层桁架梁腹杆应力变化趋势

表 8.5　Ⓕ轴顶层桁架梁腹杆应力变化趋势

工况编号	F27		F28	
	模拟值（N/mm²）	实测值（N/mm²）	模拟值（N/mm²）	实测值（N/mm²）
4	-3.2	-1.8	-1.3	-2.0
5	3.0	2.9	-2.1	-1.8
6	5.9	6.3	-4.4	-5.7
7	13.1	12.3	-10.7	-14.2
8	13.2	14.5	-11.4	-9.6

由图 8.22 和表 8.6 可以看出，在整个施工阶段内，大部分阶段内Ⓕ轴顶层桁架梁上弦杆应力测点的实测数据和模拟计算结果差额幅度是±2.0N/mm²。实测数据的最大应力为-77.1N/mm²，排除施工干扰因素，满足规范要求。

表 8.6　Ⓕ轴顶层桁架梁上弦杆应力变化趋势

工况编号	F29		F30		F31	
	模拟值/（N/mm²）	实测值/（N/mm²）	模拟值/（N/mm²）	实测值/（N/mm²）	模拟值/（N/mm²）	实测值/（N/mm²）
4	2.5	2.5	-4.7	-4.4	1.5	1.5
5	3.3	2.7	-12.6	-12.8	0.6	0.6
6	6.1	5.5	-30.0	-30.2	2.1	1.4
7	12.9	11.6	-74.2	-77.1	6.3	5.0
8	12.9	13.3	-74.6	-76.5	6.3	8.4

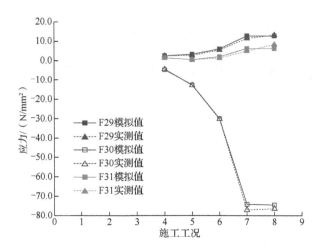

图 8.22 Ⓕ轴顶层桁架梁上弦杆应力变化趋势

8.3.2 吊柱对比结果

由图 8.23 和表 8.7 可以看出，在整个施工阶段内，大部分阶段内Ⓕ轴 5 层楼板应力测点的实测数据和模拟计算结果差额幅度是±7.0N/mm²。实测数据的最大应力为-40.1N/mm²，排除施工干扰因素，满足规范要求。

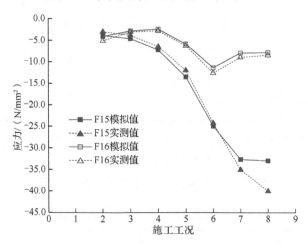

图 8.23 Ⓕ轴 5 层楼板应力变化趋势

表 8.7 Ｆ轴 5 层楼板应力变化趋势

工况编号	F15		F16	
	模拟值/（N/mm²）	实测值/（N/mm²）	模拟值/（N/mm²）	实测值/（N/mm²）
2	-3.9	-3.0	-4.1	-5.1
3	-4.6	-3.8	-2.8	-3.0
4	-7.3	-6.5	-2.4	-2.8
5	-13.5	-12.0	-5.9	-6.3
6	-25.0	-24.3	-11.4	-12.6
7	-32.7	-35.1	-8.0	-9.0
8	-33.0	-40.1	-7.9	-8.5

图 8.24 和表 8.8 可以看出，在整个施工阶段内，大部分阶段内Ｆ轴 6 层吊柱应力测点的实测数据和模拟计算结果差额幅度是±2.0N/mm²。实测数据的最大应力为 11.0N/mm²，排除施工干扰因素，满足规范要求。

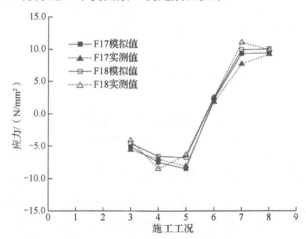

图 8.24 Ｆ轴 6 层吊柱应力变化趋势

表 8.8 Ｆ轴 6 层吊柱应力变化趋势

工况编号	F17		F18	
	模拟值/（N/mm²）	实测值/（N/mm²）	模拟值/（N/mm²）	实测值/（N/mm²）
3	-5.1	-5.6	-4.6	-4.1
4	-7.5	-7.0	-6.6	-8.5
5	-8.5	-8.1	-6.8	-6.4
6	2.2	1.8	2.4	2.5
7	9.3	7.7	9.9	11.0
8	9.4	9.2	10.0	9.9

由图 8.25 和表 8.9 中可以看出，在整个施工阶段内，大部分阶段内Ⓕ轴 8 层吊柱应力测点的实测数据和模拟计算结果差额幅度是±3.0N/mm²。实测数据的最大应力为 17.3N/mm²，排除施工干扰因素，满足规范要求。

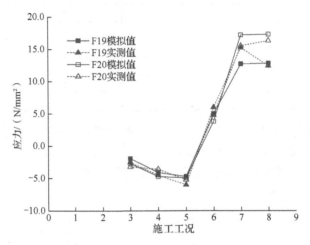

图 8.25 Ⓕ轴 8 层吊柱应力变化趋势

表 8.9 Ⓕ轴 8 层吊柱应力变化趋势

工况编号	F19		F20	
	模拟值/（N/mm²）	实测值/（N/mm²）	模拟值/（N/mm²）	实测值/（N/mm²）
3	-1.9	-2.5	-2.7	-3.2
4	-4.1	-4.5	-4.7	-3.6
5	-4.7	-6.0	-4.9	-5.2
6	5.0	6.0	3.8	4.8
7	12.7	15.2	17.2	15.5
8	12.8	12.4	17.3	16.3

由图 8.26 和表 8.10 中可以看出，在整个施工阶段内，大部分阶段内Ⓕ轴 10 层吊柱应力测点的实测数据和模拟计算结果差额幅度是±7.0N/mm²。实测数据的最大应力为 36.0N/mm²，排除施工干扰因素，满足规范要求。

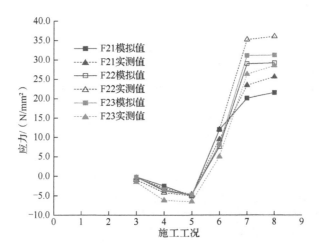

图 8.26　Ⓕ轴 10 层吊柱应力变化趋势

表 8.10　Ⓕ轴 10 层吊柱应力变化趋势

工况编号	F21		F22		F23	
	模拟值/（N/mm²）	实测值/（N/mm²）	模拟值/（N/mm²）	实测值/（N/mm²）	模拟值/（N/mm²）	实测值/（N/mm²）
3	−0.2	−0.4	−0.2	−0.9	−0.2	−1.5
4	−2.5	−3.0	−3.7	−4.2	−3.4	−6.2
5	−5.1	−4.7	−4.8	−5.0	−4.8	−6.5
6	12.0	9.5	7.6	12.0	8.2	5.0
7	20.1	23.4	29.0	35.2	31.1	26.3
8	21.5	25.6	29.2	36.0	31.2	28.5

8.4　小　　结

1）巨型框架悬挂结构混合体系施工全过程的应力监测表明，各关键部位的应力值均小于钢材的材料屈服强度，满足设计规定的强度要求。同时，按照《钢结构设计标准》（GB 50017—2017）对受力较大的关键构件进行稳定验算，也表明其满足稳定性要求。

2）变形监测表明，中国科学院量子创新研究院科研楼顶层和底层桁架梁在整个施工阶段的位移变化幅度在 20mm 内，约为相应跨度的 1/2500，满足设计规定的变形控制值。

3）应力监测结果表明：模拟数据和监测数值变化趋势相同，误差基本上能控制在 20% 以内，有限元模拟数值可以有效估计施工过程中构件的应力应变变化规律，为安全施工提供保障。

参 考 文 献

[1] Lehmann C R. Multi-storey suspension structures[J]. Architectural Design，1963（11）：530-535.

[2] 焦勇. 高层建筑芯筒刚梁式悬挂结构的地震反应分析[D]. 南宁：广西大学，2007.

[3] 王开. 悬挂结构抗震性能与失效机制研究[D]. 南京：东南大学，2021.

[4] 张昊然. CFRP 拉索巨型框架悬挂建筑与验证性示范工程研究[D]. 南京：东南大学，2017.

[5] 梁启智，张耀华. 巨型框架悬挂体系动力系统及减震性能分析[J]. 华南理工大学学报（自然科学版），1998（10）：1-6.

[6] 张耀华，梁启智，付赣清. 巨型框架悬挂体系抗震原理及初步设计方法[J]. 工程力学，2000，17（2）：10-17.

[7] 王晓. 巨型框架悬挂结构的 QR 法及其稳定性分析[D]. 南宁：广西大学，2002.

[8] 蓝文武. 巨型钢框架悬挂结构体系减震半主动控制研究[D]. 南宁：广西大学，2005.

[9] 刘海卿，王学庆，王锦力. 应用 SMA 阻尼器的巨型框架悬挂结构减震分析[J]. 武汉理工大学学报，2010，32（9）：111-114.

[10] 唐柏鉴，裴波，李鑫. 悬挂式巨型钢框架住宅受力性能分析[J]. 地震工程与工程振动，2012，32（3）：57-66.

[11] 金鑫，荀勇，胡夏闽. 多点激励下巨型框架悬挂减振结构地震响应振动台阵试验研究[J]. 工程抗震与加固改造，2020，42（1）：112-119.

[12] 中华人民共和国住房和城乡建设部. 建筑抗震设计规范（2016 版）：GB 50011—2010[S]. 北京：中国建筑工业出版社，2016.

[13] Chao S H，Goel S C，Lee S S. A Seismic design lateral force distribution based on inelastic state of structures[J]. Earthquake Spectra，2007，23（3）：547-569.

[14] Verde R V. Explanation for the numerous upper floor collapses during the 1985 Mexico city earthquake[J]. Earthquake Engineering & Structural Dynamics，1991，20（3）：223-241.

[15] Bondy K D. A more rational approach to capacity design of seismic moment frame columns[J]. Earthquake Spectra，1996，12（3）：395-406.

[16] Dooley K L，Bracci J M. Seismic evaluation of column-to-beam strength ratios in reinforced concrete frames[J]. ACI Structural Journal，2001，98（6）：843-851.

[17] Kuntz G L，Browning J. Reduction of column yielding during earthquakes for reinforced concrete frames[J]. ACI Structural Journal，2003，100（5）：573-580.

[18] Shibata A，Sozen M. Substitute-structure method for seismic design in R/C[J]. Journal of Structural Division，1976，102（1）：1-18.

[19] Priestley M J N. Myths and fallacies in earthquake engineering[J]. Concrete International 1997，19（2）：54-63.

[20] Priestley M J N，Calvi G M，Kowalski M J. Displacement-based seismic design of structures[M]. Pavia：IUSS Press，2007.

[21] Housner G W. Limit design of structures to resist earthquakes[C]// Proceedings of the 1st World Conference on Earthquake Engineering，Earthquake Engineering Research Institute，Oakland，1956，5：1-13.

[22] Leelataviwat S，Goel S C，Stojadinović B. Energy-based seismic design of structures using yield mechanism and target drift[J]. Journal of Structural Engineering，2002，128（8）：1046-1054.

[23] Uang C M，Bertero V V. Use of energy as a design criterion in earthquake resistant design[R]. Berkeley：University of California，Earthquake Engineering Research Center，1988.

[24] Chou C C，Uang C M. A procedure for evaluating seismic energy demand of framed structures[J]. Earthquake Engineering & Structural Dynamics，2003，32（2）：229-244.

[25] 秋山宏. 基于能量平衡的建筑结构抗震设计[M]. 叶列平，裴星洙，译. 北京：清华大学出版社，2010.

[26] 叶列平，缪志伟，程光煜，等. 建筑结构基于能量抗震设计方法研究[J]. 工程力学，2014，31（6）：1-12.

[27] Leelataviwat S，Saewon W，Goel S C. Application of energy balance concept in seismic evaluation of

structures[J]. Journal of Structural Engineering, 2009, 135（2）: 113-121.

[28] Goel S C, Liao W C, Bayat M R, et al. Performance-based plastic design（PBPD）method for earthquake-resistant structures: an overview[J]. The Structural Design of Tall and Special Buildings, 2009, 19（1/2）: 115-137.

[29] Dalal S P, Vasanwala S A, Desai A K. The performance evaluation of ordinary moment resisting frames designed by performance-based plastic design and limit state design[J]. International Journal of Structural Engineering, 2015, 6（3）: 195-211.

[30] Banihashemi M R, Mirzagoltabar A R, Tavakoli H R. Development of the performance-based plastic design for steel moment resistant frame[J]. International Journal of Steel Structures, 2015, 15（1）: 51-62.

[31] Ke K, Yam M C H. A performance-based damage-control design procedure of hybrid steel MRFs with EDBs[J]. Journal of Constructional Steel Research, 2018, 143: 46-61.

[32] Abdollahzadeh G, Mohammadgholipoor A, Omranian E. Seismic evaluation of steel moment frames under mainshock-aftershock sequence designed by elastic design and PBPD methods[J]. Journal of Earthquake Engineering, 2018, 23（10）: 1605-1628.

[33] Pekcan G, Linke C, Itani A. Damage avoidance design of special truss moment frames with energy dissipating devices[J]. Journal of Constructional Steel Research, 2009, 65（6）: 1374-1384.

[34] Heidari A, Gharehbaghi S. Seismic performance improvement of special truss moment frames using damage and energy concepts[J]. Earthquake Engineering & Structural Dynamics, 2014, 44（7）: 1055-1073.

[35] Shayanfar M A, Rezaeian A R, Zanganeh A. Seismic performance of eccentrically braced frame with vertical link using PBPD method[J]. The Structural Design of Tall and Special Buildings, 2014, 23（1）: 1-21.

[36] Banihashemi M R, Mirzagoltabar A R, Tavakoli H R. Performance-based plastic design method for steel concentric braced frames[J]. International Journal of Advanced Structural Engineering, 2015, 7（3）: 281-293.

[37] Longo A, Montuori R, Piluso V. Plastic design of seismic resistant V-braced frames[J]. Journal of Earthquake Engineering, 2008, 12（8）: 1246-1266.

[38] Choi H, Kim J. Energy-based seismic design of buckling-restrained braced frames using hysteretic energy spectrum[J]. Engineering Structures, 2006, 28（2）: 304-311.

[39] Choi H, Kim J, Chung L. Seismic design of buckling-restrained braced frames based on a modified energy-balance concept[J]. Canadian Journal of Civil Engineering, 2006, 33（10）: 1251-1260.

[40] Sahoo D R, Chao S H. Performance-based plastic design method for buckling-restrained braced frames[J]. Engineering Structures, 2010, 32（9）: 2950-2958.

[41] Qiu C X, Zhu S Y. Performance-based seismic design of self-centering steel frames with SMA-based braces[J]. Engineering Structures, 2017, 130: 67-82.

[42] Ghosh S, Adam F, Das A. Design of steel plate shear walls considering inelastic drift demand[J]. Journal of Constructional Steel Research, 2009, 65（7）: 1431-1437.

[43] Kharmale S B, Ghosh S. Performance-based plastic design of steel plate shear walls[J]. Journal of Constructional Steel Research, 2013, 90: 85-97.

[44] Gorji M S, Cheng J J R. Plastic analysis and performance-based design of coupled steel plate shear walls[J]. Engineering Structures, 2018, 166: 472-484.

[45] Abdollahzadeh G R, Kuchakzadeh H, Mirzagoltabar A R. Performance-based plastic design of moment frame-steel plate shear wall as a dual system[J]. Civil Engineering Infrastructures Journal, 2017, 50（1）: 21-34.

[46] Shoeibi S, Kafi M A, Gholhaki M. New performance-based seismic design method for structures with structural fuse system[J]. Engineering Structures, 2017, 132: 745-760.

[47] Liao W C, Goel S C. Performance-based seismic design of RC SMF using target drift and yield mechanism as performance criteria[J]. Advances in Structural Engineering, 2014, 17（4）: 529-542.

[48] KhaMPanit A, Leelataviwat S, Kochanin J, et al. Energy-based seismic strengthening design of non-ductile reinforced concrete frames using buckling-restrained braces[J]. Engineering Structures, 2014, 81: 110-122.

[49] Bai J L，Ou J P．Earthquake-resistant design of buckling-restrained braced RC moment frames using performance-based plastic design method[J]．Engineering Structures，2016，107：66-79．

[50] Sahoo D R，Rai D C．Design and evaluation of seismic strengthening techniques for reinforced concrete frames with soft ground story[J]．Engineering Structures，2013，56：1933-1944．

[51] Hung C C，Lu W T．A performance-based design method for coupled wall structures[J]．Journal of Earthquake Engineering，2016，21（4）：579-603．

[52] Chan-Anan W，Leelataviwat S，Goel S C．Performance-based plastic design method for tall hybrid coupled walls[J]．The Structural Design of Tall and Special Buildings，2016，25（14）：681-699．

[53] Hazus. Multi-hazard loss estimation methodology，earthquake model[S]．Washington D. C.：Federal Emergency Management Agency（FEMA），2003．

[54] Whitman R V，Reed J W，Hong S T．Earthquake Damage Probability Matrices[C]//Proceedings of the Fifth World Conference on Earthquake Engineering，Rome，1973（Ⅱ）：2531-2540．

[55] Singhal A，Kiremidjian A S．Method for probabilistic evaluation of seismic structural damage[J]．Journal of Structural Engineering，1996，122（12）：1459-1467．

[56] Yamazaki F，Murao O．Vulnerability Functions for Japanese Buildings based on Damage Data from the 1995 Kobe Earthquake[M]//Elnashai A S, Antoniou S．Implications of Recent Earthquakes on Seismic Risk. London: Imperial College Press，2000（2）：91-102．

[57] 李思齐．中外地震烈度标准对比研究[D]．哈尔滨：中国地震局工程力学研究所，2010．

[58] Chelapati C V，Wall I B．Probabilistic assessment of seismic risk for nuclear power plants[J]．Nuclear Engineering and Design，1974，29（3）：346-359．

[59] Ji J，Elnashai A S，Kuchma D．Seismic fragility relations of reinforced concrete high-rise buildings[J]．The Structural Design of Tall and Special Buildings，2009，18（3）：259-277．

[60] Ramamoorthy S K，Gardoni P，Bracci J M．Probabilistic demand models and fragility curves for reinforced concrete frames[J]．Journal of Structural Engineering，2006，132（10）：1563-1572．

[61] 于晓辉．钢筋混凝土框架结构的概率地震易损性与风险分析[D]．哈尔滨：哈尔滨工业大学，2012．

[62] 杨威．RC框架结构地震易损性研究[D]．西安：西安建筑科技大学，2016．

[63] 凌玲．典型山地RC框架结构强震破坏模式与易损性分析[D]．重庆：重庆大学，2016．

[64] Lagaros N D，Fragiadakis M．Fragility assessment of steel frames using neural networks[J]．Earthquake Spectra，2007，23（4）：735-752．

[65] Ellingwood B R，Celik O C，Kinali K．Fragility assessment of building structural systems in Mid-America[J]．Earthquake Engineering & Structural Dynamics，2007，36（13）：1935-1952．

[66] 吕大刚，王光远．基于可靠性和灵敏度的结构局部地震易损性分析[J]．自然灾害学报，2006，15（4）：157-162．

[67] Lourenco P B，Roque J A．Simplified indexes for the seismic vulnerability of ancient masonry buildings [J]．Construction and Building Material，2006，20（4）：200-208．

[68] Mallardo V，Malvezzi R，Milani E，et al．Seismic vulnerability of historical masonry buildings：A case study in Ferrara[J]．Engineering Structures，2008，30（8）：2223-2241．

[69] Park J，Towashiraporn P，Craig J I，et al．Seismic fragility analysis of low-rise unreinforced masonry structures[J]．Earthquake Structures，2009，31（1）：125-137．

[70] 田军伟．砖砌体结构地震易损性矩阵分析[D]．哈尔滨：中国地震局工程力学研究所，2005．

[71] Kim J H，Rosowsky D V．Fragility analysis for performance-based seismic design of engineered wood shearwalls[J]．Journal of Structural Engineering，2005，131（11）：1764-1773．

[72] Pang W C，Rosowsky D V，Ellingwood B R，et al．Seismic fragility analysis and retrofit of conventional residential wood-frame structures in the central United States[J]．Journal of Structural Engineering，2009，135（3）：262-271．

[73] Pan Y，Agrawal A K，Ghosn M．Seismic fragility of continuous steel highway bridges in New York State[J]．Journal of Bridge Engineering，2007，12（6）：689-699．

[74] Pan Y, Agrawal A K, Ghosn M, et al. Seismic fragility of multispan simply supported steel highway bridges in New York State. II: Fragility analysis, fragility curves, and fragility surfaces[J]. Journal of Bridge Engineering, 2010, 15 (5): 462-472.

[75] 郑成龙, 龙晓鸿, 彭元诚, 等. 大跨斜腿钢构桥地震易损性分析[J]. 土木工程与管理学报, 2011, 28 (3): 391-394.

[76] Tekie P B, Ellingwood B R. Seismic fragility assessment of concrete gravity dams[J]. Earthquake Engineering & Structural Dynamics, 2003, 32 (14): 2221-2240.

[77] Torres-Veraa M A, Antonio Canas J. A lifeline vulnerability study in Barcelona, Spain[J]. Reliability Engineering & System Safety, 2003, 80 (2): 205-210.

[78] Menoni S, Pergalani F, Boni M P, et al. Lifelines earthquake vulnerability assessment: A systemic approach[J]. Soil Dynamics and Earthquake Engineering, 2002, 22 (9): 1199-1208.

[79] Singhal A, Kiremidjian A S. Byesian updating of fragilities with application to RC frames[J]. Journal of Structural Engineering, 1998, 124 (8): 922-929.

[80] 聂桂波. 网壳结构基于损伤累积本构强震失效机理及抗震性能评估[D]. 哈尔滨: 哈尔滨工业大学, 2012.

[81] 高广燕. 单层球面网壳结构地震概率风险评估研究[D]. 哈尔滨: 哈尔滨工业大学, 2012.

[82] 范峰, 李玉刚, 洪汉平. 基于 Kiewitt-8 型单层球面网壳的一维地震动强度参数研究[J]. 建筑结构学报, 2012, 33 (12): 72-78.

[83] 李玲芳. 基于 OpenSees 的单层球面网壳地震易损性研究[D]. 哈尔滨: 哈尔滨工业大学, 2015.

[84] 钟杰. 网壳结构的概率地震易损性分析[D]. 哈尔滨: 哈尔滨工业大学, 2016.

[85] 舒兴平, 曹福亮, 卢倍嵘, 等. 基于增量动力分析法的大跨度空间管桁架结构地震易损性分析[J]. 工业建筑, 2016, 46 (3): 108-112.

[86] 陈奕玮, 杜东升. 基于损伤的大跨隔震结构抗震性能评价[J]. 工程抗震与加固改造, 2016, 38 (4): 87-93.

[87] Nie G N, Zhang C X, Zhi X D, et al. Damage quantification, damage limit state criteria and vulnerability analysis for single-layer reticulated shell[J]. Thin-Walled Structures, 2017, 120: 378-385.

[88] 刘焕芹. 张弦梁结构的地震易损性分析研究[D]. 南京: 东南大学, 2018.

[89] 张英楠. 序列地震作用下网壳结构失效机理及抗震评估方法研究[D]. 哈尔滨: 哈尔滨工业大学, 2019.

[90] 曹永超. 多维激励下大跨空间网壳结构的动力稳定性与地震易损性分析[D]. 赣州: 江西理工大学, 2019.

[91] Zhong J, Zhang J P, Zhi X D, et al. Probabilistic seismic demand and capacity models and fragility curves for reticulated structures under far-field ground motions[J]. Thin-Walled Structures, 2019, 137: 436-447.

[92] 黎静阳. 基于 IDA 的大跨度空间网架屋盖隔震结构易损性分析[D]. 广州: 广州大学, 2020.

[93] Zhang Y N, Zhi X D, Fan F. Fragility analysis of reticulated domes subjected to multiple earthquakes [J]. Engineering Structures, 2020, 211: 110450.

[94] 吕西林, 苏宁粉, 周颖. 复杂高层结构基于增量动力分析方法的地震易损性分析[J]. 地震工程与工程振动, 2012, 32 (5): 19-25.

[95] 周颖, 苏宁粉, 吕西林. 高层建筑结构增量动力分析的地震动强度参数研究[J]. 建筑结构学报, 2013, 34 (2): 53-60.

[96] 刘洋. 高层建筑框架-核心筒混合结构双向地震易损性研究[D]. 西安: 西安建筑科技大学, 2014.

[97] Guan M S, Du H B, Cui J, et al. Optimal ground motion intensity measure for long-period structures [J]. Measurement Science and Technology, 2015, 26 (10): 105001.

[98] 张令心, 徐梓洋, 刘洁平, 等. 基于增量动力分析的超高层混合结构地震易损性分析[J]. 建筑结构学报, 2016, 37 (9): 19-25.

[99] Zhang Y T, He Z, Lu W G, et al. A spectral-acceleration-based linear combination-type earthquake intensity measure for high-rise buildings[J]. Journal of Earthquake Engineering, 2018, 22 (8): 1479-1508.

[100] Zhang Y T, He Z, Yang Y F. A spectral-velocity-based combination-type earthquake intensity measure for super high-rise buildings[J]. Bulletin of Earthquake Engineering, 2018, 16 (2): 643-677.

[101] Cheng Y，Bai G L. Basic characteristic parameters and influencing factors of long-period ground motion records[J]. Journal of Vibroengineering，2017，19（7）：5191-5207.

[102] Cheng Y，Bai G L，Dong Y R. Spectrum characterization of two types of long-period ground motions and seismic behavior of frame-core wall structures under multi-dimensional earthquake records[J]. The Structural Design of Tall and Special Buildings，2018，27（16）：e1539.

[103] 徐铭阳. 基于新型强度指标与CPU并行计算的框剪结构地震易损性分析[D]. 哈尔滨：哈尔滨工业大学，2019.

[104] He Z D，Lu Z. Seismic fragility assessment of a super tall building with hybrid control strategy using IDA method.[J]. Soil Dynamics and Earthquake Engineering，2019，123：278-291.

[105] 窦世昌. 长周期地震动作用下高层结构地震反应及易损性分析[D]. 哈尔滨：哈尔滨工业大学，2020.

[106] 张超. 长周期地震动下超高层结构减震设计与易损性研究[D]. 广州：华南理工大学，2021.

[107] 吴俊陶. 基于易损性的某连体复杂超高层结构强震损伤控制[D]. 广州：广州大学，2021.

[108] 聂红鑫，曹宝珠，于莹，等. PBEE框架下基于IDA方法的超高层耗能结构地震易损性分析[J]. 工程抗震与加固改造，2022，44（3）：15-22.

[109] Forcellini D. Seismic fragility of tall buildings considering soil structure interaction（SSI）effects[J]. Structures，2022，45：999-1011.

[110] Wang X W，Zhang X A，Shahzad M M，et al. Fragility analysis and collapse margin capacity assessment of mega-sub controlled structure system under the excitation of mainshock-aftershock sequence[J]. Journal of Building Engineering，2022，49：104080.

[111] American Society of Civil Engineers. Minimum design loads for buildings and other structures：ASCE/SEI 7-10[S]. Reston：American Society of Civil Engineers，2010.

[112] BSI. Structural use of concrete—Part 1：Code of practice of design and construction：BS 8110-1[S]. London：British Standard Institute，1997.

[113] 中国工程建设标准化协会. 建筑结构抗倒塌设计标准：T/CECS 392—2021[S]. 北京：中国计划出版社，2021.

[114] 中国工程建设标准化协会. 民用建筑防爆设计标准：T/CECS 736—2020[S]. 北京：中国建筑工业出版社，2021.

[115] Pearson C，Delatte N. Ronan point apartment tower collapse and its effect on building codes[J]. Journal of Performance of Constructed Facilities，2005，19（2）：172-177.

[116] Corley W G，Mlakar Sr P F，Sozen M A，et al. The Oklahoma City bombing：Summary and recommendations for multihazard mitigation[J]. Journal of Performance of Constructed Facilities，1998，12（3）：100-112.

[117] 许东俊. 汉城三丰百货店楼塌事故简介[J]. 土工基础，2000，14（1）：51-52.

[118] 金丰年，蒋美蓉，王斌. 美国世贸大厦破坏分析[J]. 解放军理工大学学报（自然科学版），2003，4：63-66.

[119] 叶琳昌. 宁波一居民住宅倒楼原因深度解析[J]. 工程质量，2013，31（2）：9-12.

[120] 邓宏旭. 房屋安全鉴定单位应具有设计资质：关于长沙居民自建房倒塌事故的思考[J]. 中国勘察设计，2022，5：84-86.

[121] CEN. Eurocode 1：Actions on Part 1.7：General Action Accidental Actions：EN 1991-107[S]. Brussels：European Committee for Standardization，2006.

[122] GSA 2003. Progressive Collapse Analysis and Design Guidelines for New Federal Office Buildings and Major Modernization Projects[S]. Washington D. C.：General Service Administration，2003.

[123] Unified Facilities Criteria（UFC）4-023-03. Design of Structures to Resist Progressive Collapse：DOD 2010[S]. Washington D.C.：Department of Defense.

[124] Morris N. Effect of member snap on space truss collapse[J]. Journal of Engineering Mechanics，1993，119（4）：870-886.

[125] Murtha-Smith E. Alternate path analysis of space trusses for progressive collapse[J]. Journal of Structural Engineering，1988，114（9）：1978-1999.

[126] 甘明，陈继英，张胜，等. 合肥体育场屋盖中棱形柱设计与抗倒塌分析[J]. 建筑结构，2006，6：52-54.

[127] 何和萍. 多层框架结构抗连续倒塌分析[D]. 广州：华南理工大学，2010.

[128] 丁阳，孙健. 天津大剧院吊挂结构抗连续倒塌分析[J]. 建筑结构，2013，43（10）：16-20.

[129] 舒赣平，余冠群. 空间管桁架结构连续倒塌试验研究[J]. 建筑钢结构进展，2015，17（5）：32-38.

[130] 杨彦. 某大跨悬挑空间钢桁架结构抗连续性倒塌分析[D]. 西安：西安建筑科技大学，2015.

[131] 黄华，冼耀强，刘伯权，等. 轮辐式索膜结构连续倒塌性能分析[J]. 振动与冲击，2015，34（20）：27-36.

[132] Yan J C，Qin F，Cao Z G，et al. Mechanism of coupled instability of single-layer reticulated domes[J]. Engineering Structures，2016，114（1）：158-170.

[133] 舒兴平，卢宇洁，卢倍嵘，等. 中车科技文化展示中心连续倒塌分析[J]. 工业建筑，2017，10：146-152.

[134] 朱忠义，王哲，束伟农，等. 北京新机场航站楼屋顶钢结构抗连续倒塌分析[J]. 建筑结构，2017，47（18）：10-14.

[135] Zhao X Z，Yan S，Chen Y Y. Comparison of progressive collapse resistance of single layer latticed domes under different loadings[J]. Journal of Constructional Steel Research，2017，129：204-214.

[136] Tian L M，Wei J，Hao J. Anti-progressive collapse mechanism of long-span single-layer spatial grid structures[J]. Journal of Constructional Steel Research，2018，144：270-282.

[137] 胡超. 大跨度预应力混凝土框-剪结构抗连续倒塌性能仿真研究[D]. 合肥：合肥工业大学，2019.

[138] 李梦男. 基于结构响应敏感性的网壳结构静动力连续倒塌研究[D]. 南京：东南大学，2020.

[139] 龚鹏. 张弦桁架结构倒塌机理与抗倒塌技术研究[D]. 南京：东南大学，2021.

[140] 肖魁，贾水钟，贾君玉，等. 上海图书馆东馆悬挂结构方案设计与研究[J]. 建筑结构，2022，52（1）：1-6.

[141] 王钢，赵才其，颜鹏. 异型空间桁架+单层网壳复合结构分析与设计[J]. 建筑结构，2022，52（S1）：597-602.

[142] 霍林生，赵伟，陈超豪. 下击暴流作用下单层球面网壳倒塌破坏研究[J]. 防灾减灾工程学报，2022，42（2）：354-361.

[143] McGuire W. Prevention of progressive collapse[C]//Proceeding of the Regional，Bangkok，Asian Institute of Technology，Banghok，Thailand，1974.

[144] Ellingwood B，Leyendecker E V. Approaches for design against progressive collapse[J]. Journal of the Structural Division，1978，104（3）：413-423.

[145] 陆新征，江见鲸. 世界贸易中心飞机撞击后倒塌过程的仿真分析[J]. 土木工程学报 2001，6：8-10.

[146] Sasani M . Response of a reinforced concrete infilled-frame structure to removal of two adjacent columns[J]. Engineering Structures，2008，30（9）：2478-2491.

[147] 陆新征，林旭川，叶列平，等. 地震下高层建筑连续倒塌数值模型研究[J]. 工程力学，2010，27（11）：64-70.

[148] Kim J，Lee Y H. Progressive collapse resisting capacity of tube-type structures[J]. The Structural Design of Tall and Special Buildings，2010，19（7）：761-777.

[149] Mashhadiali N，Kheyroddin A. Progressive collapse assessment of new hexagrid structural system for tall buildings[J]. The Structural Design of Tall and Special Buildings，2013，23（12）：947-961.

[150] 任沛琪，李易，陆新征，等. 典型高层 RC 框剪结构抗连续倒塌性能分析[J]. 建筑结构，2013，23：53-63，91.

[151] 彭真真. 带有转换层的高层建筑结构抗连续倒塌性能研究[D]. 西安：西安建筑科技大学，2014.

[152] 杨名流，李婉莹，钟聪明. 北京 CBD 核心区 Z6 地块项目主塔楼抗连续倒塌分析[J]. 建筑结构，2015，45（24）：53-57.

[153] 英明鉴，李易，陆新征，等. 极端火灾作用下典型超高层混凝土框架-核心筒结构的连续倒塌分析[J]. 土木工程学报，2016，49（4）：48-56.

[154] 崔铁军，马云东. 超高层建筑爆破后非连续性倒塌模拟及爆炸模型研究[J]. 工业建筑，2016，46（5）：92-97.

[155] Rahnavarda R，Fardb F F Z，Hosseinic A，et al. Nonlinear analysis on progressive collapse of tall steel composite buildings[J]. Case Studies in Construction Materials，2018，8：359-379.

[156] 陈智远. 基于巨型结构的横块化建筑地震倒塌与连续倒塌性能研究[D]. 广州：广州大学，2019.

[157] 邱汉波. 基于监测数据的超高层建筑参数识别和连续倒塌分析[D]. 武汉：华中科技大学，2019.

[158] 杨臣思. 高层钢结构立体停车库的连续倒塌动力效应分析[D]. 长沙：湖南大学，2019.

[159] 蒋璐，倪建公，瞿革，等. 复杂高层钢结构抗连续倒塌能力分析关键技术研究[J]. 建筑结构学报，2019，40（6）：155-165.

[160] 王宁，张同亿，张松，等. 海口双子塔-南塔结构抗连续倒塌分析[J]. 建筑结构，2022，52（16）：1-6.

[161] 姜健，吕大刚，陆新征，等. 建筑结构抗连续性倒塌研究进展与发展趋势[J]. 建筑结构学报，2022，43（1）：1-28.

[162] Andriacchi T P，Ogle J A，Galante J O. Walking speed as a basis for normal and abnormal gait measurements[J]. Journal of Biomechanics，1997，10（4）：261-268.

[163] Murray T M. Acceptability criterion for occupant-induced floor vibrations[J]. Engineering Journal，1981，18（2）：62-70.

[164] Chen Y. Finite element analysis for walking vibration problems for composite precast building floors using ADINA：modeling，simulation，and comparison[J]. Computers & Structures，1999，72（1/2/3）：109-126.

[165] 宋志刚. 基于烦恼率模型的工程结构振动舒适度设计新理论[D]. 杭州：浙江大学，2003.

[166] 袁旭斌. 人行桥人致振动特性研究[D]. 上海：同济大学，2006.

[167] 韩合军. 北京银泰中心工程钢-混凝土组合楼板振动性能研究[D]. 北京：清华大学，2009.

[168] 洪文林. 某体育馆楼板振动舒适度研究[D]. 武汉：武汉理工大学，2009.

[169] 贾子文. 冷弯薄壁型钢-混凝土组合楼盖受力性能研究[D]. 西安：长安大学，2010.

[170] 娄宇，吕佐超，黄健. 人行走引起的楼板振动舒适度设计[J]. 特种结构，2011，28（2）：1-4.

[171] 赵娜. 人行激励下钢-混凝土组合楼盖振动响应研究[D]. 西安：西安建筑科技大学，2011.

[172] 胡雅敏，张惠华. 钢-混组合楼盖基于烦恼率模型的设计方法[J]. 建筑结构，2011，41（S1）：1135-1138.

[173] 潘宁. 人行荷载下楼板振动响应舒适度研究[D]. 北京：中国建筑科学研究院，2012.

[174] 杨小丁. 复杂结构人行激励动力响应及舒适度研究[D]. 长沙：中南大学，2012.

[175] 申选召，滕军. 基于随机步行荷载和烦恼率的楼板振动舒适度评价方法研究[J]. 振动与冲击，2012，31（22）：71-75.

[176] 张晓娜. 人行激励下楼板舒适度评价的研究[D]. 秦皇岛：燕山大学，2013.

[177] 孟琳. 天津图书馆楼板舒适度性能研究[D]. 天津：天津大学，2014.

[178] 丁军伟. 钢筋桁架混凝土双向组合楼板振动舒适度的试验研究[D]. 合肥：合肥工业大学，2013.

[179] 赵建华. 钢-木组合楼板舒适度研究[D]. 南京：南京林业大学，2014.

[180] 赵雪利. 组合管桁架楼盖的人致振动舒适度研究[D]. 西安：长安大学，2014.

[181] 文德胜. 装配式钢结构建筑组合楼板人致振动舒适度研究[D]. 秦皇岛：燕山大学，2015.

[182] 柏隽尧. 人致作用下体育馆大跨度预应力次梁楼盖舒适度实测研究[D]. 重庆：重庆大学，2016.

[183] 胡卫国. 楼板尺寸对振动舒适度影响的分析[D]. 武汉：湖北工业大学，2017.

[184] 皇幼坤. 大跨度钢网架-玻璃组合楼板动力特性与振动舒适度研究[D]. 郑州：华北水利水电大学，2017.

[185] Shahabpoor E，Pavic A，Racic V，et al. Effect of group walking traffic on dynamic properties of pedestrian structures[J]. Journal of Sound and Vibration，2017，387：207-225.

[186] 门雨. 冷弯薄壁型钢桁架组合楼板振动性能与舒适度研究[D]. 合肥：合肥工业大学，2018.

[187] 崔聪聪. 综合交通枢纽振动响应特性与舒适度分析[D]. 南昌：华东交通大学，2018.

[188] 曾耀广. 大跨度悬挑结构的楼板舒适度研究[D]. 南昌：南昌大学，2019.

[189] 陈佳文. 预制装配式叠合楼板人致振动响应及舒适度评估[D]. 绍兴：绍兴文理学院，2019.

[190] 薛硕. 齿板连接木桁架搁栅组合楼板的振动性能研究[D]. 北京：中国林业科学研究院，2019.

[191] Gandomkar F A，Badaruzzaman W H W，Osman S A. Dynamic response of low frequency Profiled Steel Sheet Dry Board with Concrete infill（PSSDBC） floor system under human walking load[J]. Latin American Journal of Solids and Structures，2012，9（1）：21-41.

[192] Chen Q，Zhao Z，Xia Y，et al. Comfort based floor design employing tuned inerter mass system[J]. Journal of

Sound and Vibration，2019，458：143-157.

[193] 杨期柱，马克俭，姜岚，等.钢-混凝土组合空腹楼板振动舒适度分析与实测研究[J].空间结构，2020，26（3）：66-74.

[194] 谢伟平，花雨萌．基于舒适度的钢桁架-混凝土组合楼板动力特性研究[J]．建筑结构学报：2022，43（1）：173-181.

[195] Royvaran M，Avci O，Davis B．Analysis of floor vibration evaluation methods using a large database of floors framed with W-Shaped members subjected to walking excitation[J]．Journal of Constructional Steel Research，2020，164：105764.

[196] 杜浩，胡夏闽，王汉成，等．胶合木-混凝土组合楼盖人行荷载激励下振动舒适度研究[J]．建筑结构学报，2020，41（1）：140-148.

[197] Housner G W．The plastic failure of frames during earthquakes[C]//Proceedings of the Second World Conference on Earthquake Engineering，Tokyo：International Association of Earthquake Engineering，1960：997-1012.

[198] Newmark N，Hall W J．Earthquake spectra and design[M]．McLean：Earthquake Engineering Research Institute，1982.

[199] Li B B，Wang J F，Wang Y Q, et al. New performance-based plastic design and evaluation of blind bolted end-plate CFT composite frames with BRBs[J]．Engineering Structures，2021，232：111806.

[200] Mazzolani F M，Piluso V．Theory and design of seismic resistant steel frames[M]．London ：CRC Press，1996.

[201] Mazzolani F M，Piluso V．Plastic design of seismic resistant steel frames[J]．Earthquake Engineering & Structural Dynamics 1997，26：167-191.

[202] 中华人民共和国住房和城乡建设部．钢管混凝土结构技术规范：GB 50936—2014[S]．北京：中国建筑工业出版社，2014.

[203] 中华人民共和国住房和城乡建设部．钢结构设计标准：GB 50017—2017[S]．北京：中国建筑工业出版社，2017.

[204] Cornell C A，Jalayer F，Hamburger R O，et al．Probabilistic basis for the 2000 SAC/Federal Emergency Management Agency steel moment frame guidelines[J]．Journal of Structural Engineering，2002，128（4）：526-533.

[205] Menegotto M，Pinto P E．Method of analysis for cyclically loaded reinforced concrete plane frames including changes in geometry and non-elastic behavior of elements under combined normal force and bending[C]//IABSE symposium on resistance and ultimate deformability of structural acted on by well-defined repeated loads，Lisbon，1973：15-22.

[206] Taucer F，Spacone E，Filippou F．A fiber beam-column element for seismic response analysis of reinforced concrete structures[R]．UCB/EERC Technical Report 91/17，Earthquake Engineering Research Center，University of California，Berkeley．1991.

[207] Pacific Earthquake Engineering Research Center．Open system for earthquake engineering simulation（OpenSees）．http://Opensees.berkeley.edu/.

[208] Scott B D，Park R，Priestley M J N．Stress-strain behavior of concrete confined by overlapping hoops at low and high strain rates[J]．ACI Journal Proceedings，1982，79（1）：13-27.

[209] 中华人民共和国住房和城乡建设部．混凝土结构设计规范（2015版）：GB 50010—2010[S]．北京：中国建筑工业出版社，2015.

[210] Han L H，Yao G H，Zhao X L．Tests and calculations for hollow structural steel（HSS） stub columns filled with self-consolidating concrete（SCC）[J]．Journal of Constructional Steel Research，2005，61（9）：1241-1269.

[211] Tort C，Hajjar J F．Mixed finite-element modeling of rectangular concrete-filled steel tube members and frames under static and dynamic loads[J]．Journal of Structural Engineering，2010，136（6）：654-664.

[212] Sakino K，Sun Y P．Stress-strain curve of concrete confined by rectilinear hoop[J]．Journal of Structural and Construction Engineering，1994，461：95-104.

[213] Varma A H，Ricles J M，Sause R，et al．Seismic behavior and design of high-strength square concrete-filled steel

tube beam-columns[J]. Journal of Structural Engineering, 2004, 130（2）169-179.

[214] Varma A H, Sause R, Sause R, et al. Development and validation of fiber model for high-strength square concrete-filled steel tube beam-columns[J]. ACI Structural Journal, 2005, 102（1）: 73-85.

[215] Susantha K A S, Ge H B, Usami T. Uniaxial stress-strain relationship of concrete confined by various shaped steel tubes[J]. Engineering Structures, 2001, 23（10）: 1331-1347.

[216] 崔济东, 沈雪龙, 杨明灿. 结构地震反应与分析: 编程与软件应用[M]. 北京: 中国建筑工业出版社, 2022.

[217] 邓茜. 基于 OpenSees 的钢筋混凝土平面框架抗连续倒塌能力及可靠度分析[D]. 长沙: 湖南大学, 2018.

[218] 李贝贝. 装配式钢管混凝土框架-屈曲约束支撑结构抗震设计方法及地震易损性分析[D]. 合肥: 合肥工业大学, 2020.

[219] 吕大刚, 于晓辉, 王光远. 基于单地震动记录 IDA 方法的结构倒塌分析[J]. 地震工程与工程振动, 2009, 29（6）: 33-39.

[220] 王家涵. 多层钢框架结构倒塌储备能力分析[D]. 大连: 大连理工大学, 2016.

[221] Applied Technology Council（ATC）. Earthquake damage evaluation data for California[R]. Palo, Alto, ATC-13, 1985.

[222] CEN. Eurocode 8. Design of Structures for Earthquake Resistance[S]. European Committee for Standardization, 2003.

[223] FEMA. Quantification of building seismic performance factors[R]（FEMA P-695）. Prepared by Applied Technology Council for the Federal Emergency Management Agency, Washington D.C., 2009.

[224] Pacific Earthquake Engineering Research Center. PEER NGA Database[DB/OL]. [2022-05-20]. http://peer.berkeley.edu/nga.

[225] Padgett J E, DesRoches R. Sensitivity of seismic response and fragility to parameter uncertainty[J]. Journal of Structural Engineering, 2007, 133（12）: 1710-1718.

[226] 国家市场监督管理总局, 国家标准化管理委员会, 全国地震标准化技术委员会（SAC/TC 225）. 建（构）筑物地震破坏等级划分: GB/T 24335—2009[S]. 北京: 中国标准出版社, 2009.

[227] 国家市场监督管理总局, 国家标准化管理委员会. 中国地震烈度表: GB/T 17742—2020[S]. 北京: 中国标准出版社, 2020.

[228] Federal Emergency Management Agency. Multi-hazard loss estimation methodology. Earthquake model[R]. HAZUS-MH MR1 Technical Manual, Washington D. C., 2003.

[229] Ellingwood B R, Kinali K. Quantifying and communicating uncertainty in seismic risk assessment[J]. Structural Safety, 2009, 31（2）: 179-187.

[230] Kinali K, Ellingwood B R. Seismic fragility assessment of steel frames for consequence-based engineering: A case study for Memphis, TN[J]. Engineering Structures, 2007, 29: 1115-1127.

[231] Cornell C A, Krawinkler H. Progress and challenges in seismic performance assessment[J]. Peer Center News, 2000, 20（2）: 130-139.

[232] 杜志涛. 考虑人员疏散行为的结构地震损失评估[D]. 哈尔滨: 哈尔滨工业大学, 2013.

[233] 羡丽娜, 何政, 张延泰. 考虑年均倒塌概率的结构倒塌安全储备可接受值[J]. 工程力学, 2017, 4: 93-105.

[234] Building Seismic Safety Council. NEHRP recommended seismic provisions for new Buildings and other structures: FEMA P-750[S]. Washington D. C.: Federal Emergency Management Agency, 2009.

[235] 李航. 钢结构高塔的连续性倒塌分析[D]. 上海: 同济大学, 2008.

[236] 张雷明, 刘西拉. 框架结构能量流网络及其初步应用[J]. 土木工程学报, 2007, 3: 51-55.

[237] 胡晓斌, 钱稼茹. 结构连续倒塌分析改变路径法研究[J]. 四川建筑科学研究, 2008, 4: 13-18.

[238] 柳承茂, 刘西拉. 基于刚度的构件重要性评估及其与冗余度的关系[J]. 上海交通大学学报, 2005, 5: 86-90.

[239] 钟丽媛. 网架结构抗连续倒塌性能的试验研究与理论分析[D]. 南昌: 南昌大学, 2012.

[240] 卢婧. 江西地区钢网架结构抗连续倒塌性能分析及评价[D]. 南昌: 南昌大学, 2012.

[241] 日本钢结构协会, 美国高层建筑和城市住宅理事会. 高冗余度钢结构倒塌控制设计指南[M]. 陈以一, 赵宪

忠，译．上海：同济大学出版社，2007.

[242] Pandey P C，Barai S V．Structural sensitivity as a measure of redundancy[J]．Journal of Structural Engineering，1997，123（3）：360-364.

[243] 谢甫哲．钢框架结构连续倒塌计算分析与评估方法及试验研究[D]．南京：东南大学，2012.

[244] Mechanical Vibration and Shock Sectional Committee：Mechanical vibration and shock-evaluation of human exposure to whole body vibration—Part2：Continuous and shock induced vibration in buildings（1-80Hz）：ISO 2631/2[S]．Switzerland：International Organization for Standardization，1989.

[245] American Institute of Steel Construction，AISC Steel Design Guide Series 11：Floor Vibrations Due to Human Activity[S]．Washington D．C．：American Institute of Steel Construction，1997.

[246] Mechanincal Engineering Standards Policy Committee．Guide to evaluation of human exposure to vibration in buildings（1 Hz to 80 Hz）：BS 6472-1992[S]．British：British Standards Institution，1992.

[247] 中华人民共和国住房和城乡建设部．高层建筑混凝土结构技术规程：JGJ 3—2010[S]．北京：中国建筑工业出版社，2010.

[248] 中华人民共和国住房和城乡建设部．高层民用建筑钢结构技术规程：JGJ 99—2015[S]．北京：中国建筑工业出版社，2015.

[249] 中国工程建设标准化协会．组合楼板设计与施工规范：CECS 273:2010[S]．北京：中国计划出版社，2010.

[250] Technical Committee B/525．Steel，Concrete and Composite Bridges—Part 2：Specification for Loads，Appendiz C：Vibration Serviceability Requirements for Foot and Cycle Track Bridges[S].London: British Standards Association，1978.

[251] Verein Dewtscher Ingenieure．Human exposure to mechanical vibrations-whole-body vibration：VDI 2057-2002[S]．Berlin：Engl. VDI-Gesellschaft Produkt-und Prozessgestaltung，2002.

[252] Specification for structure steel building: AISC 360-10[S]．Chicago：America Institute of Steel Construction Inc，2010.

[253] 霍永伦，王静峰，丁敬华，等．中科院量子科研院巨型钢框架-上部悬挂下部支承结构建造技术研究[J]．结构工程师，2020，36（6）：175-184.

[254] 张坤，王静峰，丁敬华，等．巨型钢框架-上部悬挂下部支承结构体系施工全过程模拟与监测研究[J]．施工技术，2020，49（14）：46-50.

[255] 中华人民共和国住房和城乡建设部.建筑楼盖结构振动舒适度技术标准：JGJ/T 441—2019[S]．北京：中国建筑工业出版社，2019.

[256] 张志强，周晨，张晓峰，等．随机行走激励楼盖振动加速度反应谱[J]．振动.测试与诊断，2019，39（6）：1160-1168.

[257] 周晨，张志强，张晓峰，等．人群荷载下楼盖结构随机振动分析方法与试验研究[J]．振动工程学报，2019，32（1）：37-48.